KB101437

아이가 좋아하는 4단계 초등연산

곱셈구구 1-2-3

곱셈·나눗셈

동양북스

아이가 좋아하는 4단계 초등연산

곱셈·나눗셈 1

| 초판 1쇄 인쇄 2023년 6월 5일
| 초판 1쇄 발행 2023년 6월 14일
| 발행인 김태웅
| 지은이 초등 수학 교육 연구소 『수학을 좋아하는 아이』
| 편집1팀장 황준
| 디자인 syoung.k, MOON-C design
| 마케팅 나재승
| 제작 현대순
| 발행처 (주)동양북스
| 등록 제 2014-000055호
| 주소 서울시 마포구 동교로 22길 14 (04030)
| 구입문의 전화 (02)337-1737 팩스 (02)334-6624
| 내용문의 전화 (02)337-1763 이메일 dybooks2@gmail.com
| ISBN 979-11-5768-918-7(64410) 979-11-5768-356-7 (세트)

prologue

곱셈 나눗셈은 매우 중요합니다. 수학은 계통성이 매우 강한 과목이라 곱셈 나눗셈의 내용은 이후 분수 소수 등으로 연결됩니다. 이들 연산 능력이 부족하면 복잡해지는 다음 연산에 대응이 힘들어져 결국에는 수학을 어려워하게 되는 것입니다. 어떻게 해야 이 중요한 연산을 효과적으로 학습할 수 있을까요? 이에 대한 답은 명확합니다. 스스로 흥미를 느끼고 주도적으로 공부하는 방식으로 실력을 쌓도록 해야 하는 것입니다.

"곱셈과 나눗셈을 배우는 시기는 수학에 대한 흥미를 높여야 하는 매우 중요한 시기"

이 책은 다음과 같은 방식으로 곱셈 나눗셈을 완성합니다. 첫째, 그림, 표 등을 활용하는 학습. 수학을 잘하는 학생들은 문제를 주면 수직선이나 그림, 표를 활용해 문제를 논리적으로 이해하고 해결하는 것을 볼 수 있습니다. 따라서 다양한 그림, 표 등을 활용해 스마트한 방식으로 학습할 수 있도록 한 것입니다. 둘째, 4단계를 통해 완성하는 체계적 학습. 곱셈과 나눗셈 실력은 체계적으로 쌓아가야 합니다. 원리, 적용, 풀이, 확인이라는 단계를 거치며 학습할 때 부담 없이 이해되고, 이는 '수학을 잘할 수 있다'는 자신감으로 이어지는 것입니다. 셋째, 자연스럽게 기초를 만드는 재미있는 학습. 곱셈과 나눗셈은 창의적이고 재미있는 문제 풀이를 통해 배우는 것이 좋습니다. 그래야 호기심을 키워 스스로 수학에 흥미를 느끼고 연산을 마음대로 가지고 노는 역량을 발달시킬 수 있는 것입니다.

아이가 좋아하는 4단계 초등연산으로 공부하면 곱셈과 나눗셈에 통달함과 동시에 무엇보다 수학을 좋아하는 아이로 자라게 될 것입니다.

| 체계적인 4단계 연산 훈련

한 단계씩 꼼꼼히 훈련하면 정확도는 높아지고 속도는 빨라져요.

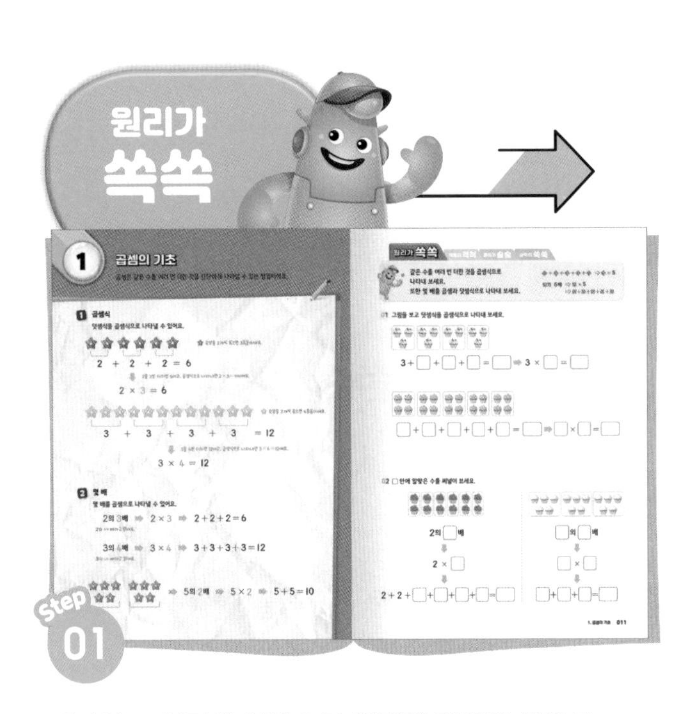

재미있고 친절한 설명으로 원리와 개념을 배우고,
그대로 따라해 보며 원리를 확실하게 이해할 수 있어요.

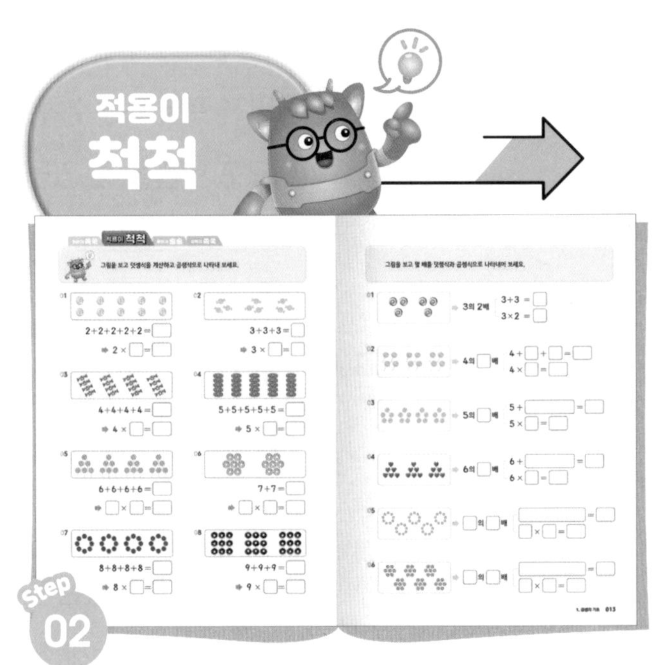

학습한 원리를 적용하는 다양한 방식을 배우며
연산 훈련의 기본을 다질 수 있어요.

| 연산의 활용

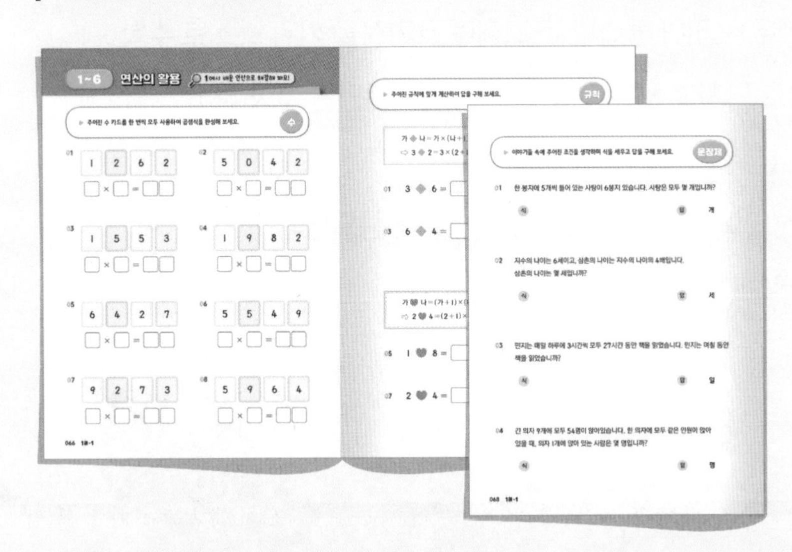

한 단계 실력 up!

4단계 훈련을 통한 연산 실력을
확인하고 활용해 볼 수 있는
수, 규칙, 문장제 구성으로 복습과 함께
완벽한 마무리를 할 수 있어요.

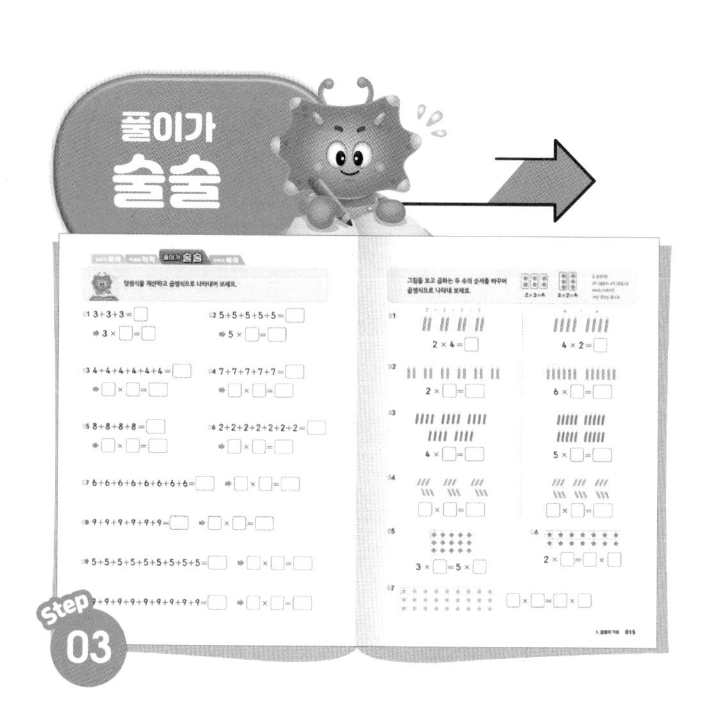

탄탄한 원리 학습을 마치면 드릴 형식의 연산 문제도 지루하지 않고 쉽게 풀 수 있어요.

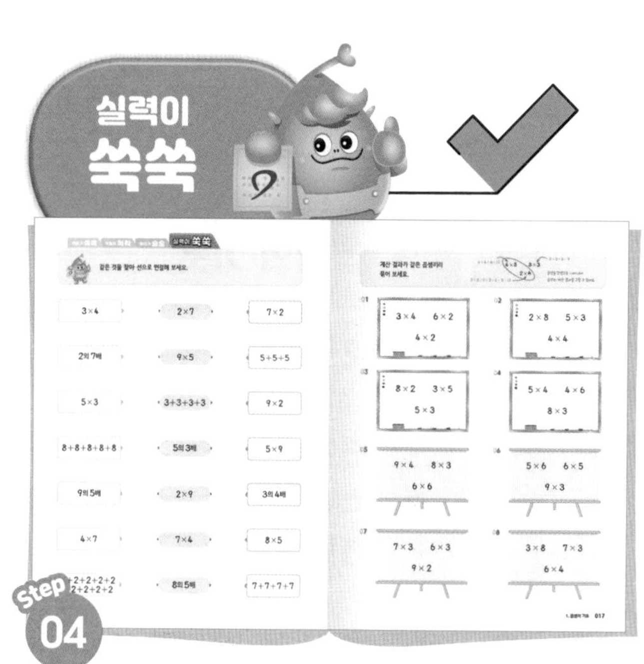

다양한 형태의 문제들을 접하며 연산 실력을 높이고 사고력도 함께 키울 수 있어요.

| 이렇게 학습 계획을 세워 보세요!

하루에 푸는 양을 다음과 같이 구성하여 풀어 보세요.

4주 완성

- 1day 원리가 쏙쏙, 적용이 척척
- 1day 풀이가 술술, 실력이 쑥쑥
- 1day 연산의 활용

6주 완성

- 1day 원리가 쏙쏙, 적용이 척척
- 1day 풀이가 술술
- 1day 실력이 쑥쑥
- 1day 연산의 활용

1 곱셈구구 (1)

왜 숫자는 아름다운 걸까요?

이것은 베토벤 9번 교향곡이 왜 아름다운지 묻는 것과 같습니다.

- 폴 에르되시 -

2 곱셈구구 (2)

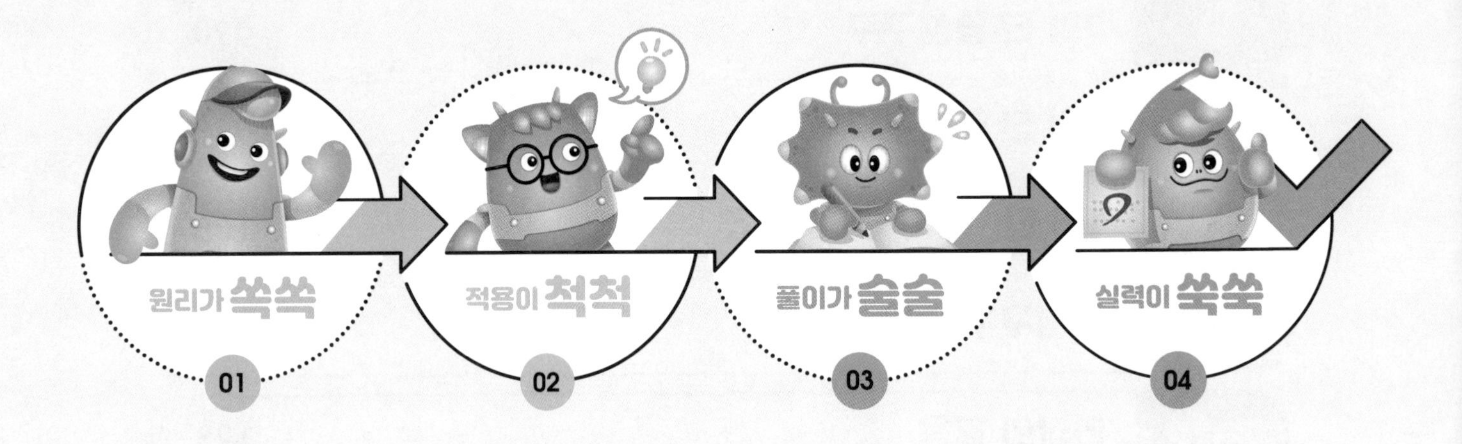
원리가 쏙쏙
01
적용이 척척
02
풀이가 술술
03
실력이 쑥쑥
04

1

곱셈구구 (1)

곱셈의 기초

곱셈은 같은 수를 여러 번 더한 것을 간단하게 나타낼 수 있는 방법이에요.

1 곱셈식

덧셈식을 곱셈식으로 나타낼 수 있어요.

★ 모양을 2개씩 묶으면 3묶음이에요.

$2 + 2 + 2 = 6$

2를 3번 더하면 6이고, 곱셈식으로 나타내면 $2 \times 3 = 6$이에요.

$2 \times 3 = 6$

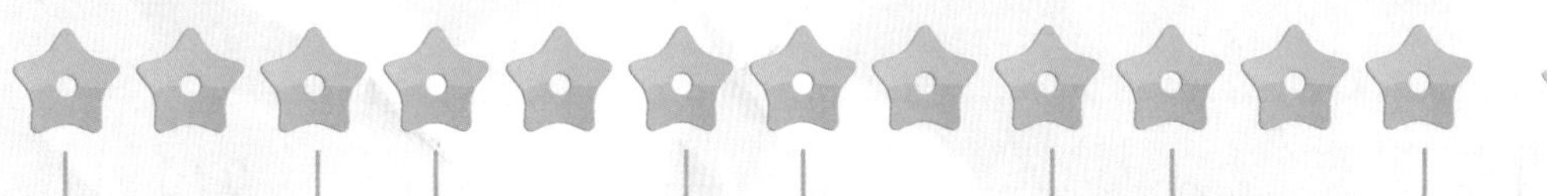

★ 모양을 3개씩 묶으면 4묶음이에요.

$3 + 3 + 3 + 3 = 12$

3을 4번 더하면 12이고, 곱셈식으로 나타내면 $3 \times 4 = 12$예요.

$3 \times 4 = 12$

2 몇 배

몇 배를 곱셈으로 나타낼 수 있어요.

2의 3배 ➡ 2×3 ➡ $2 + 2 + 2 = 6$

2의 세 배라고 읽어요.

3의 4배 ➡ 3×4 ➡ $3 + 3 + 3 + 3 = 12$

3의 네 배라고 읽어요.

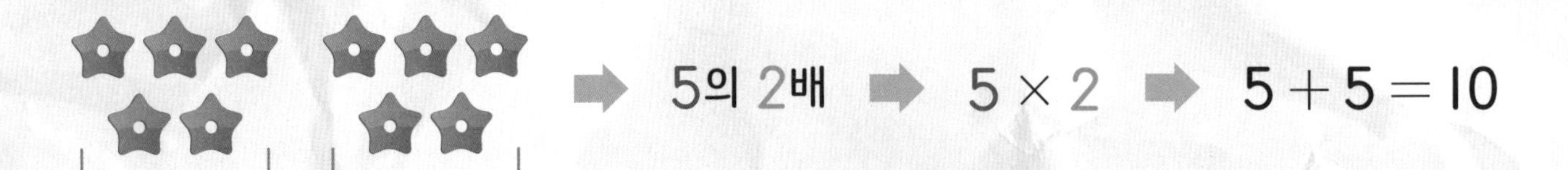

원리가 쏙쏙 | 적용이 척척 | 풀이가 술술 | 실력이 쑥쑥

같은 수를 여러 번 더한 것을 곱셈식으로 나타내 보세요.
또한 몇 배를 곱셈과 덧셈식으로 나타내 보세요.

◆+◆+◆+◆+◆ ⇨ ◆×5

■의 5배 ⇨ ■×5
⇨ ■+■+■+■+■

01 그림을 보고 덧셈식을 곱셈식으로 나타내 보세요.

3 + □ + □ + □ = □ ➡ 3 × □ = □

□ + □ + □ + □ + □ = □ ➡ □ × □ = □

02 □ 안에 알맞은 수를 써넣어 보세요.

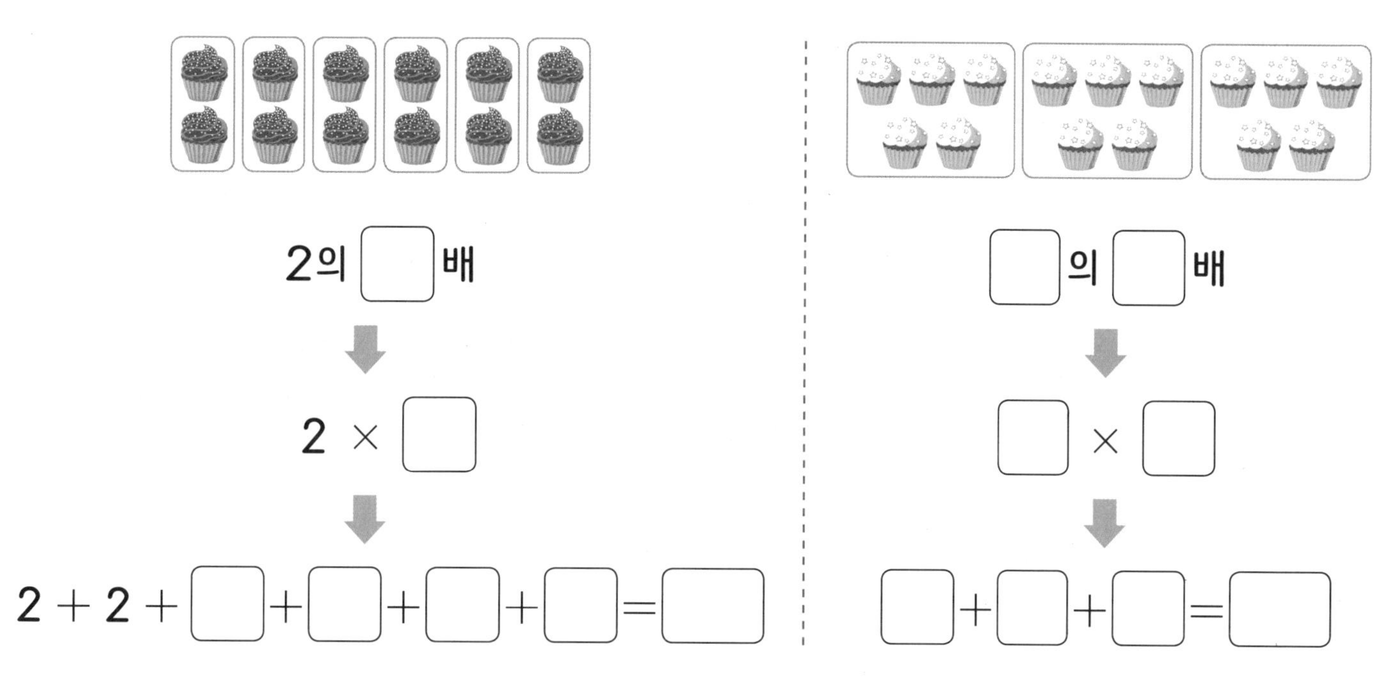

2의 □배
⬇
2 × □
⬇
2 + 2 + □ + □ + □ + □ = □

□의 □배
⬇
□ × □
⬇
□ + □ + □ = □

그림을 보고 덧셈식을 계산하고 곱셈식으로 나타내 보세요.

01

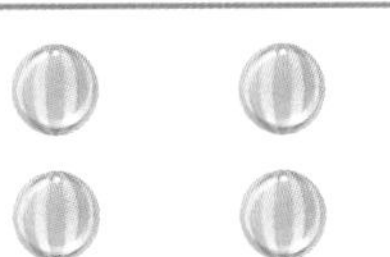

$2+2+2+2+2=\square$

➡ $2\times\square=\square$

02

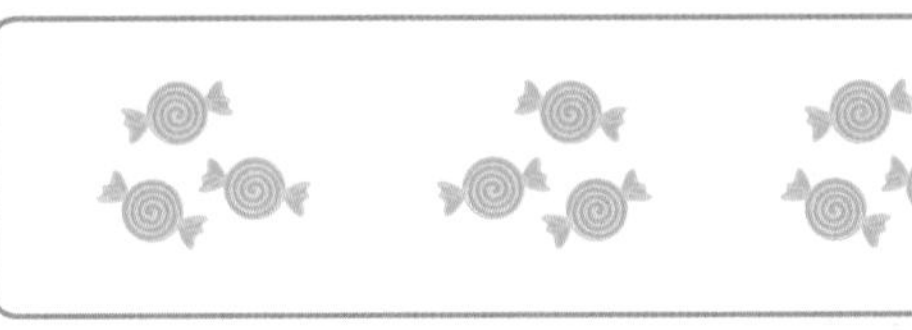

$3+3+3=\square$

➡ $3\times\square=\square$

03

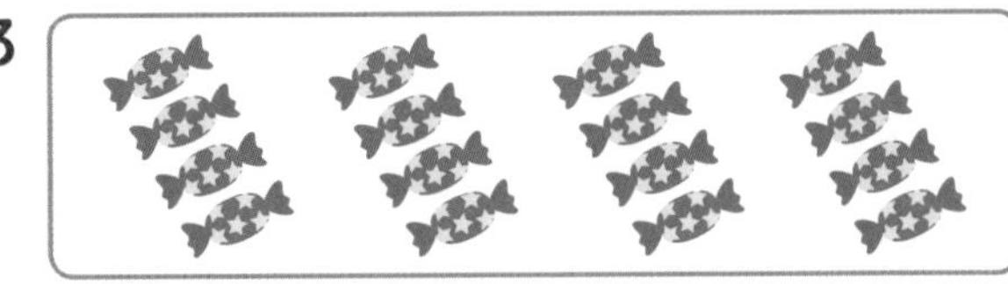

$4+4+4+4=\square$

➡ $4\times\square=\square$

04

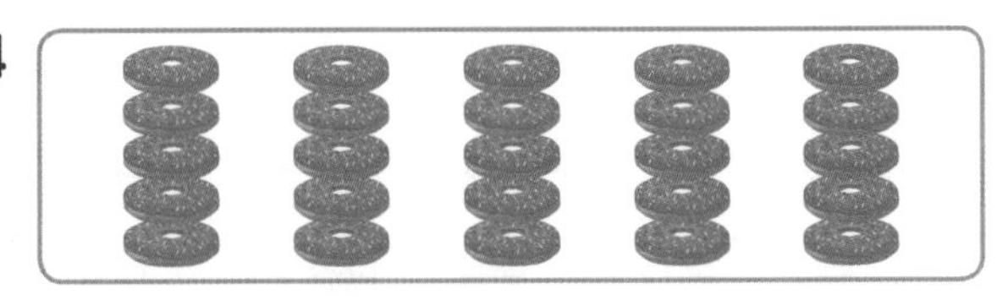

$5+5+5+5+5=\square$

➡ $5\times\square=\square$

05

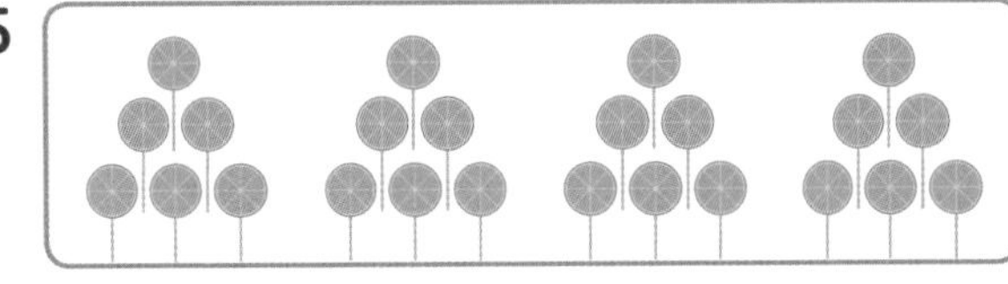

$6+6+6+6=\square$

➡ $\square\times\square=\square$

06

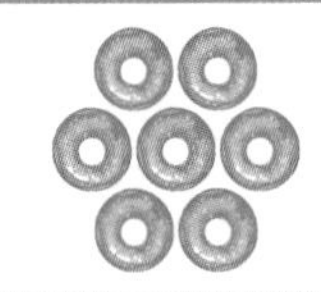

$7+7=\square$

➡ $\square\times\square=\square$

07

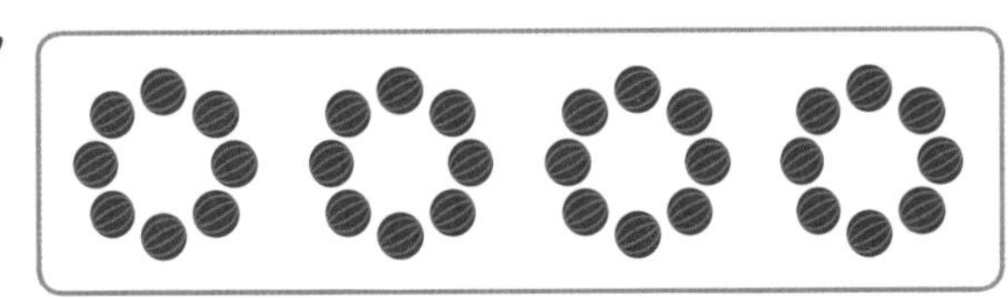

$8+8+8+8=\square$

➡ $8\times\square=\square$

08

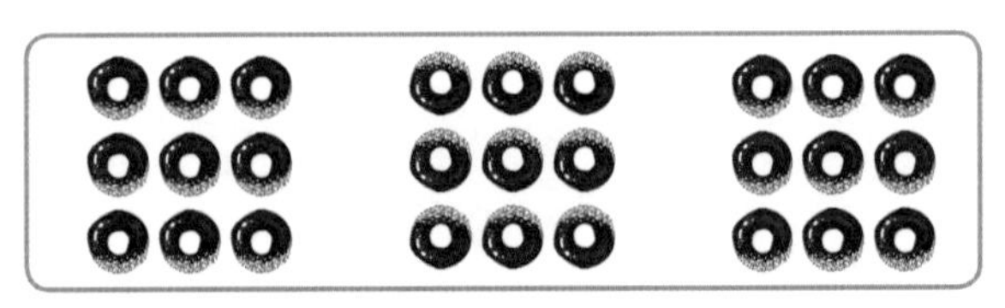

$9+9+9=\square$

➡ $9\times\square=\square$

그림을 보고 몇 배를 덧셈식과 곱셈식으로 나타내어 보세요.

01 ➡ 3의 2배
$3+3=\square$
$3\times2=\square$

02 ➡ 4의 $\square$배
$4+\square+\square=\square$
$4\times\square=\square$

03 ➡ 5의 $\square$배
$5+\square=\square$
$5\times\square=\square$

04 ➡ 6의 $\square$배
$6+\square=\square$
$6\times\square=\square$

05 ➡ $\square$의 $\square$배
$\square=\square$
$\square\times\square=\square$

06 ➡ $\square$의 $\square$배
$\square=\square$
$\square\times\square=\square$

덧셈식을 계산하고 곱셈식으로 나타내어 보세요.

01 $3+3+3=\square$

➡ $3\times\square=\square$

02 $5+5+5+5+5=\square$

➡ $5\times\square=\square$

03 $4+4+4+4+4+4=\square$

➡ $\square\times\square=\square$

04 $7+7+7+7+7=\square$

➡ $\square\times\square=\square$

05 $8+8+8+8=\square$

➡ $\square\times\square=\square$

06 $2+2+2+2+2+2+2=\square$

➡ $\square\times\square=\square$

07 $6+6+6+6+6+6+6+6=\square$ ➡ $\square\times\square=\square$

08 $9+9+9+9+9+9=\square$ ➡ $\square\times\square=\square$

09 $5+5+5+5+5+5+5+5+5=\square$ ➡ $\square\times\square=\square$

10 $9+9+9+9+9+9+9+9+9=\square$ ➡ $\square\times\square=\square$

그림을 보고 곱하는 두 수의 순서를 바꾸어 곱셈식으로 나타내 보세요.

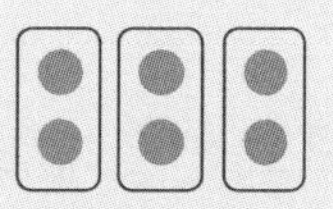
$2\times3=6$

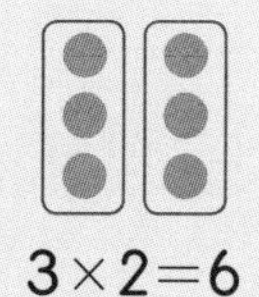
$3\times2=6$

두 곱셈식은 2씩 3묶음과 3씩 2묶음으로 의미는 다르지만 계산 결과는 같아요.

01

2 + 2 + 2 + 2

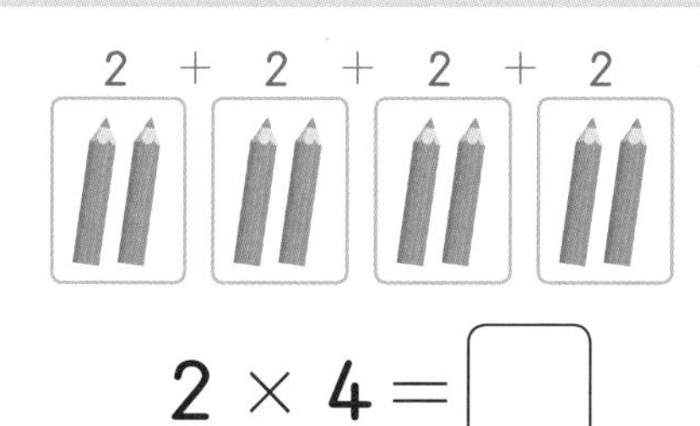

$2 \times 4 = \square$

4 + 4

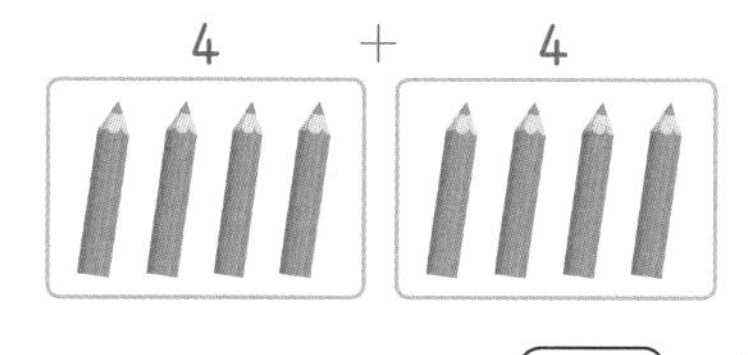

$4 \times 2 = \square$

02

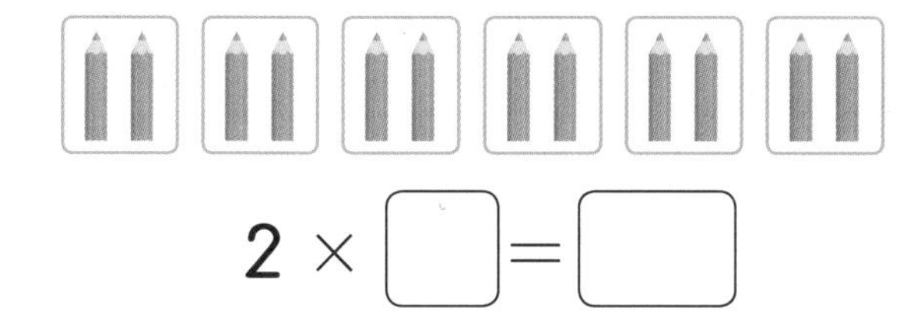

$2 \times \square = \square$

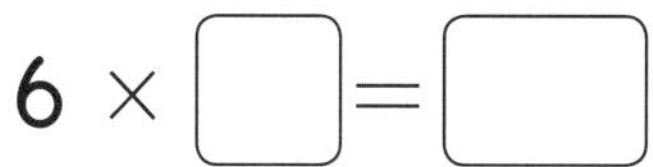

$6 \times \square = \square$

03

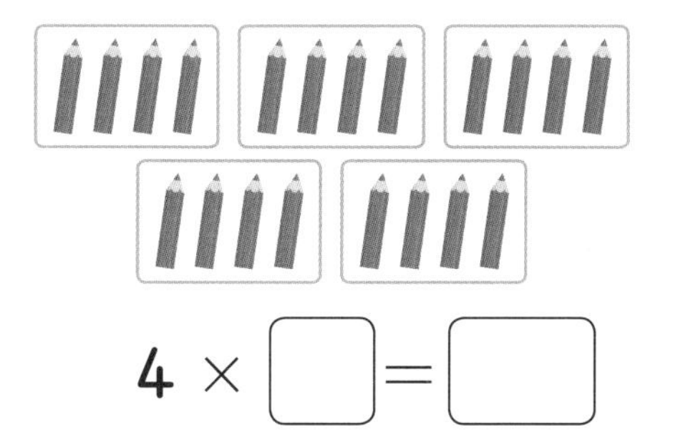

$4 \times \square = \square$

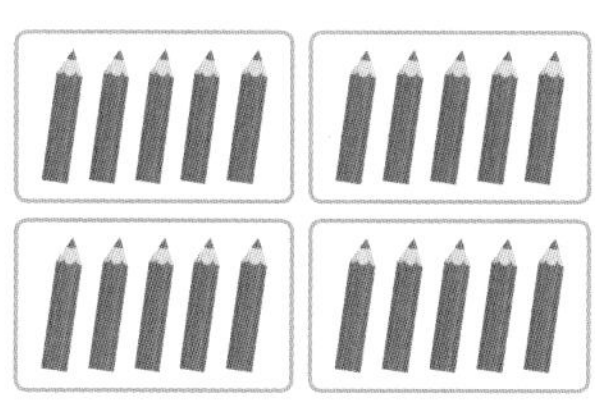

$5 \times \square = \square$

04

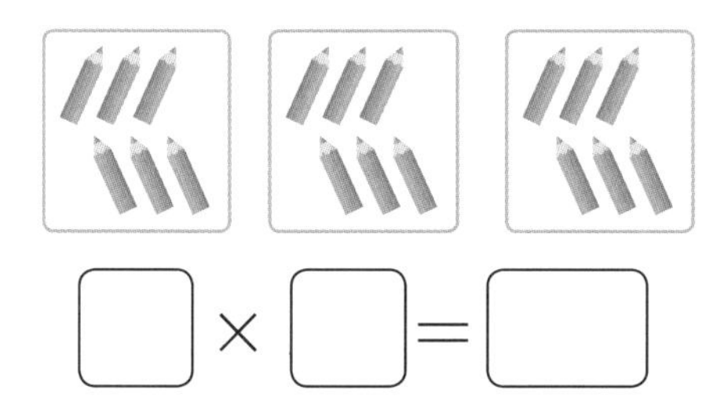

$\square \times \square = \square$

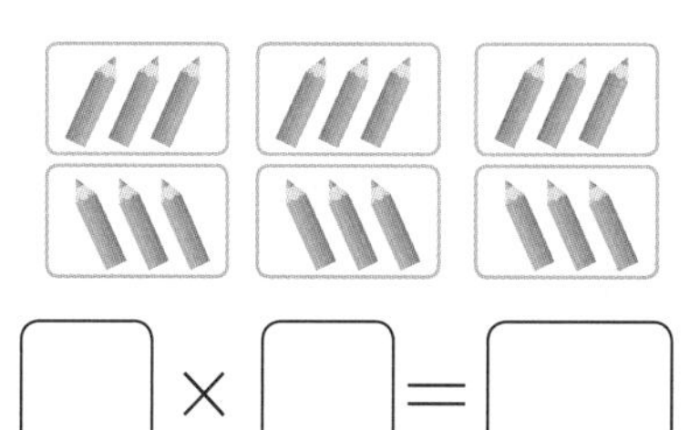

$\square \times \square = \square$

05

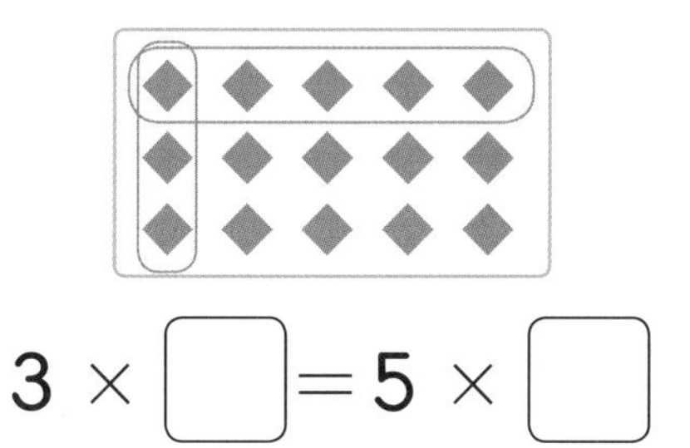

$3 \times \square = 5 \times \square$

06

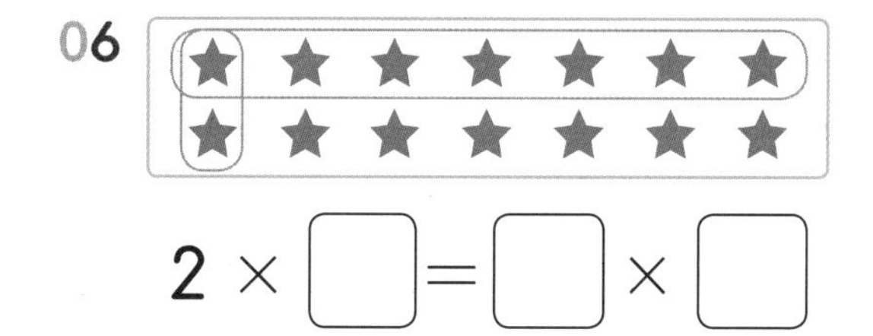

$2 \times \square = \square \times \square$

07

$\square \times \square = \square \times \square$

같은 것을 찾아 선으로 연결해 보세요.

3×4	2×7	7×2
2의 7배	9×5	$5+5+5$
5×3	$3+3+3+3$	9×2
$8+8+8+8+8$	5의 3배	5×9
9의 5배	2×9	3의 4배
4×7	7×4	8×5
$2+2+2+2+2+2+2+2+2$	8의 5배	$7+7+7+7$

계산 결과가 같은 곱셈끼리 묶어 보세요.

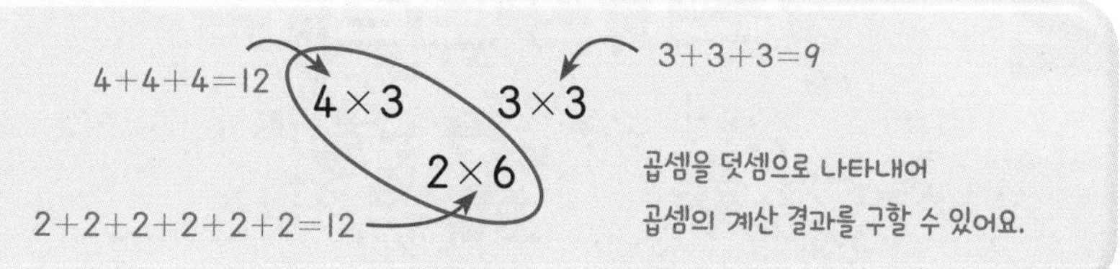

01

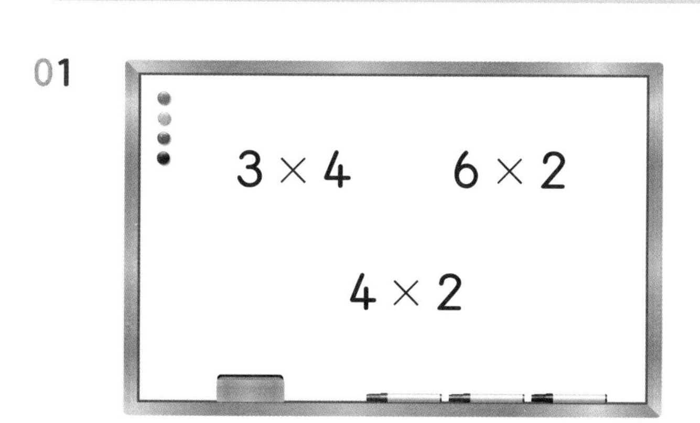

02

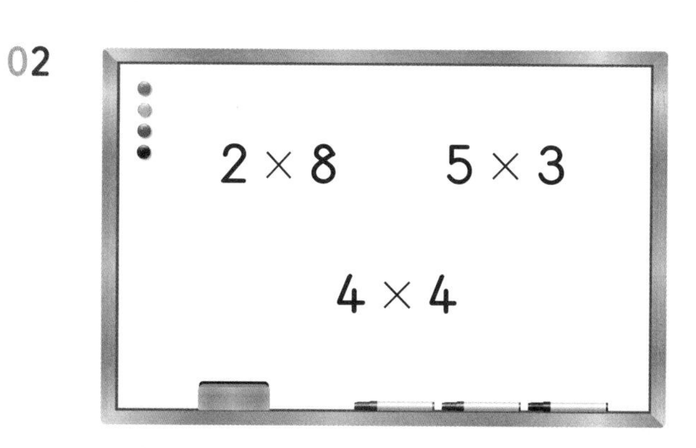

03

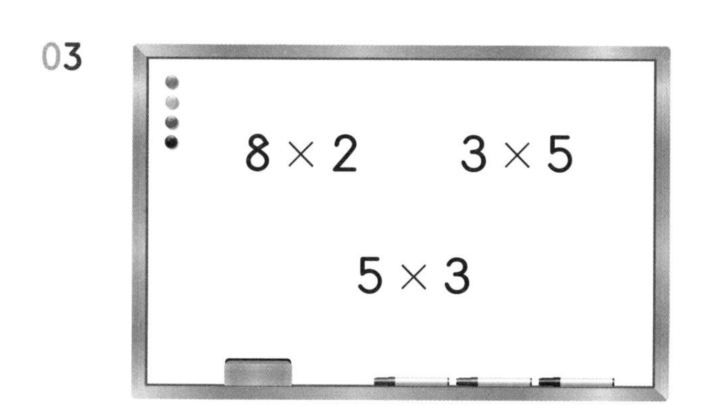

04

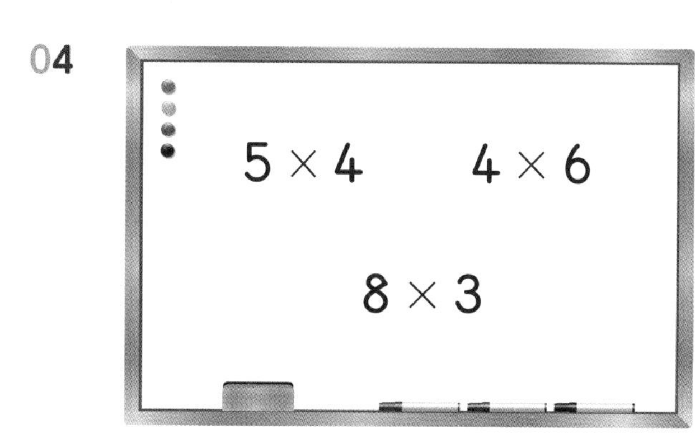

05

06

07

08

2의 단 곱셈구구

2의 단 곱셈구구는 곱하는 수가 1씩 커지면 곱은 2씩 커져요.

1 2의 단

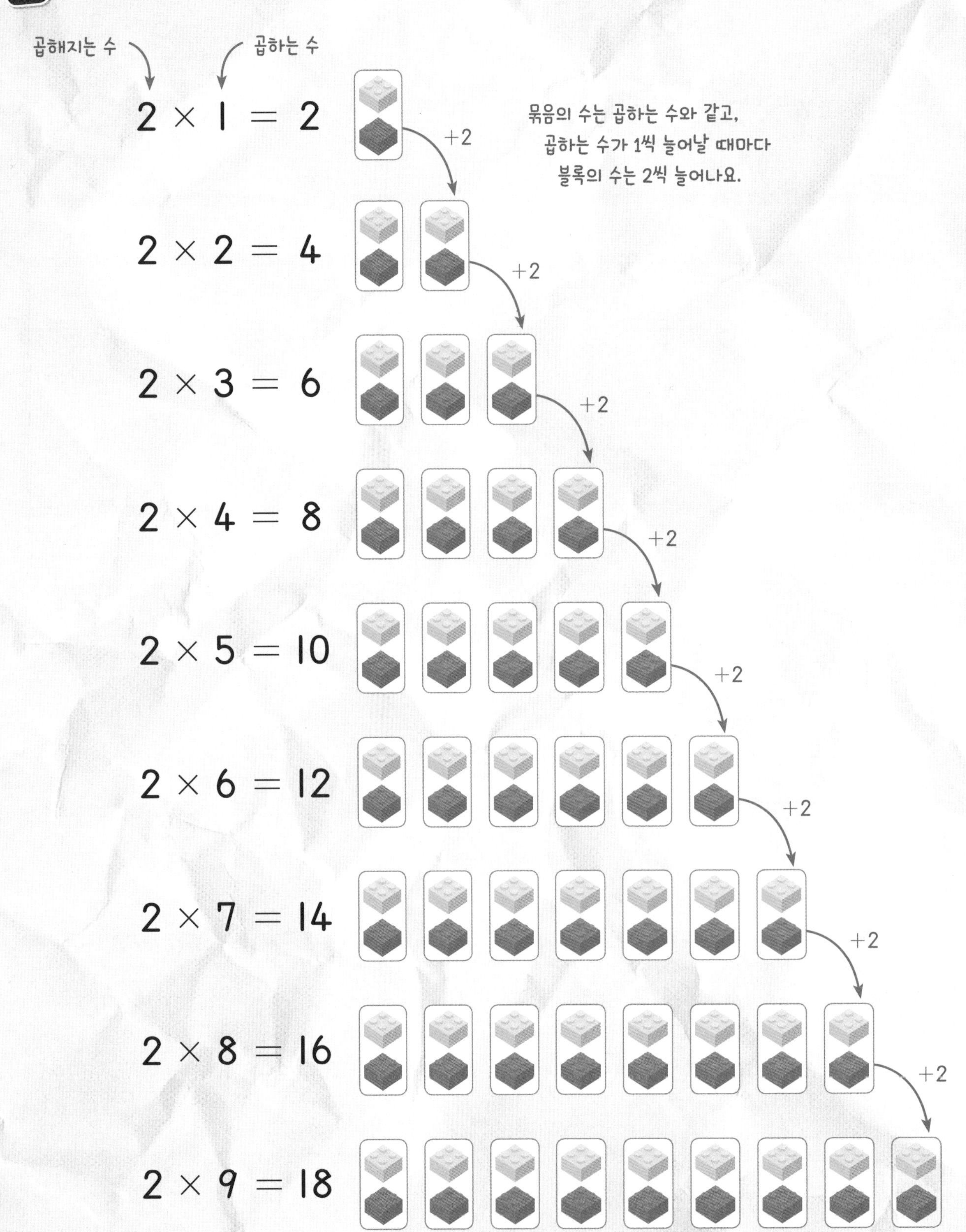

곱해지는 수 → 곱하는 수

$2 \times 1 = 2$
$+2$

묶음의 수는 곱하는 수와 같고,
곱하는 수가 1씩 늘어날 때마다
블록의 수는 2씩 늘어나요.

$2 \times 2 = 4$
$+2$

$2 \times 3 = 6$
$+2$

$2 \times 4 = 8$
$+2$

$2 \times 5 = 10$
$+2$

$2 \times 6 = 12$
$+2$

$2 \times 7 = 14$
$+2$

$2 \times 8 = 16$
$+2$

$2 \times 9 = 18$

여러 가지 방법으로 주어진 것을 2의 단 곱셈구구로 나타내 보세요.

01

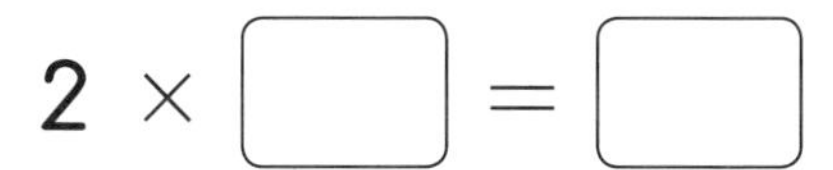

2 × □ = □

2 × □ = □

02

2의 2배 ➡ 2 × □ = □

2의 3배 ➡ 2 × □ = □

2의 6배 ➡ 2 × □ = □

2의 8배 ➡ 2 × □ = □

03

$2+2+2+2$ ➡ 2 × □ = □

$2+2+2+2+2$ ➡ 2 × □ = □

$2+2+2+2+2+2+2$ ➡ 2 × □ = □

$2+2+2+2+2+2+2+2+2$ ➡ 2 × □ = □

수직선을 보고 2의 단 곱셈식을 완성해 보세요.

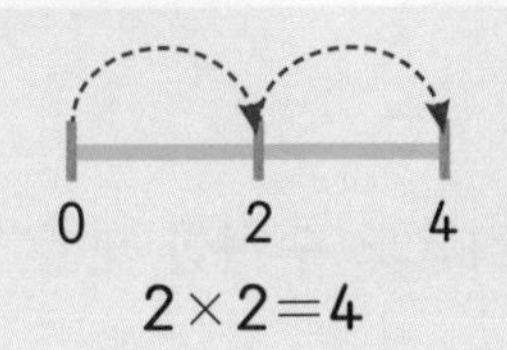

$2\times2=4$

2씩 2번 뛰어 세면,
2를 2번 더한 것과 같으므로
2 곱하기 2로 나타낼 수 있어요.

01
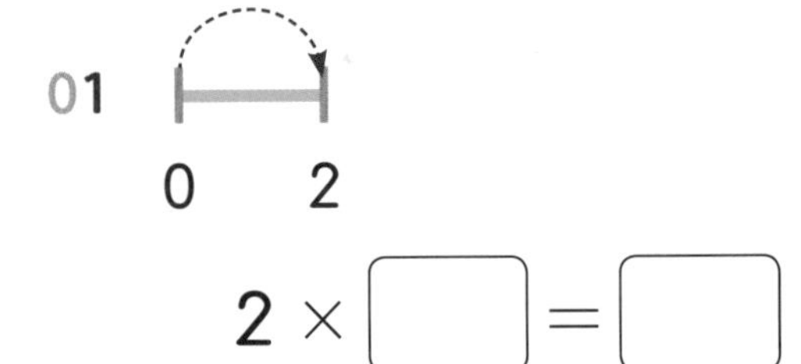

$2\times\square=\square$

02
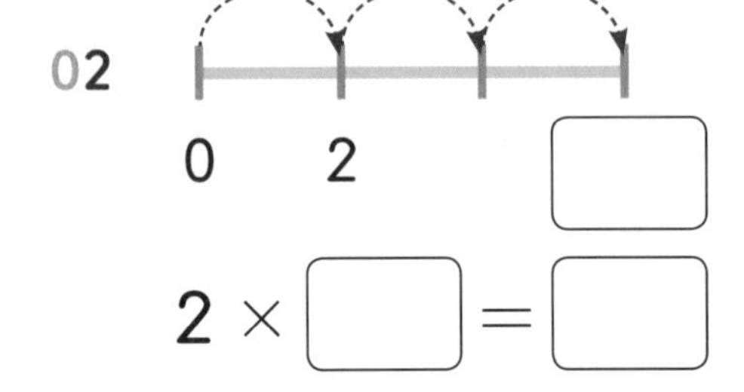

$2\times\square=\square$

03
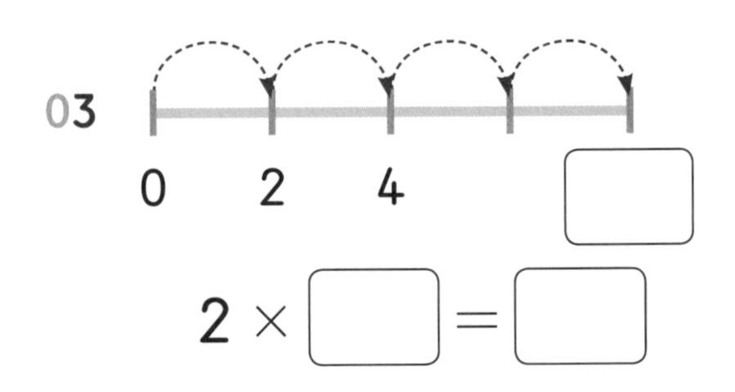

$2\times\square=\square$

04
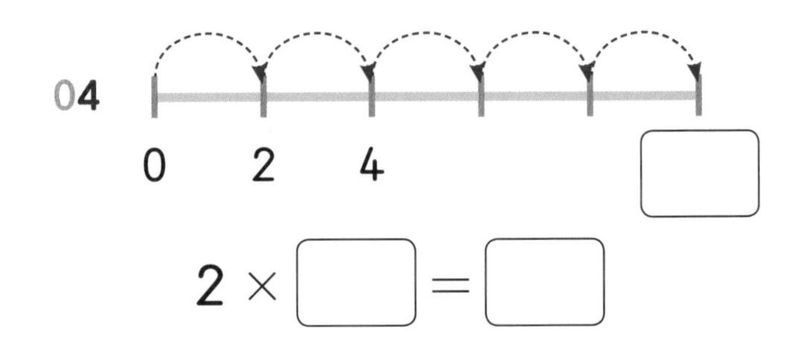

$2\times\square=\square$

05
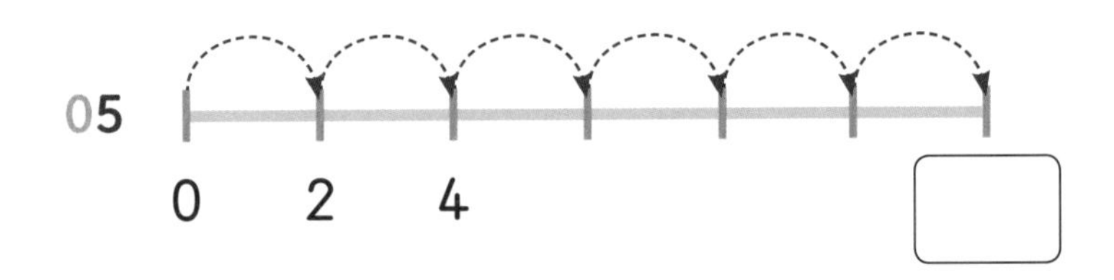

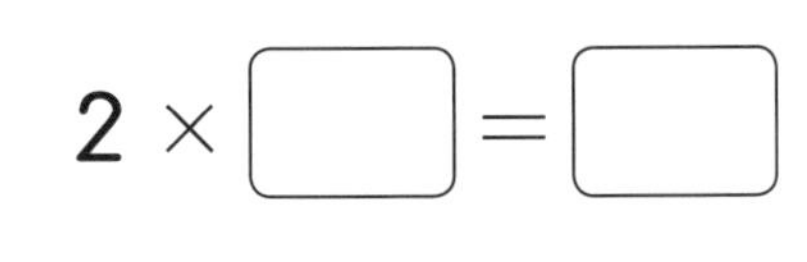

$2\times\square=\square$

06
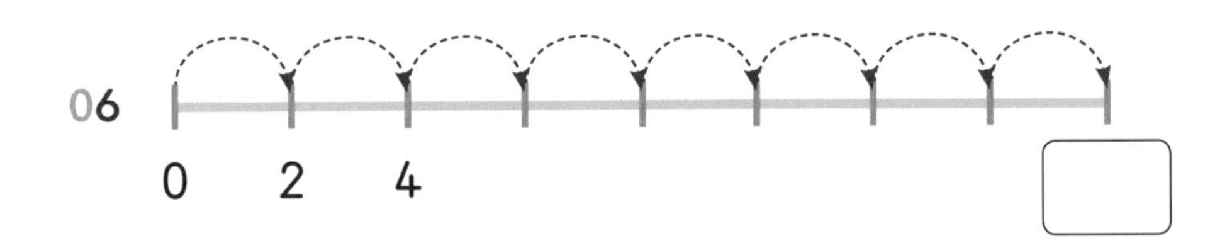

$2\times\square=\square$

07

0 2 4 □

$2\times\square=\square$

08
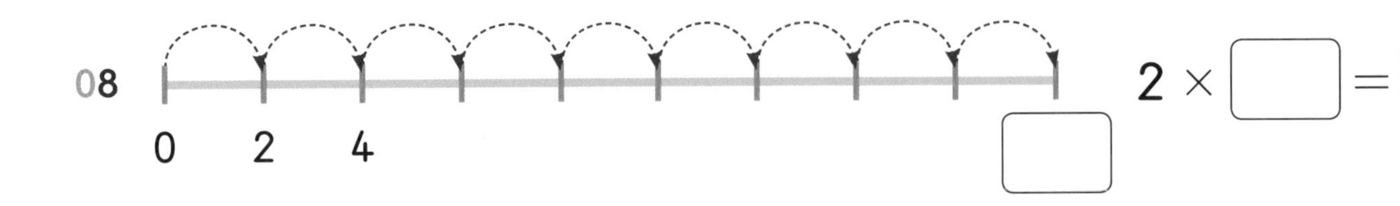

$2\times\square=\square$

2의 단 곱셈구구를 이용하여 사각형의 수를 구해 보세요.

01

사각형이 2개씩 3층으로 쌓여
있으므로 2 곱하기 3과 같아요.

$2 \times \boxed{} = \boxed{}$ (개)

$2 \times \boxed{} = \boxed{}$ (개)

$2 \times \boxed{} = \boxed{}$ (개)

02

$2 \times \boxed{} = \boxed{}$ (개)

$2 \times \boxed{} = \boxed{}$ (개)

$2 \times \boxed{} = \boxed{}$ (개)

03

$2 \times \boxed{} = \boxed{}$ (개)

$2 \times \boxed{} = \boxed{}$ (개)

$2 \times \boxed{} = \boxed{}$ (개)

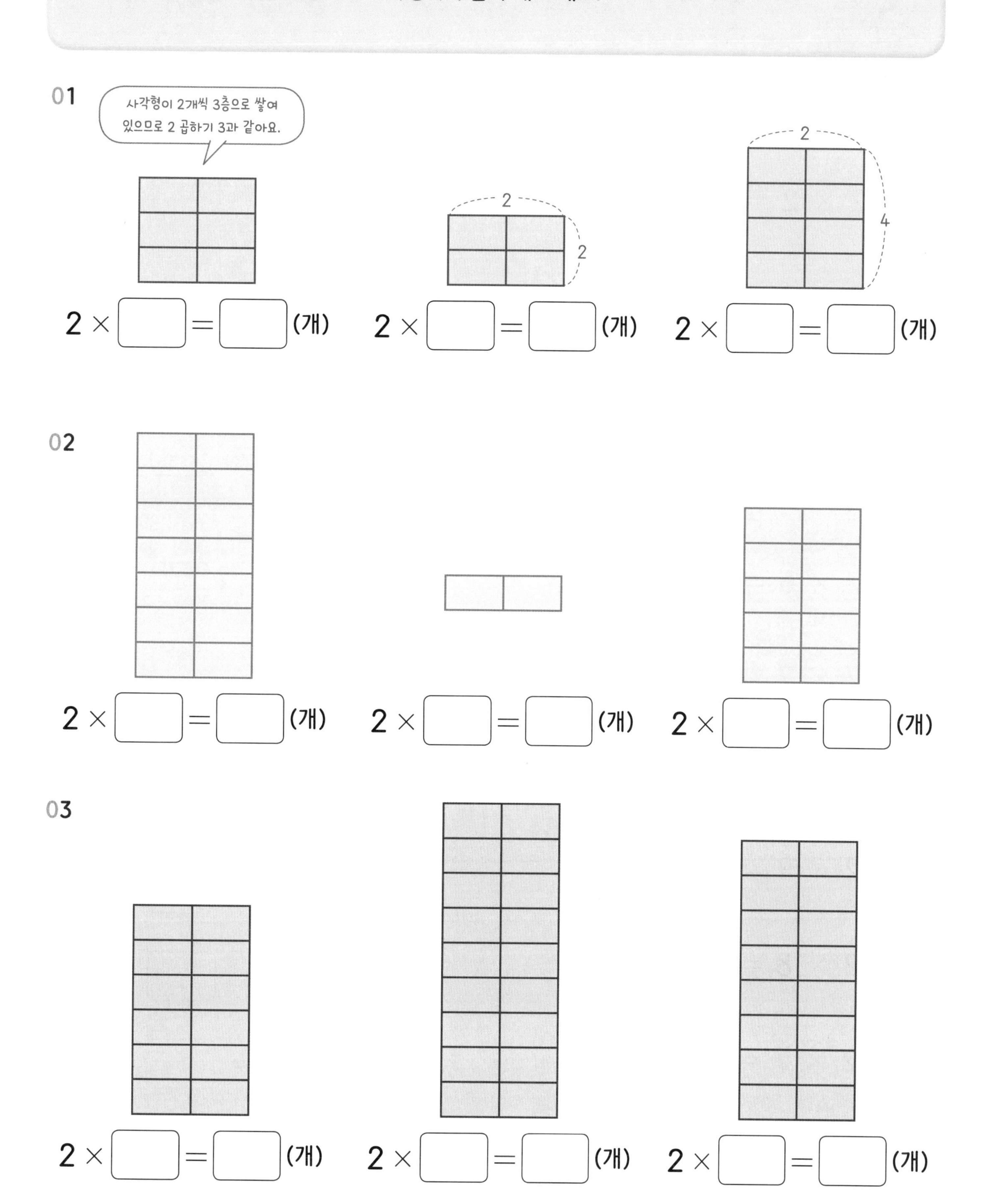

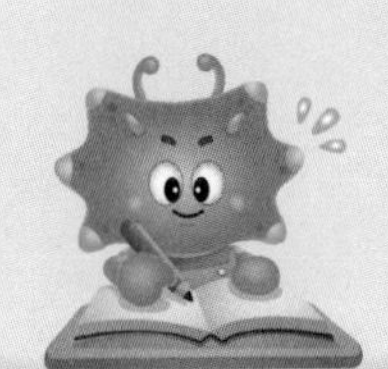

2의 단을 연습해 보세요.

01 $2 \times 1 =$ ☐

02 $2 \times 2 =$ ☐

03 $2 \times 3 =$ ☐

04 $2 \times 4 =$ ☐

05 $2 \times 5 =$ ☐

06 $2 \times 6 =$ ☐

07 $2 \times 7 =$ ☐

08 $2 \times 8 =$ ☐

09 $2 \times 9 =$ ☐

10 $2 \times 8 =$ ☐

11 $2 \times 7 =$ ☐

12 $2 \times 6 =$ ☐

13 $2 \times 5 =$ ☐

14 $2 \times 4 =$ ☐

15 $2 \times 3 =$ ☐

16 $2 \times 2 =$ ☐

17 $2 \times 1 =$ ☐

18 $2 \times 2 =$ ☐

19 $2 \times 3 =$ ☐

20 $2 \times 4 =$ ☐

21 $2 \times 5 =$ ☐

22 $2 \times 6 =$ ☐

23 $2 \times 7 =$ ☐

24 $2 \times 8 =$ ☐

25 $2 \times 9 =$ ☐

2의 단을 연습하며 빈칸을 채워 보세요.

01 $2 \times 4 = \square$

02 $2 \times 2 = \square$

03 $2 \times 6 = \square$

04 $2 \times 5 = \square$

05 $2 \times 9 = \square$

06 $2 \times 1 = \square$

07 $2 \times 8 = \square$

08 $2 \times 5 = \square$

09 $2 \times 3 = \square$

10 $2 \times 7 = \square$

11 $2 \times 9 = \square$

12 $2 \times \square = 6$

13 $2 \times \square = 12$

14 $2 \times \square = 2$

15 $2 \times \square = 10$

16 $2 \times \square = 16$

17 $2 \times \square = 14$

18 $2 \times \square = 8$

19 $2 \times \square = 4$

20 $2 \times \square = 18$

21 $2 \times \square = 16$

22 $2 \times \square = 12$

곱셈식의 빈칸에 알맞은 수를 따라 도착 지점까지 선으로 연결해 보세요.

출발

$2\times3=\square$ 6 3 $2\times\square=10$ 6 12 $2\times5=\square$

4 5 10

2 6 6

$2\times\square=8$ 4 5 $2\times4=\square$ 8 5 $2\times\square=14$

3 10 7

10 7 10

$2\times9=\square$ 14 8 $2\times\square=16$ 6 12 $2\times6=\square$

18 9 16

8 18 1

$2\times\square=12$ 6 12 $2\times8=\square$ 14 2 $2\times\square=2$

5 16 4

빈칸에 들어갈 수 있는 수를 주어진 수 카드 중에서 모두 찾아 ○ 해 보세요.

01

9 5 6 3

$2 \times \square < 12$

02

8 4 5 6

$2 \times \square > 14$

03

6 9 4 7

$2 \times \square > 9$

04

9 7 6 1

$2 \times \square < 13$

05

4 3 2 5

$2 \times \square > 2+2+2$

06

5 4 2 8

$2 \times \square < 2+2+2+2+2$

07

5 7 3 6

$2 \times \square >$ 2의 6배

08

7 8 4 9

$2 \times \square <$ 2의 8배

5의 단 곱셈구구

5의 단 곱셈구구는 곱하는 수가 1씩 커지면 곱은 5씩 커져요.

1 5의 단

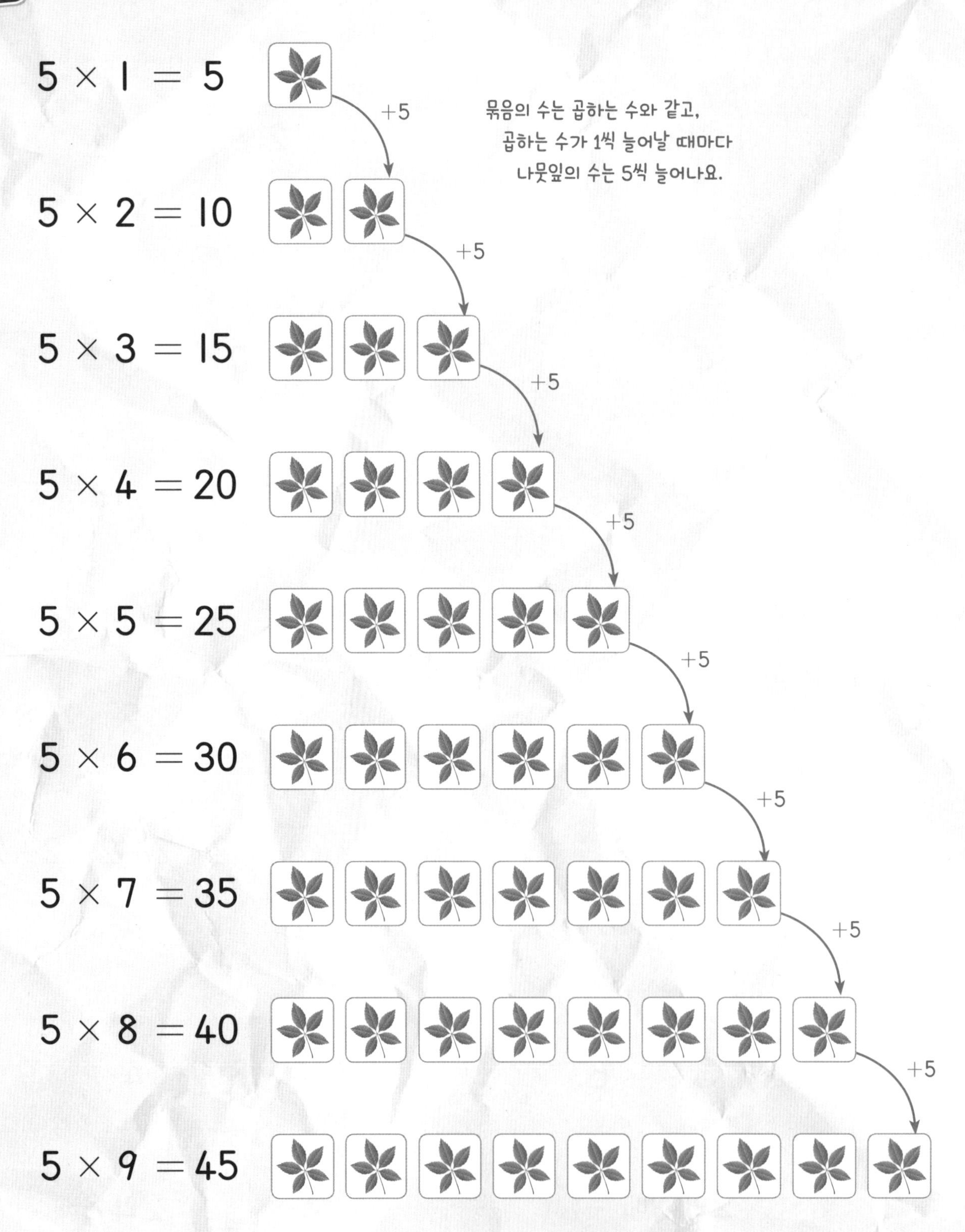

여러 가지 방법으로 주어진 것을 5의 단 곱셈구구로 나타내 보세요.

01

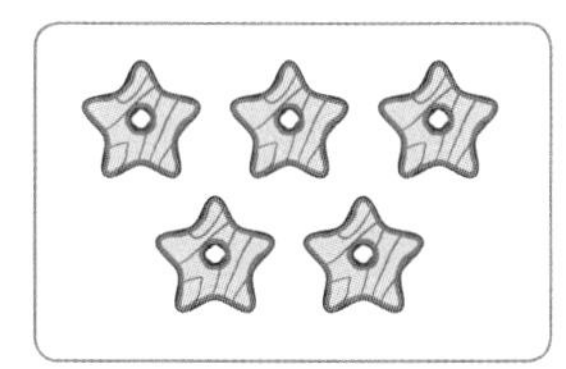 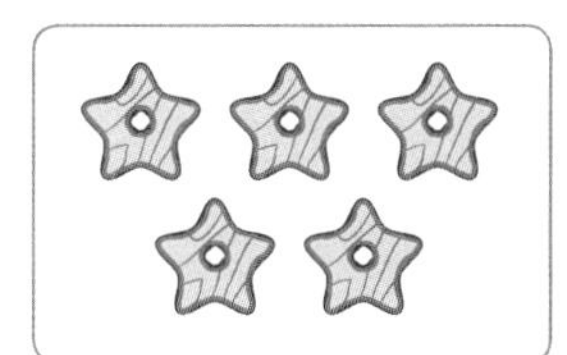

5 × □ = □

5 × □ = □

02

5의 6배 ➡ 5 × □ = □

5의 2배 ➡ 5 × □ = □

5의 5배 ➡ 5 × □ = □

5의 7배 ➡ 5 × □ = □

03

5+5+5+5 ➡ 5 × □ = □

5+5+5 ➡ 5 × □ = □

5+5+5+5+5+5+5+5 ➡ 5 × □ = □

5+5+5+5+5+5+5+5+5 ➡ 5 × □ = □

수직선을 보고 5의 단 곱셈식을 완성해 보세요.

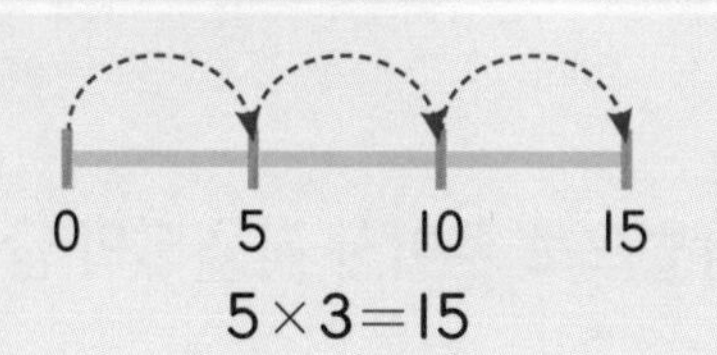

5씩 3번 뛰어 세면, 5를 3번 더한 것과 같으므로 5 곱하기 3으로 나타낼 수 있어요.

01 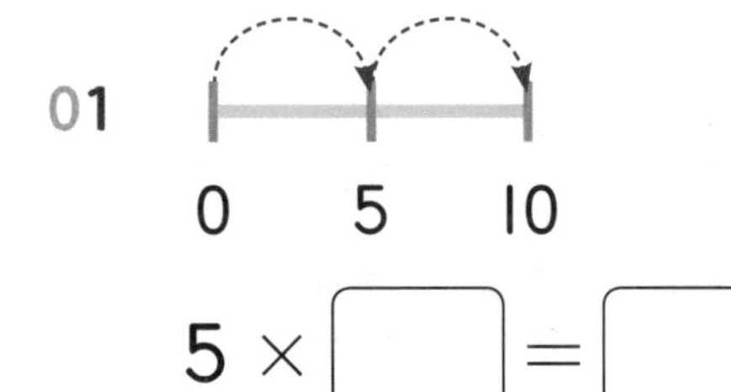

02 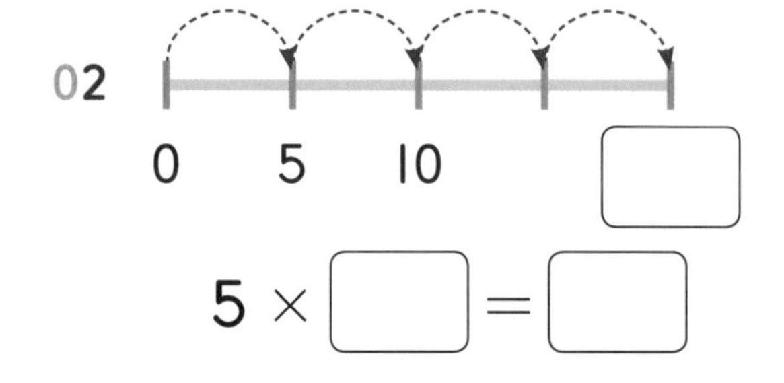

03 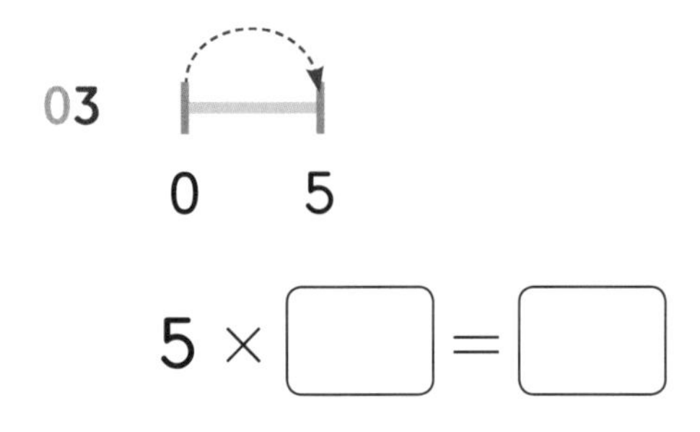

04 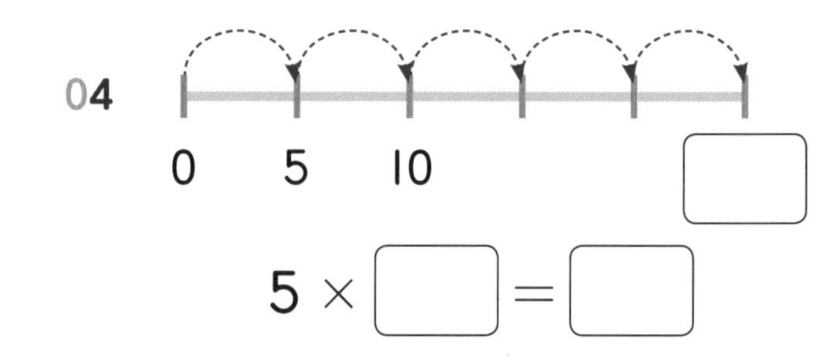

05 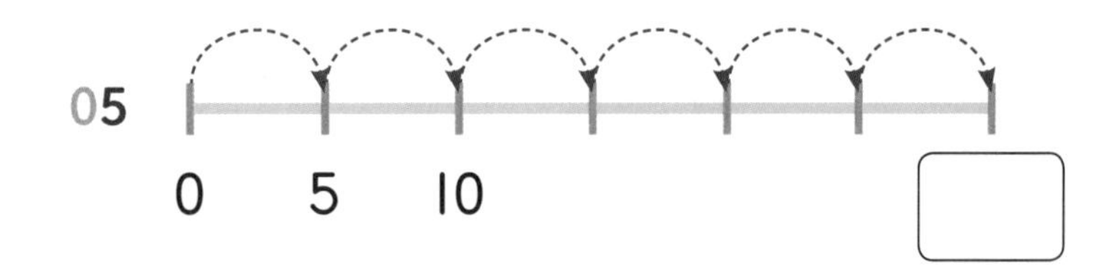

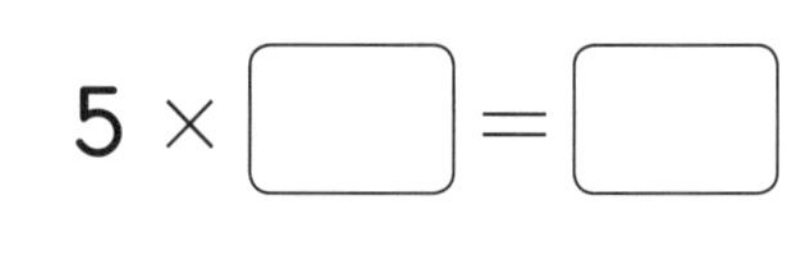

06 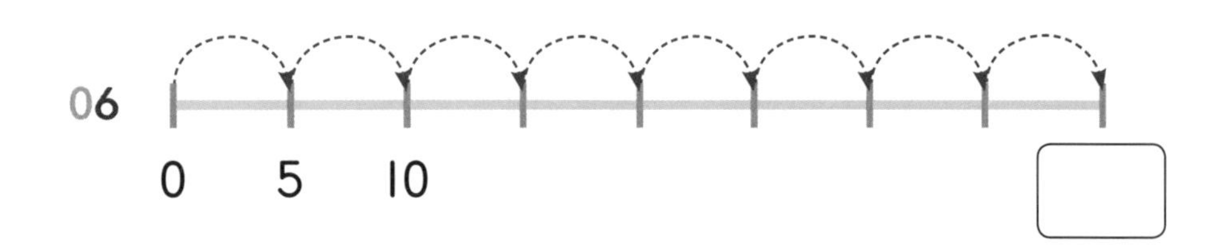

5 × ☐ = ☐

07 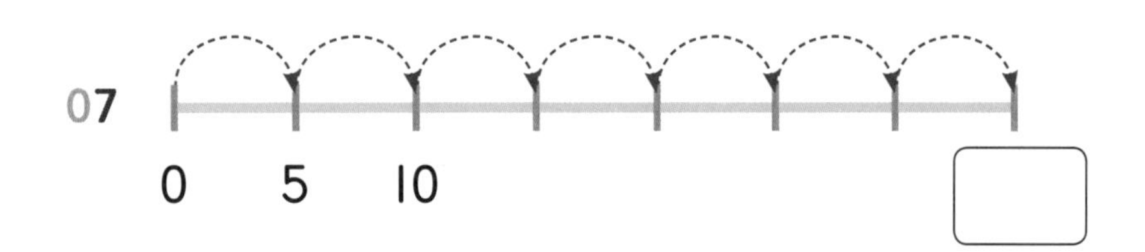

5 × ☐ = ☐

08 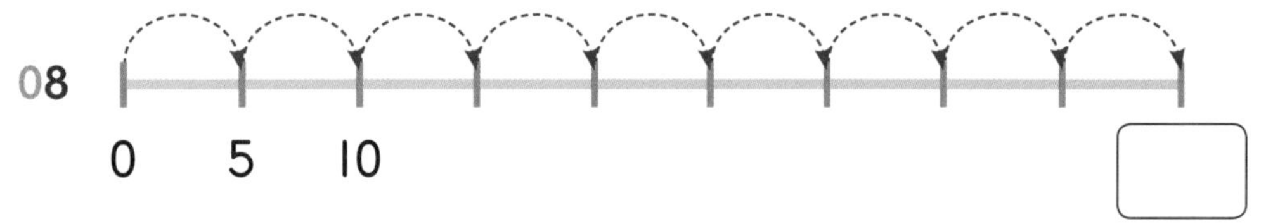

5 × ☐ = ☐

5의 단 곱셈구구를 이용하여 사각형의 수를 구해 보세요.

01

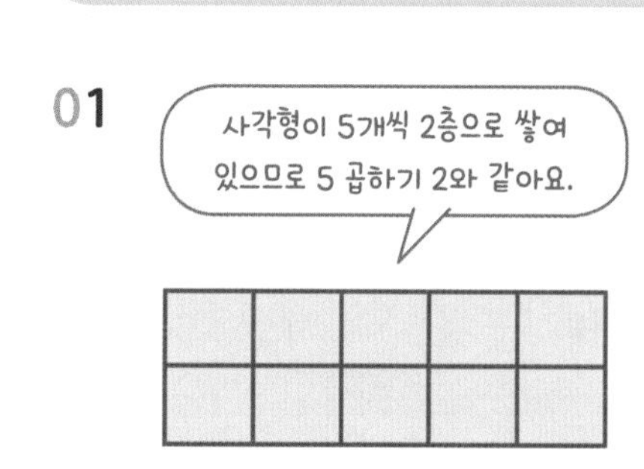

사각형이 5개씩 2층으로 쌓여 있으므로 5 곱하기 2와 같아요.

5 × ☐ = ☐ (개)

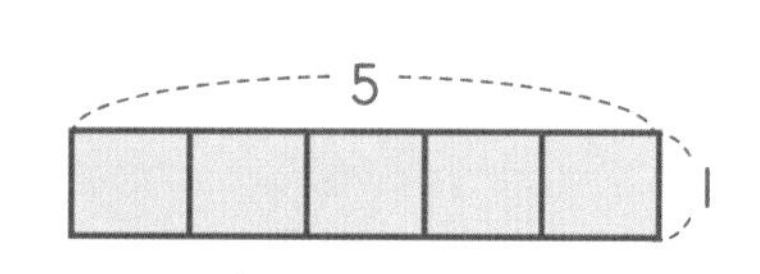

5 × ☐ = ☐ (개)

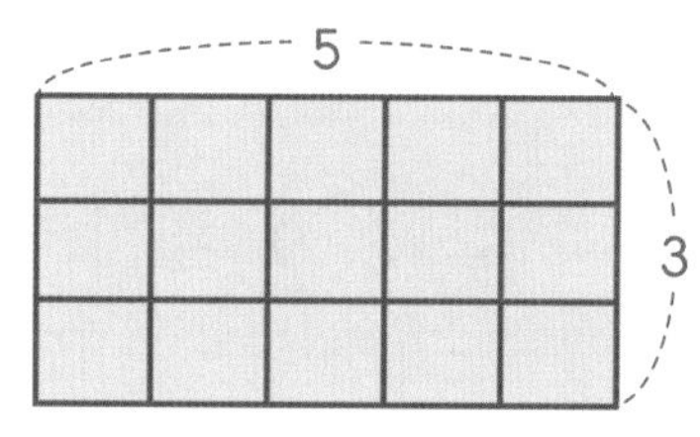

5 × ☐ = ☐ (개)

02

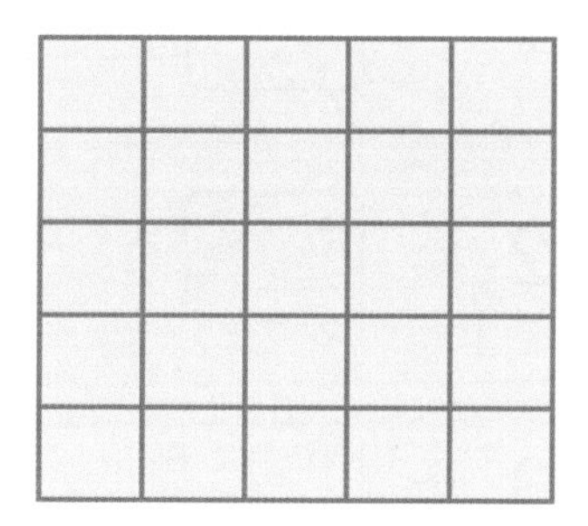

5 × ☐ = ☐ (개)

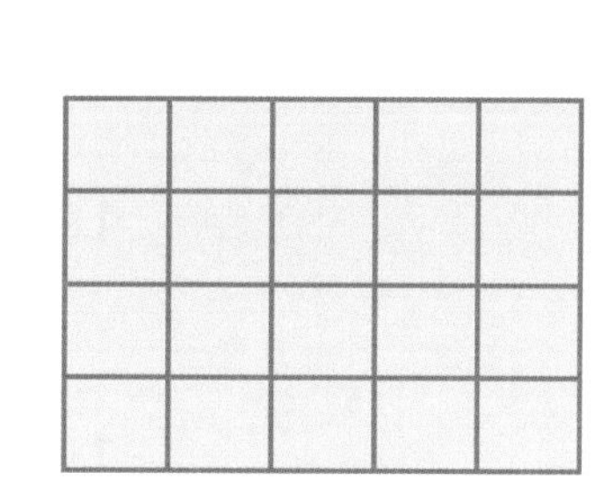

5 × ☐ = ☐ (개)

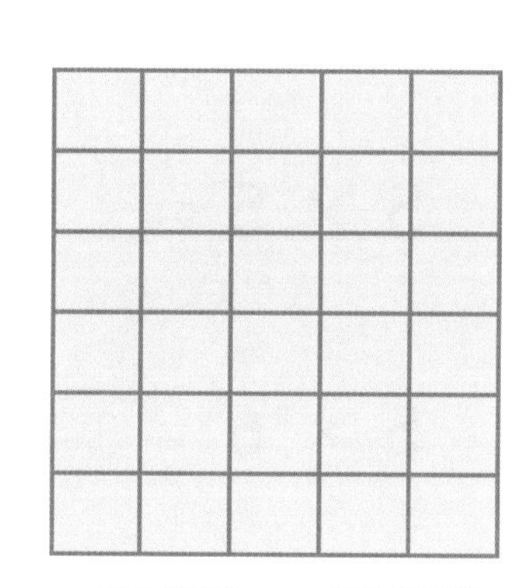

5 × ☐ = ☐ (개)

03

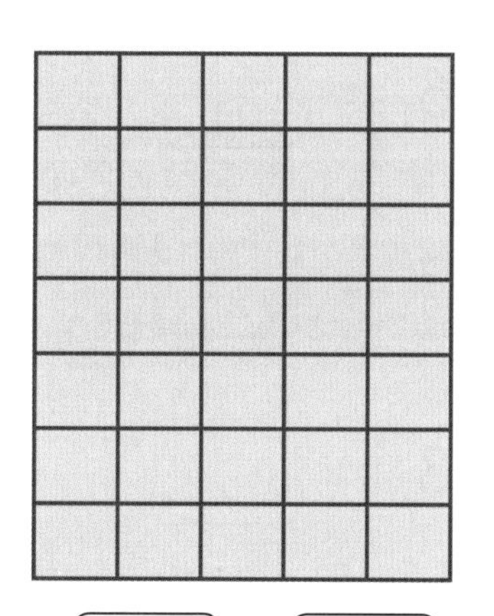

5 × ☐ = ☐ (개)

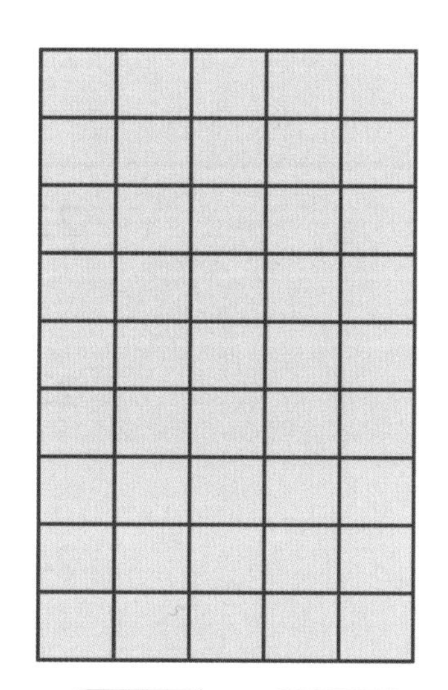

5 × ☐ = ☐ (개)

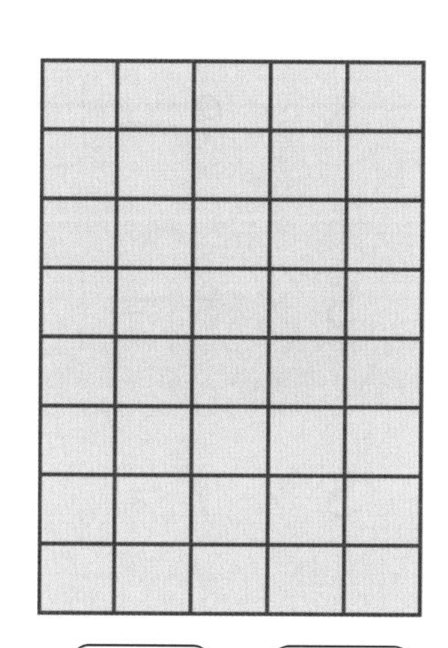

5 × ☐ = ☐ (개)

5의 단을 연습해 보세요.

01 $5 \times 1 =$ ☐

02 $5 \times 2 =$ ☐

03 $5 \times 3 =$ ☐

04 $5 \times 4 =$ ☐

05 $5 \times 5 =$ ☐

06 $5 \times 6 =$ ☐

07 $5 \times 7 =$ ☐

08 $5 \times 8 =$ ☐

09 $5 \times 9 =$ ☐

10 $5 \times 8 =$ ☐

11 $5 \times 7 =$ ☐

12 $5 \times 6 =$ ☐

13 $5 \times 5 =$ ☐

14 $5 \times 4 =$ ☐

15 $5 \times 3 =$ ☐

16 $5 \times 2 =$ ☐

17 $5 \times 1 =$ ☐

18 $5 \times 2 =$ ☐

19 $5 \times 3 =$ ☐

20 $5 \times 4 =$ ☐

21 $5 \times 5 =$ ☐

22 $5 \times 6 =$ ☐

23 $5 \times 7 =$ ☐

24 $5 \times 8 =$ ☐

25 $5 \times 9 =$ ☐

5의 단을 연습하며 빈칸을 채워 보세요.

01 $5 \times 3 = \square$

02 $5 \times 6 = \square$

03 $5 \times 5 = \square$

04 $5 \times 8 = \square$

05 $5 \times 4 = \square$

06 $5 \times 1 = \square$

07 $5 \times 9 = \square$

08 $5 \times 2 = \square$

09 $5 \times 7 = \square$

10 $5 \times 6 = \square$

11 $5 \times 8 = \square$

12 $5 \times 9 = \square$

13 $5 \times \square = 10$

14 $5 \times \square = 25$

15 $5 \times \square = 5$

16 $5 \times \square = 20$

17 $5 \times \square = 45$

18 $5 \times \square = 35$

19 $5 \times \square = 30$

20 $5 \times \square = 40$

21 $5 \times \square = 25$

22 $5 \times \square = 45$

23 $5 \times \square = 15$

24 $5 \times \square = 35$

곱셈식의 빈칸에 알맞은 수를 따라 도착 지점까지 선으로 연결해 보세요.

출발

$5\times1=\square$ 10 1 $5\times\square=15$ 3 20 $5\times2=\square$

5 4 10

6 30 6

$5\times\square=20$ 4 10 $5\times6=\square$ 25 8 $5\times\square=35$

3 20 7

25 8 30

$5\times7=\square$ 14 7 $5\times\square=45$ 5 40 $5\times8=\square$

15 9 20

35 15 6

$5\times9=\square$ 45 5 $5\times5=\square$ 25 7 $5\times\square=40$

40 35 8

빈칸에 들어갈 수 있는 수를 주어진 수 카드 중에서 모두 찾아 ○ 해 보세요.

01

4	1	5	3

$5 \times \square > 15$

02

6	4	7	9

$5 \times \square > 30$

03

7	5	3	8

$5 \times \square < 37$

04

3	4	5	1

$5 \times \square < 19$

05

4	5	3	2

$5 \times \square > 5+5+5+5$

06

5	6	8	7

$5 \times \square < 5+5+5+5+5+5+5+5$

07

9	5	7	4

$5 \times \square >$ 5의 5배

08

8	7	6	9

$5 \times \square <$ 5의 7배

2의 단, 5의 단 종합

가로 방향과 세로 방향으로 곱셈을 하여 빈칸을 채워 보세요.

01

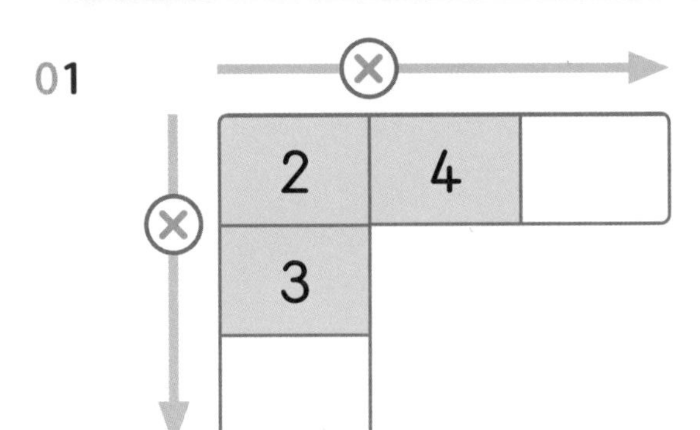

02

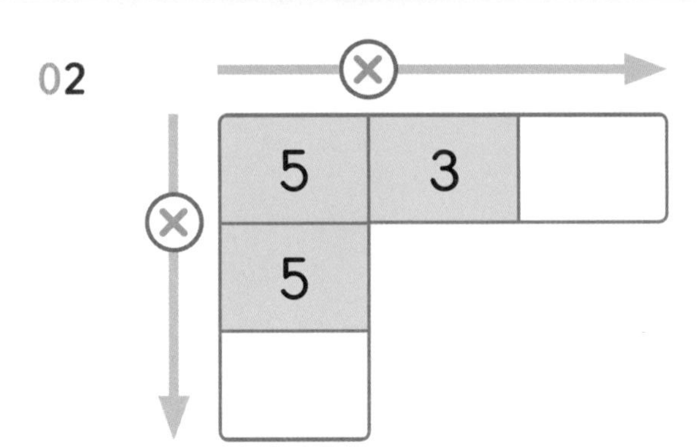

03

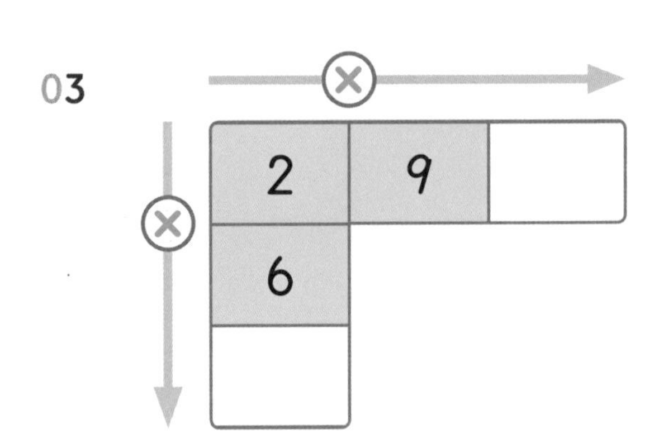

04

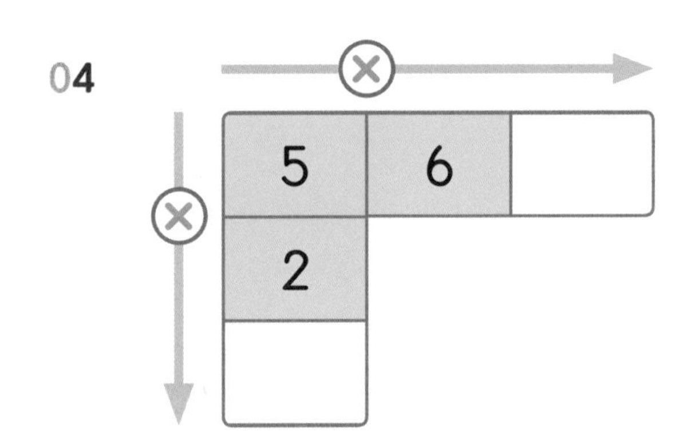

05

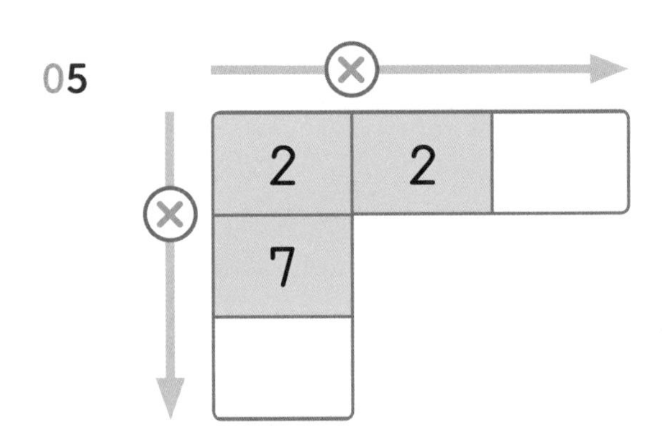

06

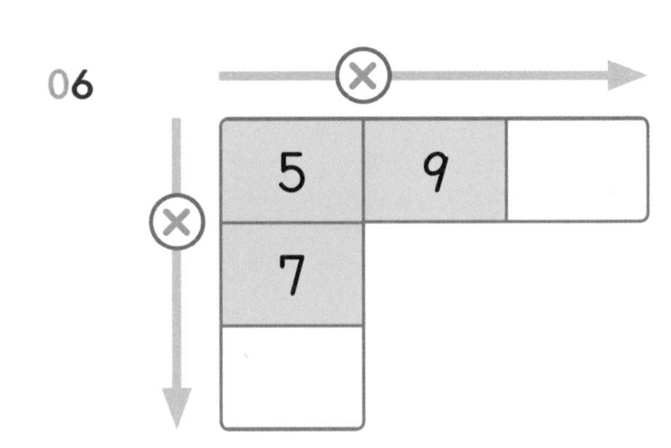

07

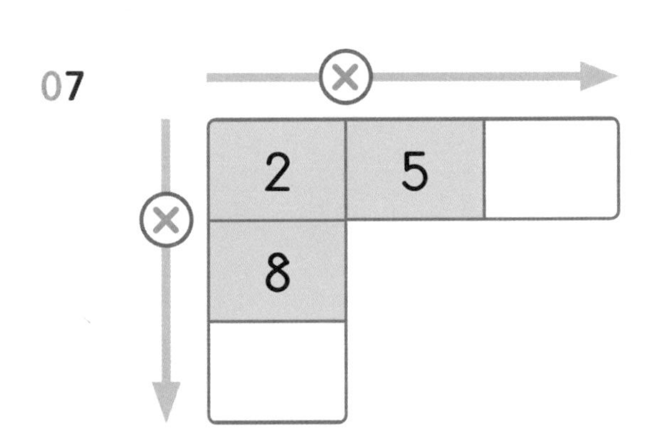

08

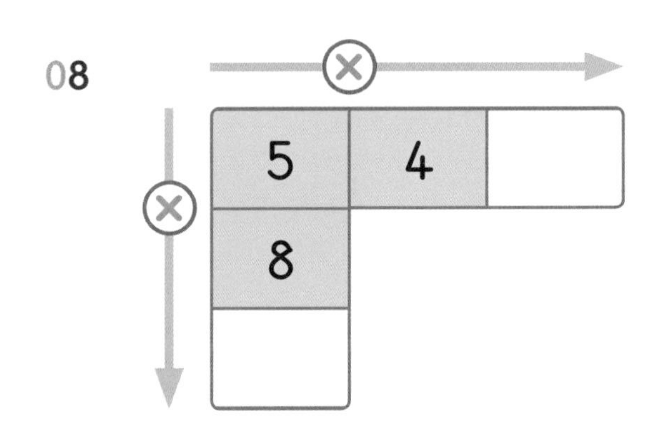

2의 단, 5의 단 종합

가로 방향과 세로 방향으로 곱셈을 하여 빈칸을 채워 보세요.

01

	2	
5	3	

(← 5×3) (← 2×3)

02

	5	
2	6	

03

2		5
2	4	

04

5		5
2	3	

05

	5	
2		
	25	

06

	2	
5		40

07

	2	
5		45

08

	5	
2		
	35	

4 3의 단 곱셈구구

3의 단 곱셈구구는 곱하는 수가 1씩 커지면 곱은 3씩 커져요.

1 3의 단

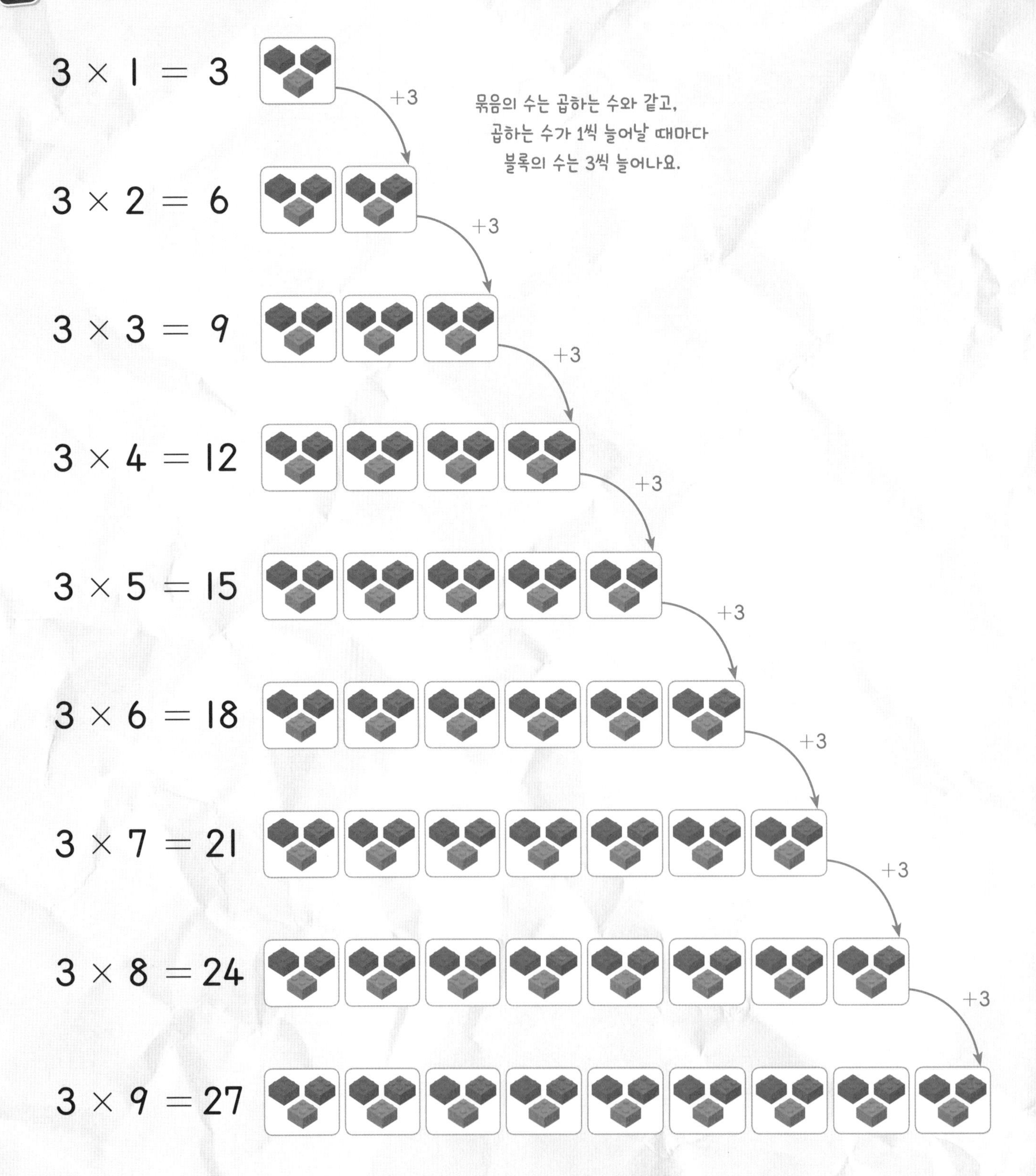

$3 \times 1 = 3$

묶음의 수는 곱하는 수와 같고,
곱하는 수가 1씩 늘어날 때마다
블록의 수는 3씩 늘어나요.

$3 \times 2 = 6$

$3 \times 3 = 9$

$3 \times 4 = 12$

$3 \times 5 = 15$

$3 \times 6 = 18$

$3 \times 7 = 21$

$3 \times 8 = 24$

$3 \times 9 = 27$

여러 가지 방법으로 주어진 것을 3의 단 곱셈구구로 나타내 보세요.

01

3 × ☐ = ☐

3 × ☐ = ☐

02

3의 2배  3 × ☐ = ☐

3의 3배 ➡ 3 × ☐ = ☐

3의 6배 ➡ 3 × ☐ = ☐

3의 8배 ➡ 3 × ☐ = ☐

03

3+3+3+3 ➡ 3 × ☐ = ☐

3+3+3+3+3 ➡ 3 × ☐ = ☐

3+3+3+3+3+3+3 ➡ 3 × ☐ = ☐

3+3+3+3+3+3+3+3+3 ➡ 3 × ☐ = ☐

수직선을 보고 3의 단 곱셈식을 완성해 보세요.

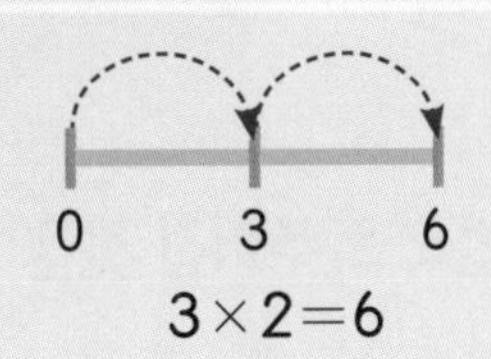

3씩 2번 뛰어 세면,
3을 2번 더한 것과 같으므로
3 곱하기 2로 나타낼 수 있어요.

01

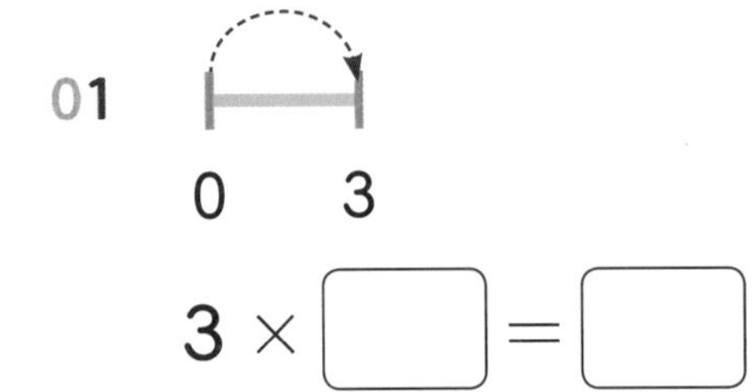

$3 \times \square = \square$

02

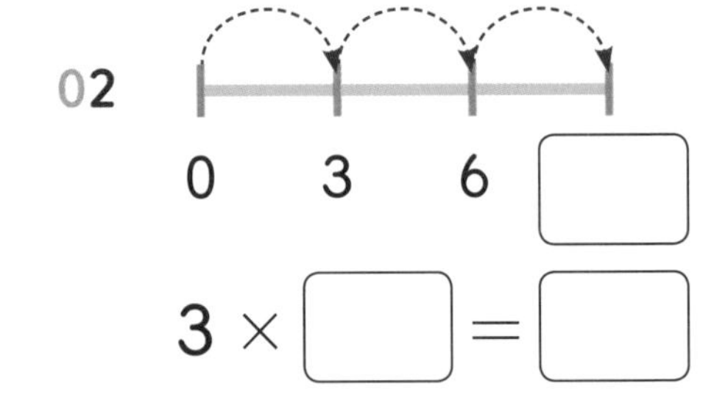

$3 \times \square = \square$

03

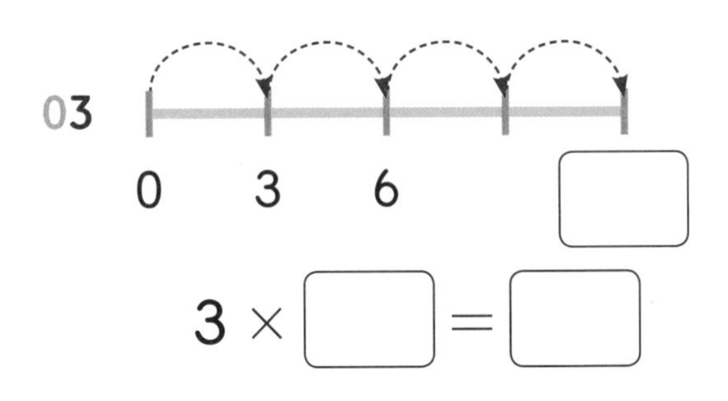

$3 \times \square = \square$

04

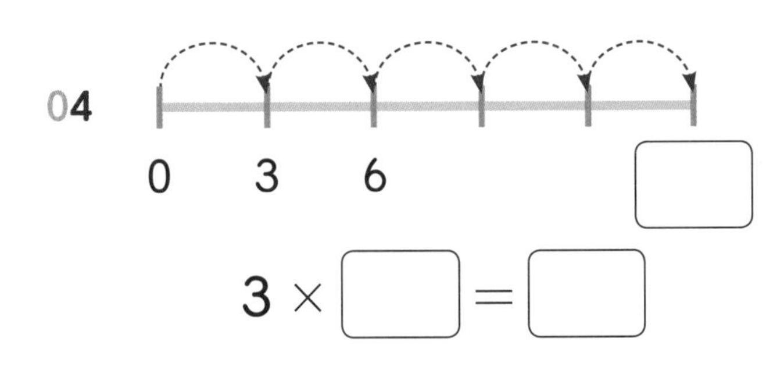

$3 \times \square = \square$

05

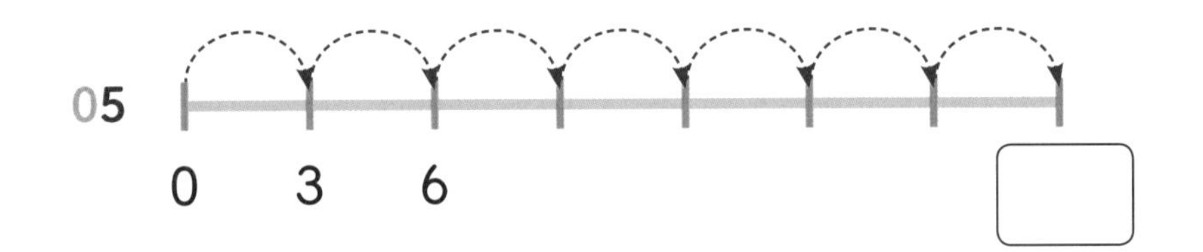

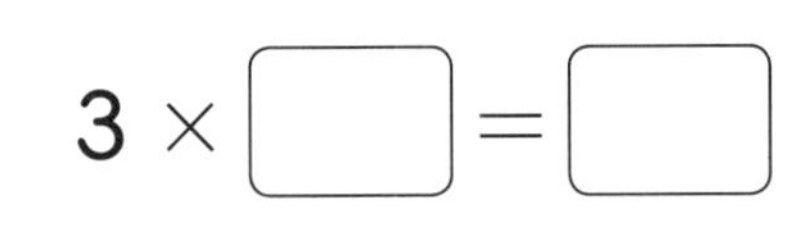

$3 \times \square = \square$

06

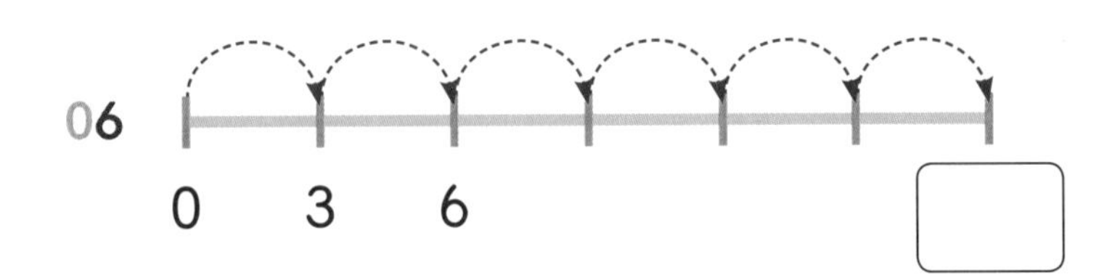

$3 \times \square = \square$

07

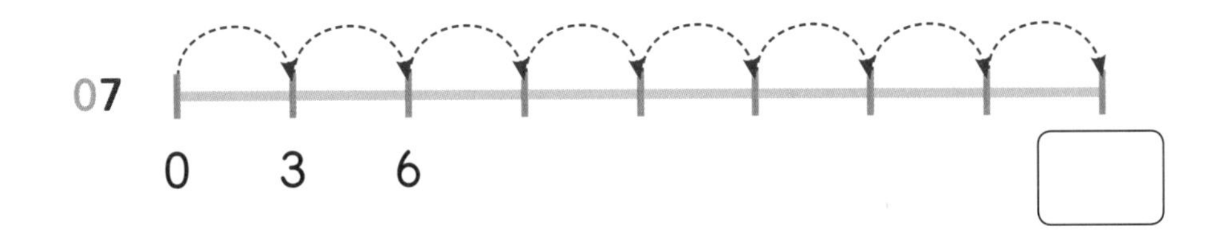

$3 \times \square = \square$

08

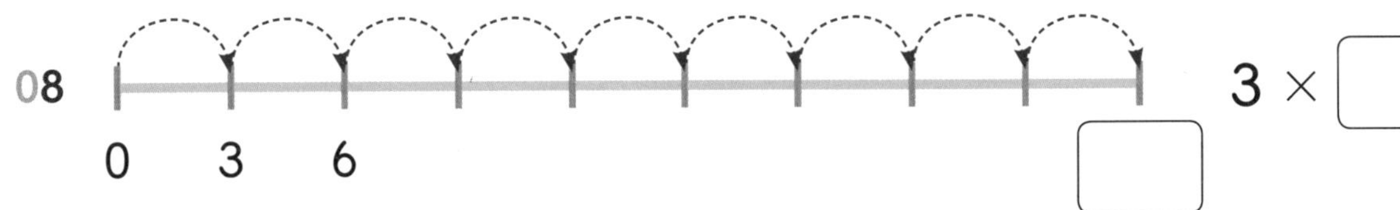

$3 \times \square = \square$

3의 단 곱셈구구를 이용하여 사각형의 수를 구해 보세요.

01

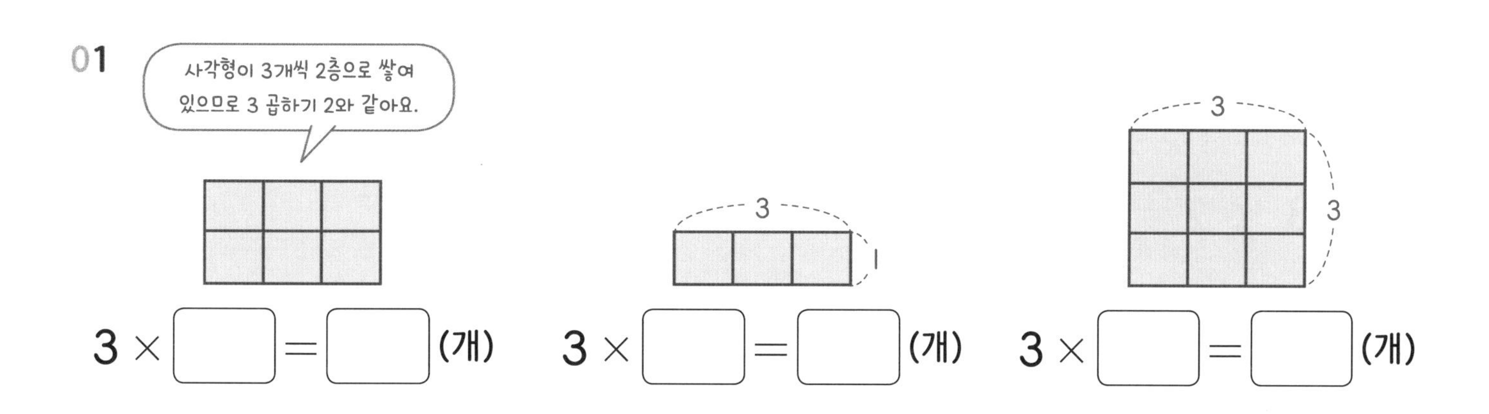

사각형이 3개씩 2층으로 쌓여 있으므로 3 곱하기 2와 같아요.

$3 \times$ ☐ $=$ ☐ (개) \qquad $3 \times$ ☐ $=$ ☐ (개) \qquad $3 \times$ ☐ $=$ ☐ (개)

02

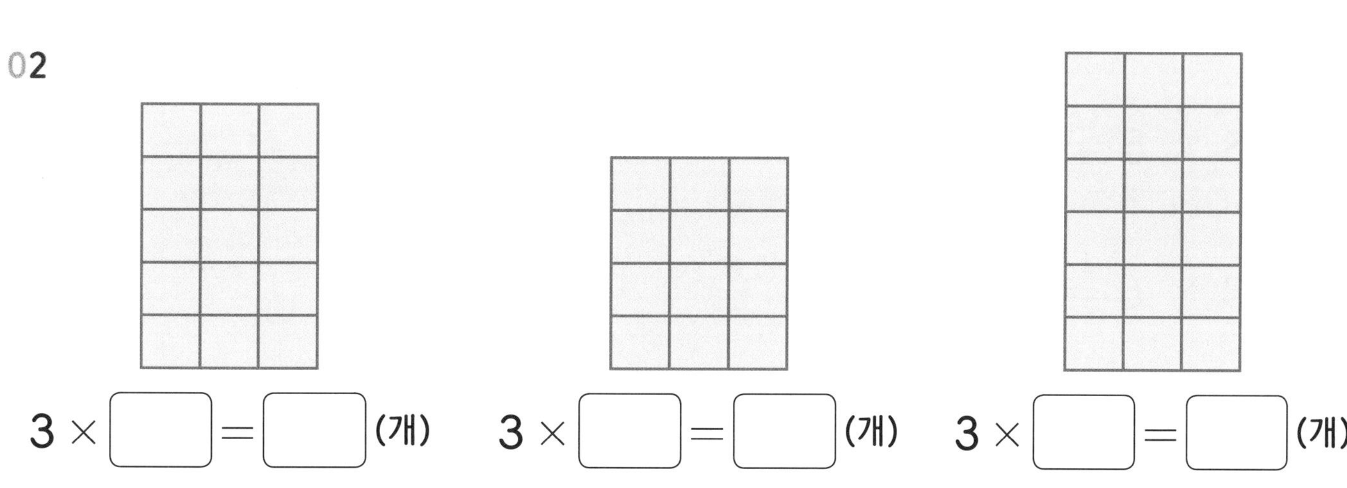

$3 \times$ ☐ $=$ ☐ (개) \qquad $3 \times$ ☐ $=$ ☐ (개) \qquad $3 \times$ ☐ $=$ ☐ (개)

03

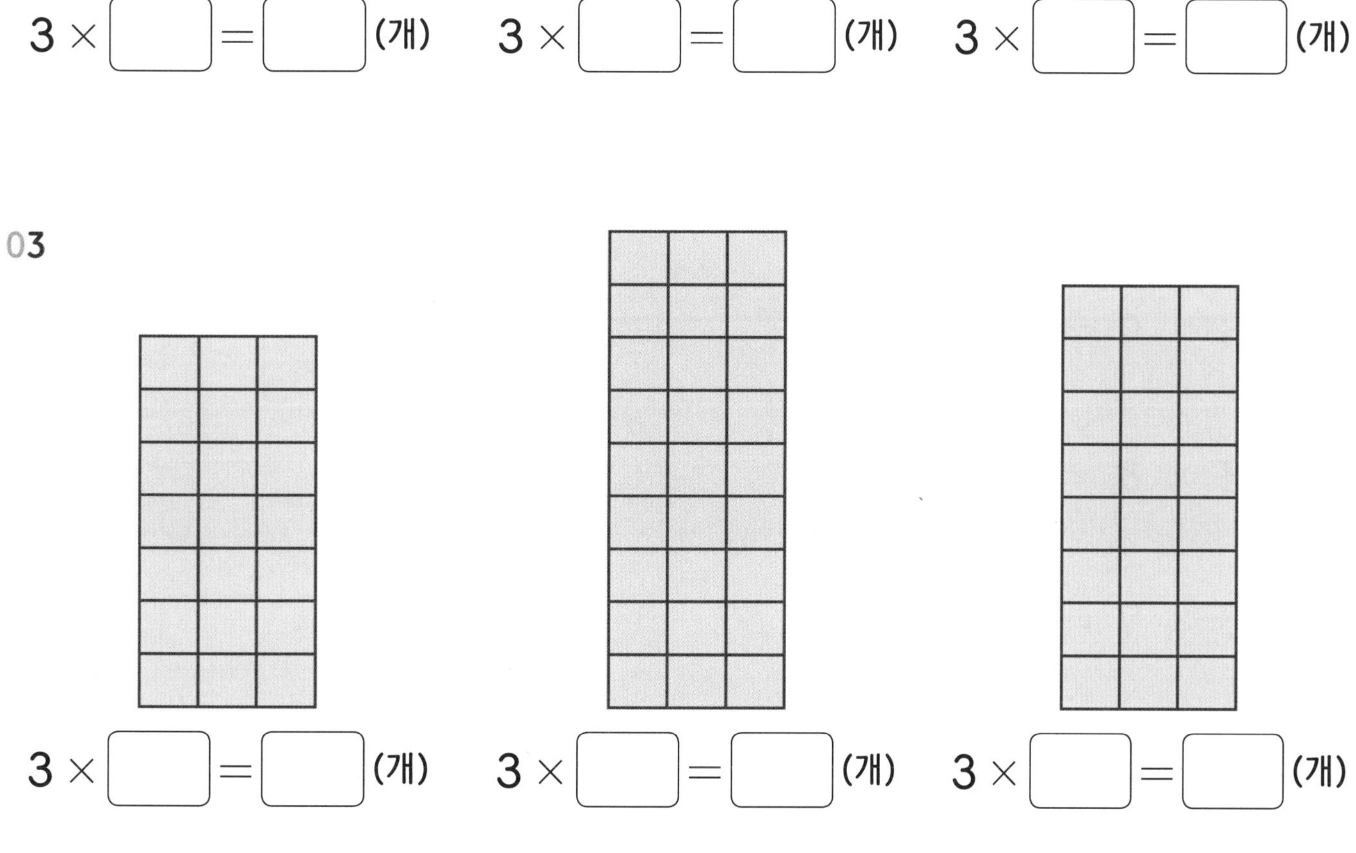

$3 \times$ ☐ $=$ ☐ (개) \qquad $3 \times$ ☐ $=$ ☐ (개) \qquad $3 \times$ ☐ $=$ ☐ (개)

3의 단을 연습해 보세요.

01 $3 \times 1 = \square$

02 $3 \times 2 = \square$

03 $3 \times 3 = \square$

04 $3 \times 4 = \square$

05 $3 \times 5 = \square$

06 $3 \times 6 = \square$

07 $3 \times 7 = \square$

08 $3 \times 8 = \square$

09 $3 \times 9 = \square$

10 $3 \times 8 = \square$

11 $3 \times 7 = \square$

12 $3 \times 6 = \square$

13 $3 \times 5 = \square$

14 $3 \times 4 = \square$

15 $3 \times 3 = \square$

16 $3 \times 2 = \square$

17 $3 \times 1 = \square$

18 $3 \times 2 = \square$

19 $3 \times 3 = \square$

20 $3 \times 4 = \square$

21 $3 \times 5 = \square$

22 $3 \times 6 = \square$

23 $3 \times 7 = \square$

24 $3 \times 8 = \square$

25 $3 \times 9 = \square$

3의 단을 연습하며 빈칸을 채워 보세요.

01 $3 \times 3 = \square$

02 $3 \times 1 = \square$

03 $3 \times 4 = \square$

04 $3 \times 8 = \square$

05 $3 \times 7 = \square$

06 $3 \times 6 = \square$

07 $3 \times 9 = \square$

08 $3 \times 2 = \square$

09 $3 \times 6 = \square$

10 $3 \times 5 = \square$

11 $3 \times 8 = \square$

12 $3 \times 9 = \square$

13 $3 \times \square = 9$

14 $3 \times \square = 15$

15 $3 \times \square = 6$

16 $3 \times \square = 18$

17 $3 \times \square = 27$

18 $3 \times \square = 3$

19 $3 \times \square = 24$

20 $3 \times \square = 12$

21 $3 \times \square = 15$

22 $3 \times \square = 27$

23 $3 \times \square = 24$

24 $3 \times \square = 21$

곱셈식의 빈칸에 알맞은 수를 따라 도착 지점까지 선으로 연결해 보세요.

출발

$3\times1=\square$ 3 15 $3\times6=\square$ 18 3 $3\times2=\square$

5 12 6

15 8 3

$3\times7=\square$ 21 9 $3\times\square=21$ 6 5 $3\times\square=15$

18 7 4

8 6 12

$3\times\square=27$ 7 12 $3\times4=\square$ 15 9 $3\times3=\square$

9 9 6

27 5 21

$3\times8=\square$ 21 6 $3\times\square=18$ 4 24 $3\times9=\square$

24 7 27

도착 도착 도착

빈칸에 들어갈 수 있는 수를 주어진 수 카드 중에서 모두 찾아 ○ 해 보세요.

01

7	5	6	4

$3 \times \square < 15$

02

5	4	7	3

$3 \times \square > 12$

03

8	7	9	6

$3 \times \square > 23$

04

3	5	6	7

$3 \times \square < 17$

05

6	7	8	9

$3 \times \square > 3+3+3+3+3+3$

06

2	4	6	1

$3 \times \square < 3+3+3+3$

07

7	8	6	9

$3 \times \square <$ 3의 8배

08

8	5	4	6

$3 \times \square >$ 3의 4배

5 6의 단 곱셈구구

6의 단 곱셈구구는 곱하는 수가 1씩 커지면 곱은 6씩 커져요.

1 6의 단

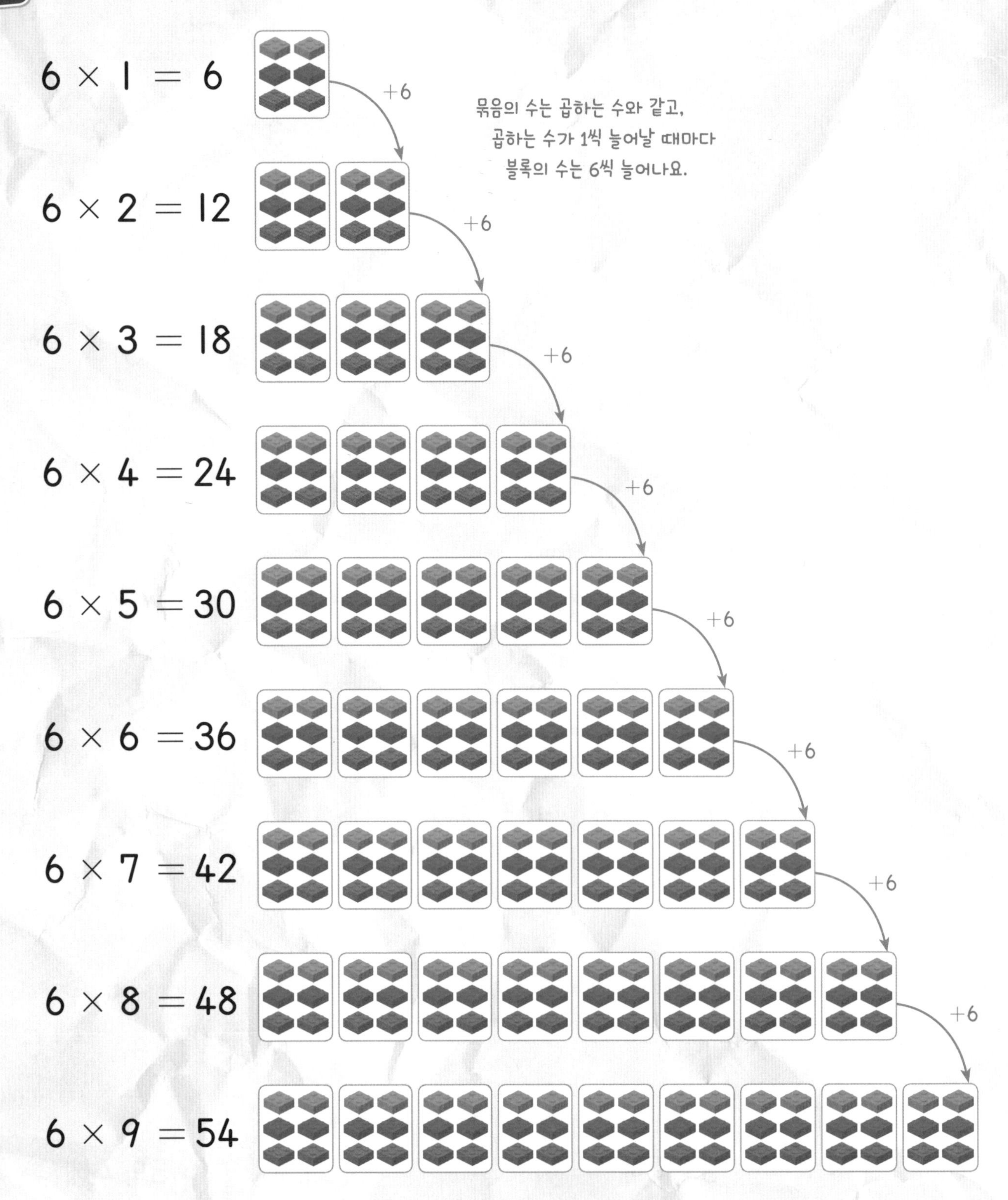

$6 \times 1 = 6$

$6 \times 2 = 12$

묶음의 수는 곱하는 수와 같고,
곱하는 수가 1씩 늘어날 때마다
블록의 수는 6씩 늘어나요.

$6 \times 3 = 18$

$6 \times 4 = 24$

$6 \times 5 = 30$

$6 \times 6 = 36$

$6 \times 7 = 42$

$6 \times 8 = 48$

$6 \times 9 = 54$

여러 가지 방법으로 주어진 것을 6의 단 곱셈구구로 나타내 보세요.

01

$6 \times \square = \square$

$6 \times \square = \square$

02

6의 5배 ➡ $6 \times \square = \square$

6의 2배 ➡ $6 \times \square = \square$

6의 7배 ➡ $6 \times \square = \square$

6의 9배 ➡ $6 \times \square = \square$

03

$6+6+6+6$ ➡ $6 \times \square = \square$

$6+6+6$ ➡ $6 \times \square = \square$

$6+6+6+6+6+6$ ➡ $6 \times \square = \square$

$6+6+6+6+6+6+6+6$ ➡ $6 \times \square = \square$

수직선을 보고 6의 단 곱셈식을 완성해 보세요.

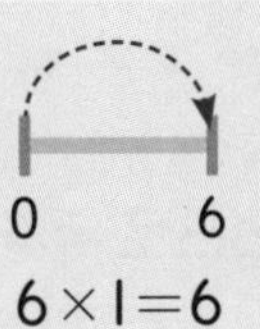

$6 \times 1 = 6$

6씩 1번 뛰어 세면,
6을 1번 더한 것과 같으므로
6 곱하기 1로 나타낼 수 있어요.

01 0 6 12

$6 \times \square = \square$

02 0 6 12 $\square$

$6 \times \square = \square$

03 0 6 12 $\square$

$6 \times \square = \square$

04 0 6 12 $\square$

$6 \times \square = \square$

05 0 6 12 $\square$

$6 \times \square = \square$

06 0 6 12 $\square$

$6 \times \square = \square$

07

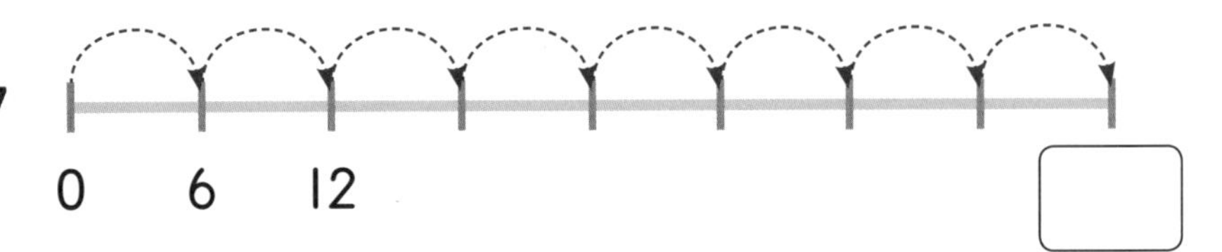

$\square$

$6 \times \square = \square$

08

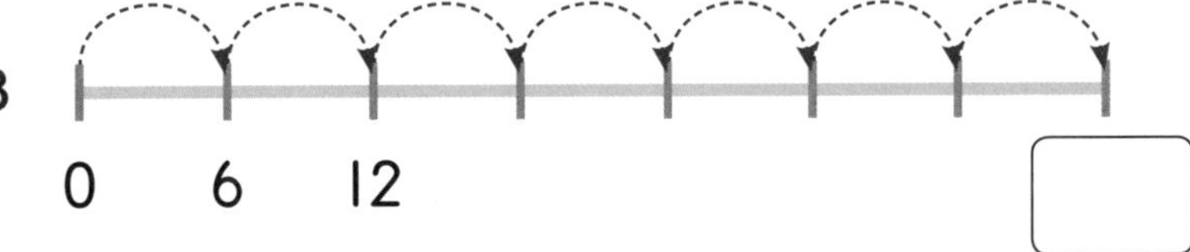

$\square$

$6 \times \square = \square$

6의 단 곱셈구구를 이용하여 사각형의 수를 구해 보세요.

01

사각형이 6개씩 2층으로 쌓여 있으므로 6 곱하기 2와 같아요.

$6 \times \square = \square$ (개)

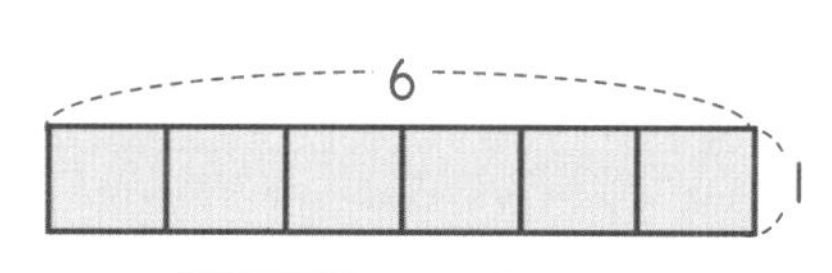

$6 \times \square = \square$ (개)

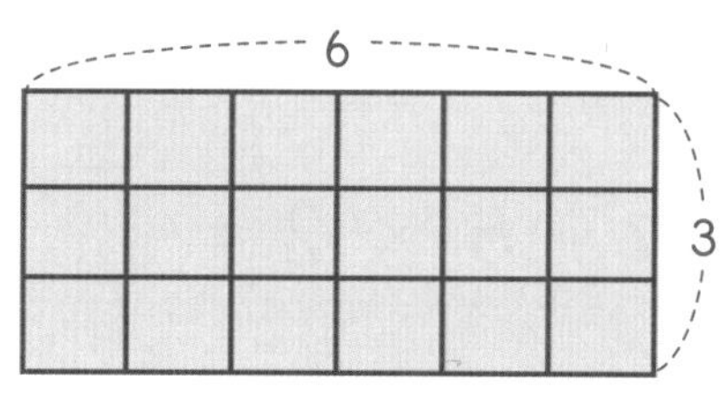

$6 \times \square = \square$ (개)

02

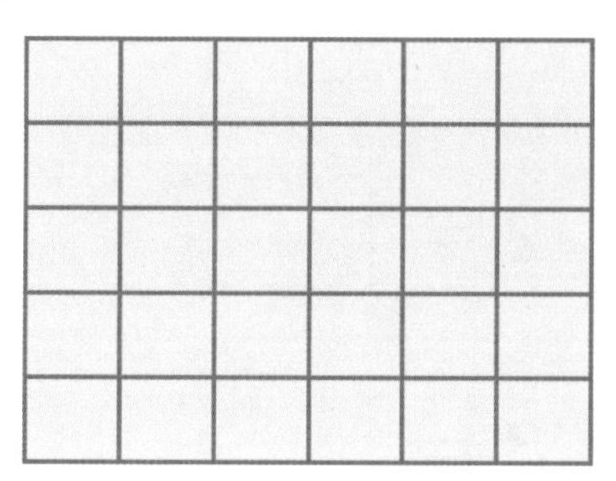

$6 \times \square = \square$ (개)

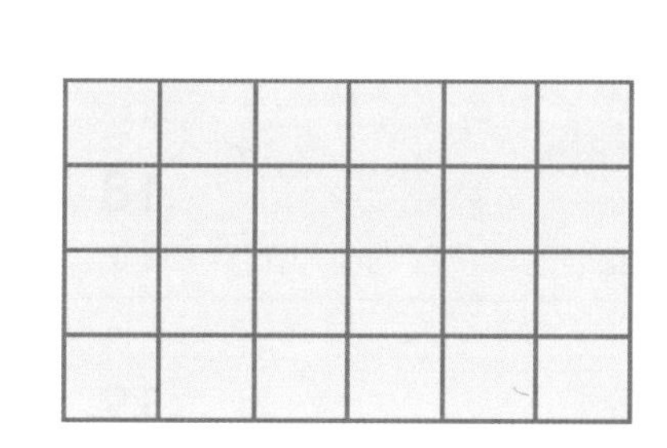

$6 \times \square = \square$ (개)

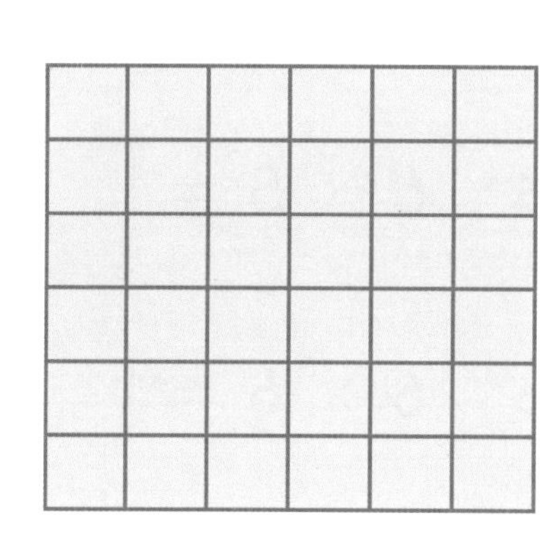

$6 \times \square = \square$ (개)

03

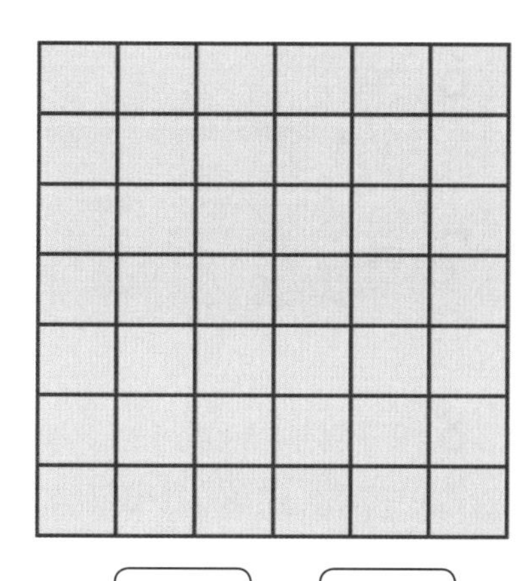

$6 \times \square = \square$ (개)

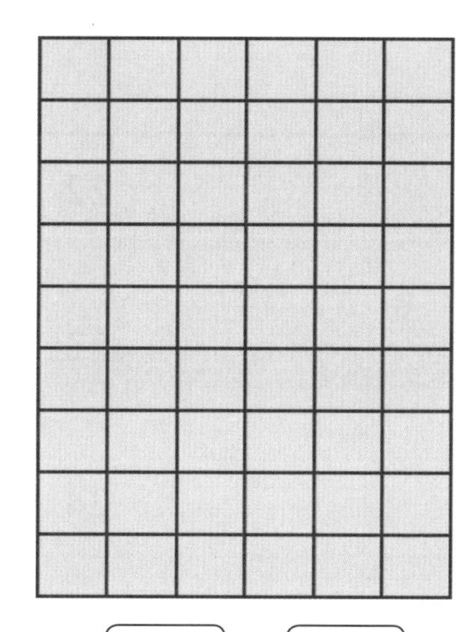

$6 \times \square = \square$ (개)

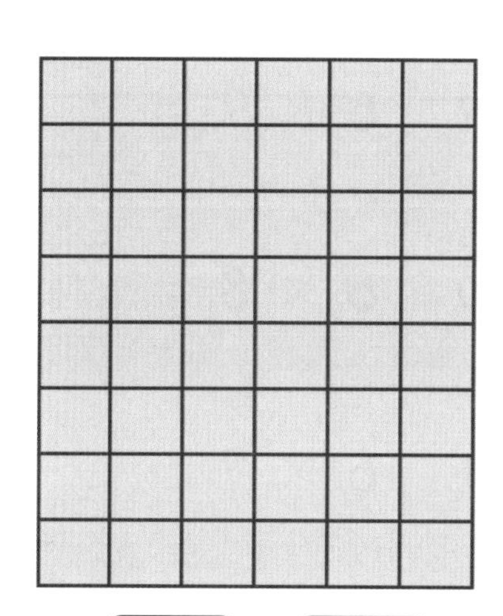

$6 \times \square = \square$ (개)

6의 단을 연습해 보세요.

01 $6 \times 1 = \square$

02 $6 \times 2 = \square$

03 $6 \times 3 = \square$

04 $6 \times 4 = \square$

05 $6 \times 5 = \square$

06 $6 \times 6 = \square$

07 $6 \times 7 = \square$

08 $6 \times 8 = \square$

09 $6 \times 9 = \square$

10 $6 \times 8 = \square$

11 $6 \times 7 = \square$

12 $6 \times 6 = \square$

13 $6 \times 5 = \square$

14 $6 \times 4 = \square$

15 $6 \times 3 = \square$

16 $6 \times 2 = \square$

17 $6 \times 1 = \square$

18 $6 \times 2 = \square$

19 $6 \times 3 = \square$

20 $6 \times 4 = \square$

21 $6 \times 5 = \square$

22 $6 \times 6 = \square$

23 $6 \times 7 = \square$

24 $6 \times 8 = \square$

25 $6 \times 9 = \square$

6의 단을 연습하며 빈칸을 채워 보세요.

01 $6 \times 3 = \square$

02 $6 \times 1 = \square$

03 $6 \times 5 = \square$

04 $6 \times 2 = \square$

05 $6 \times 8 = \square$

06 $6 \times 9 = \square$

07 $6 \times 7 = \square$

08 $6 \times 6 = \square$

09 $6 \times 4 = \square$

10 $6 \times 8 = \square$

11 $6 \times 7 = \square$

12 $6 \times 9 = \square$

13 $6 \times \square = 12$

14 $6 \times \square = 24$

15 $6 \times \square = 30$

16 $6 \times \square = 18$

17 $6 \times \square = 48$

18 $6 \times \square = 36$

19 $6 \times \square = 54$

20 $6 \times \square = 42$

21 $6 \times \square = 48$

22 $6 \times \square = 24$

23 $6 \times \square = 54$

24 $6 \times \square = 30$

곱셈식의 빈칸에 알맞은 수를 따라 도착 지점까지 선으로 연결해 보세요.

출발

$6\times1=\square$ 12 36 $6\times5=\square$ 30 18 $6\times2=\square$

6 24 12

15 8 7

$6\times3=\square$ 12 9 $6\times\square=42$ 7 8 $6\times\square=54$

18 6 9

6 24 30

$6\times\square=30$ 5 12 $6\times4=\square$ 18 36 $6\times8=\square$

4 30 48

54 5 24

$6\times7=\square$ 36 6 $6\times\square=24$ 4 12 $6\times6=\square$

42 7 36

도착 도착 도착

빈칸에 들어갈 수 있는 수를 주어진 수 카드 중에서 모두 찾아 ○ 해 보세요.

01

2	3	4	5

$6 \times \square < 24$

02

6	5	7	4

$6 \times \square > 30$

03

3	4	5	1

$6 \times \square < 19$

04

7	5	6	8

$6 \times \square < 35$

05

3	5	2	6

$6 \times \square < 6+6+6+6+6$

06

8	4	9	7

$6 \times \square > 6+6+6+6+6+6+6+6$

07

7	6	9	5

$6 \times \square >$ 6의 6배

08

7	6	8	2

$6 \times \square <$ 6의 8배

3의 단, 6의 단 종합

가로 방향과 세로 방향으로 곱셈을 하여 빈칸을 채워 보세요.

01

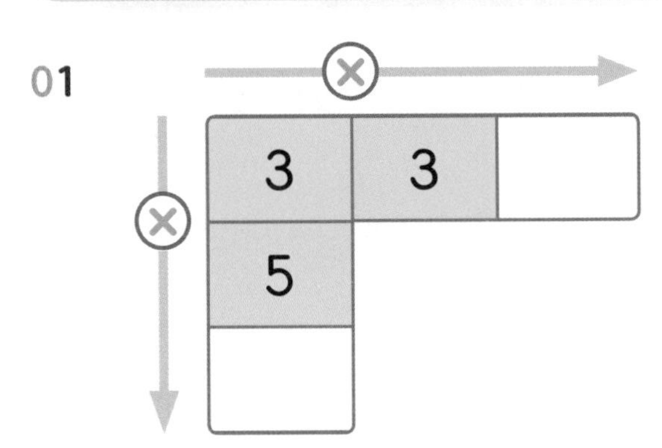

02

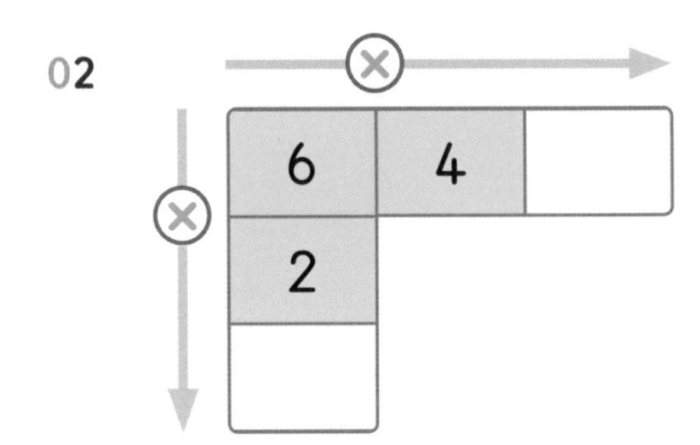

03

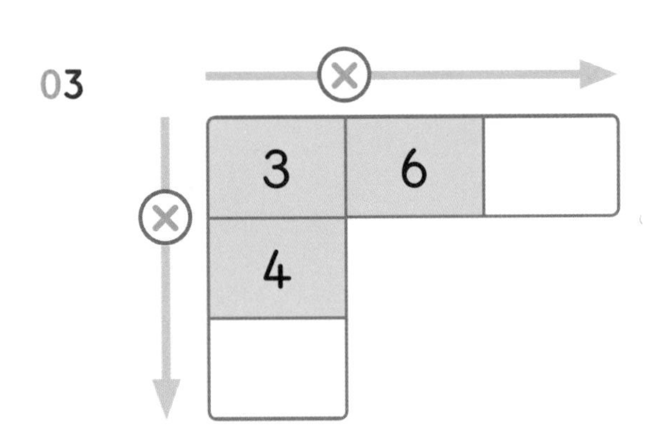

04

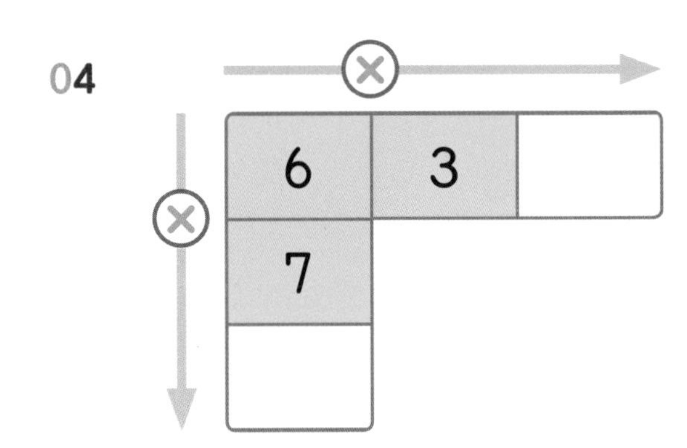

05

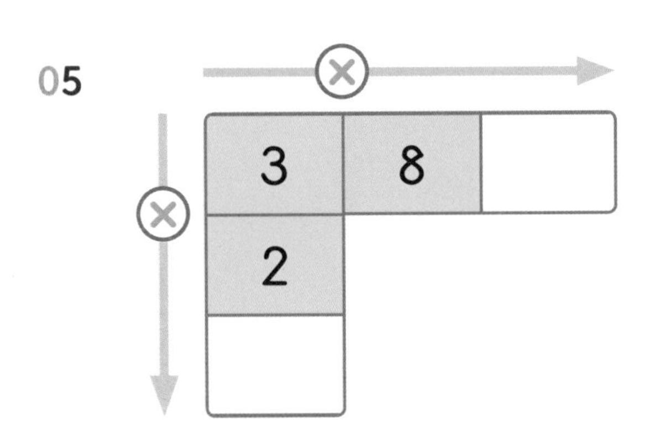

06

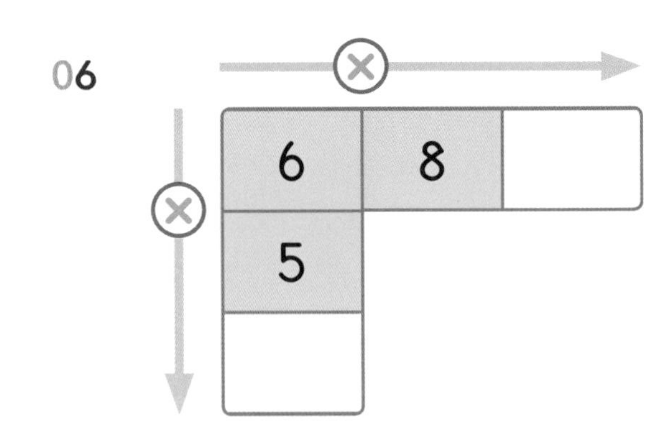

07

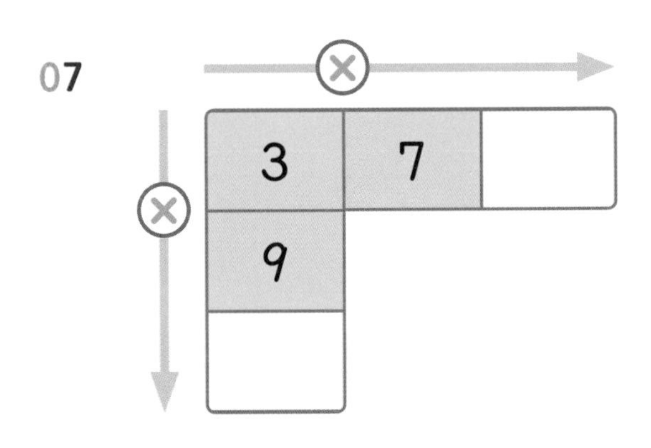

08

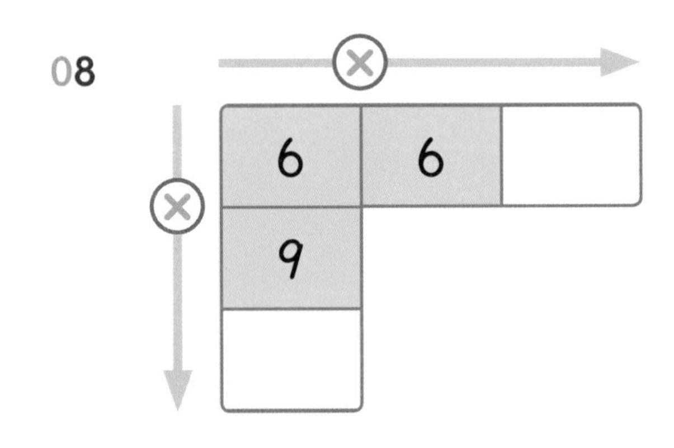

3의 단, 6의 단 종합

가로 방향과 세로 방향으로 각각 곱셈식을 완성해 보세요.

01

	3	
6	2	← 6×2
	← 3×2	

02

	6	
3	7	

03

6	3	
	3	
3		

04

3	6	
	1	
6		

05

	3	
6		
	12	

06

	6	
3		15

07

	6	
3		27

08

	3	
6		
	24	

2, 5, 3, 6의 단 곱셈구구 종합

2, 5, 3, 6의 단 곱셈구구를 다시 한번 정리하고, 각 단의 특징을 알아보아요.

1 2, 5, 3, 6의 단 곱셈구구

2의 단	5의 단	3의 단	6의 단
$2\times1=2$	$5\times1=5$	$3\times1=3$	$6\times1=6$
$2\times2=4$	$5\times2=10$	$3\times2=6$	$6\times2=12$
$2\times3=6$	$5\times3=15$	$3\times3=9$	$6\times3=18$
$2\times4=8$	$5\times4=20$	$3\times4=12$	$6\times4=24$
$2\times5=10$	$5\times5=25$	$3\times5=15$	$6\times5=30$
$2\times6=12$	$5\times6=30$	$3\times6=18$	$6\times6=36$
$2\times7=14$	$5\times7=35$	$3\times7=21$	$6\times7=42$
$2\times8=16$	$5\times8=40$	$3\times8=24$	$6\times8=48$
$2\times9=18$	$5\times9=45$	$3\times9=27$	$6\times9=54$

2의 단의 곱은 모두 짝수이고, 일의 자리 숫자도 0 또는 짝수로만 이루어져 있어요.

5의 단의 곱의 일의 자리 숫자는 5 또는 0이고, 이것이 순서대로 반복되어 나타나요.

6은 3의 2배이므로 곱하는 수가 1씩 늘어날 때 곱도 6의 단 곱은 3의 단 곱의 2배가 돼요.

원리가 쑥쑥 적용이 척척 풀이가 술술 실력이 쑥쑥

각 단의 곱셈구구의 특징을 생각하며 빈칸을 채워 넣으세요.

01

×	1	2	3	4	5	6	7	8	9
2	2								18

02

×	1	2	3	4	5	6	7	8	9
5	5		15		25		35		45

03

×	1	2	3	4	5	6	7	8	9
3	3		9		15			24	
6			18			36	42		

문살 곱셈

곱해지는 수와 곱하는 수 만큼 각각 세로줄과 가로줄을 그어 두 줄이 만나는 점의 개수를 세어 곱셈을 해 보세요.

01 $3 \times 2 = \square$

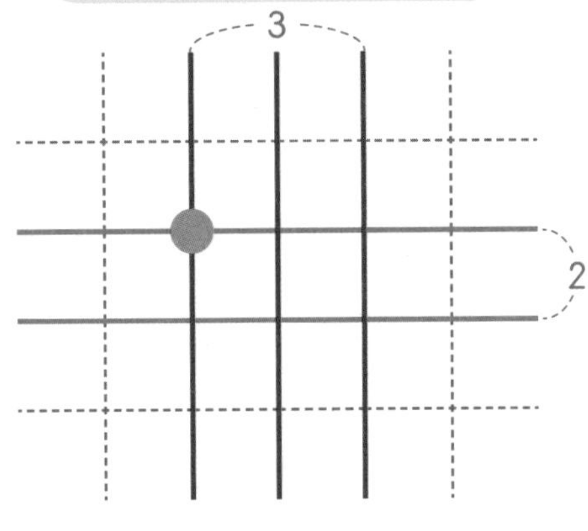

세로 줄 3개와 가로 줄 2개가 만나서 생기는 점의 개수가 곱셈의 결과가 돼요.

02 $3 \times 4 = \square$

03 $3 \times 3 = \square$

04 $2 \times 5 = \square$

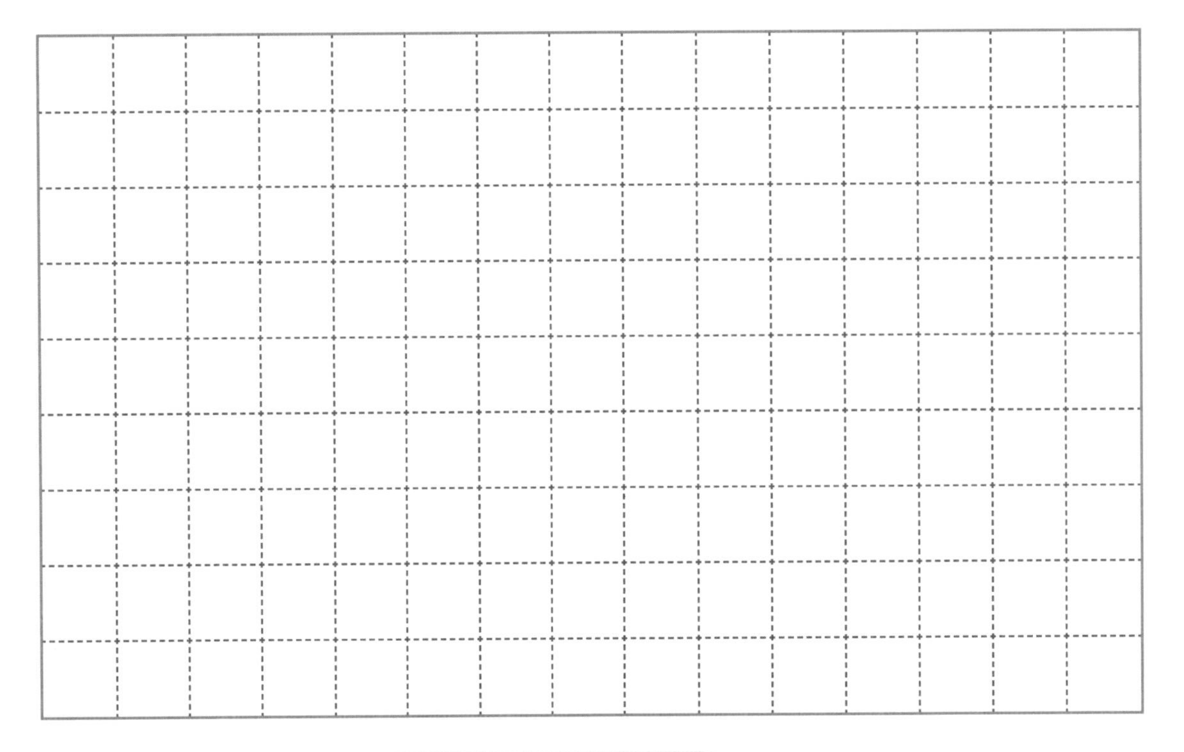

05 $6 \times 3 = \square$

06 $2 \times 7 = \square$

07 $3 \times 6 = \square$

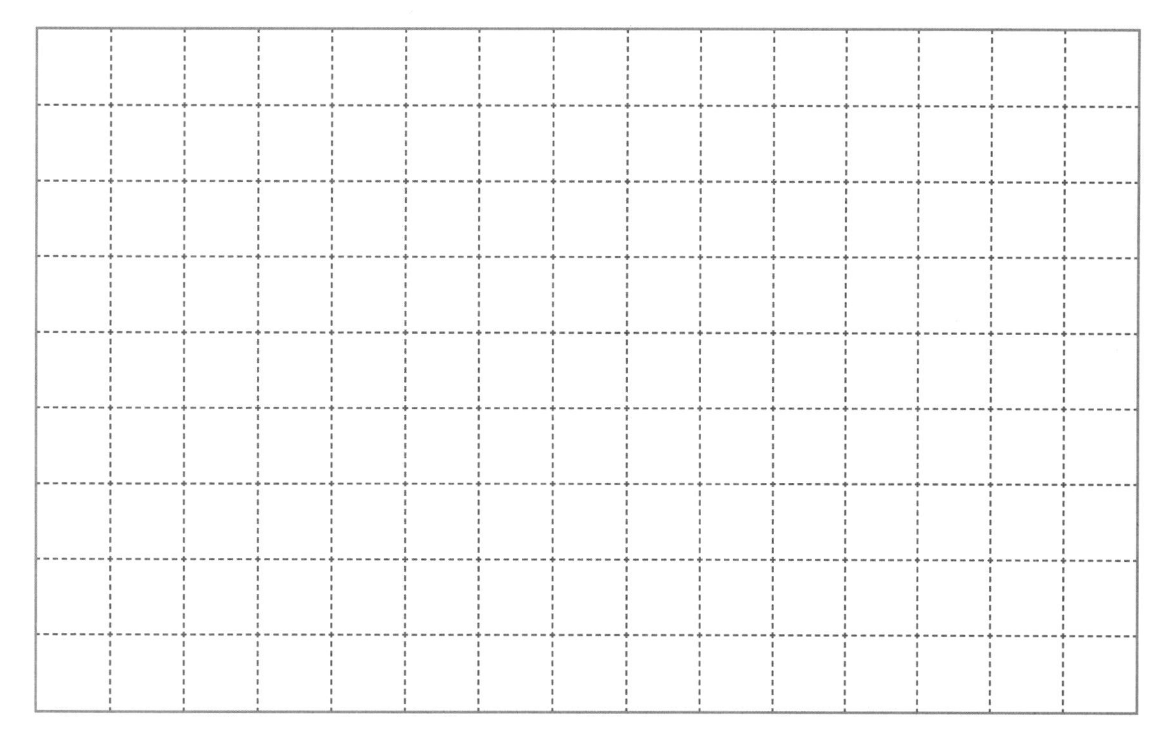

08 $5 \times 3 = \square$

09 $6 \times 6 = \square$

10 $5 \times 8 = \square$

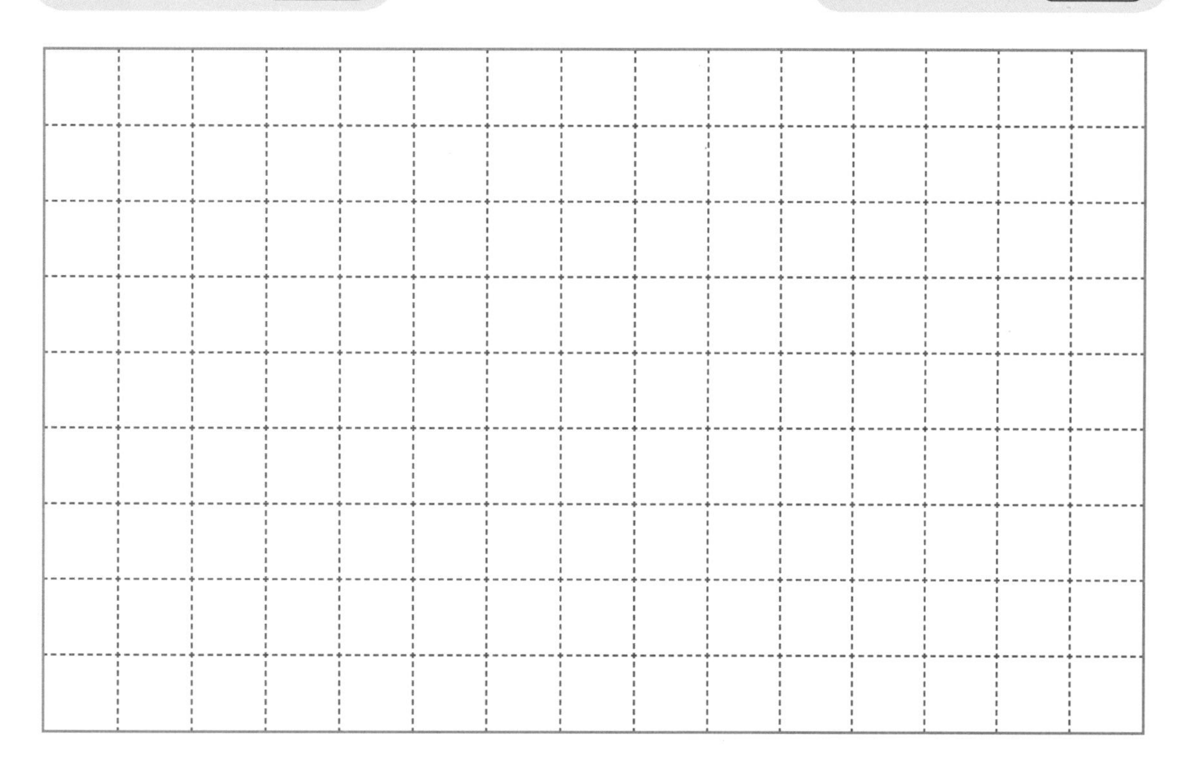

각 단의 곱셈구구의 곱을 빈칸에 채우고, 일의 자리 숫자들을 순서대로 선으로 연결해 보세요.

01

2×1	
2×2	
2×3	
2×4	
2×5	
2×6	
2×7	
2×8	
2×9	

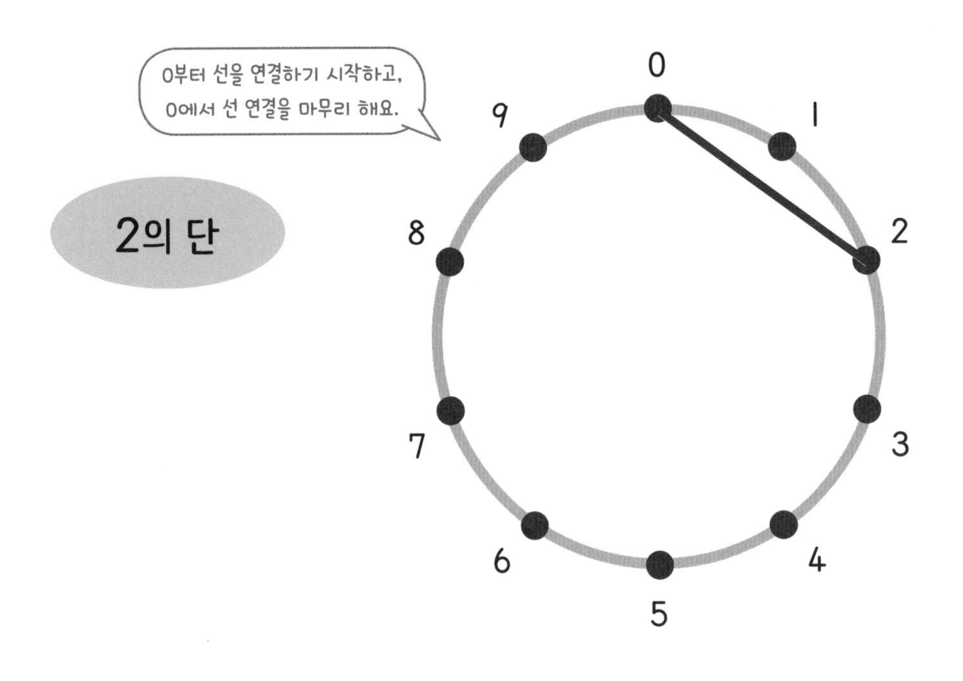

연결된 2의 단 일의 자리 숫자는 순서대로

0, ☐, ☐, ☐, ☐, 0이에요.

02

5×1	
5×2	
5×3	
5×4	
5×5	
5×6	
5×7	
5×8	
5×9	

5의 단

0 1 2 3 4 5 6 7 8 9

연결된 5의 단 일의 자리 숫자는 순서대로 0, ☐가 반복되요.

03

3×1	
3×2	
3×3	
3×4	
3×5	
3×6	
3×7	
3×8	
3×9	

3의 단

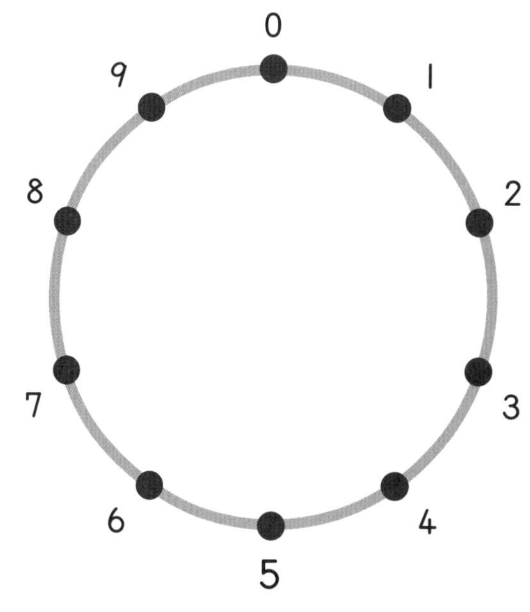

연결된 3의 단 일의 자리 숫자는 순서대로

0, ☐, ☐, ☐, ☐, ☐, ☐,

☐, ☐, ☐,0이에요.

04

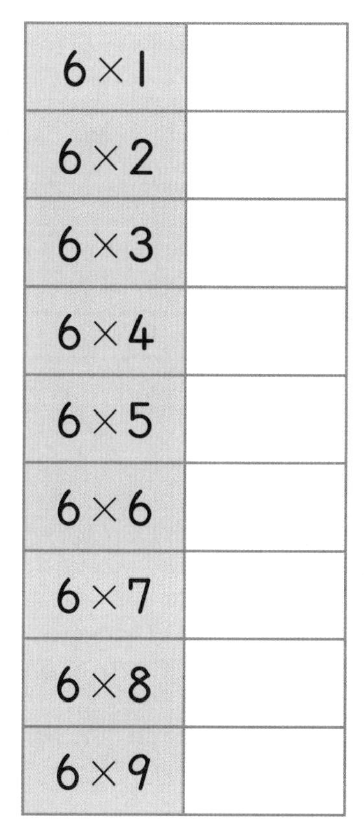

6×1	
6×2	
6×3	
6×4	
6×5	
6×6	
6×7	
6×8	
6×9	

6의 단

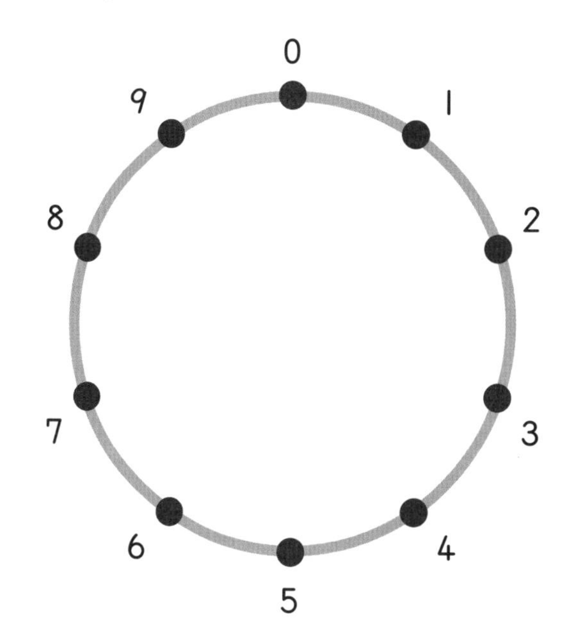

연결된 6의 단 일의 자리 숫자는 순서대로

0, ☐, ☐, ☐, ☐, 0이에요.

세로 칸의 수와 가로 칸의 수를 곱하여 곱셈표의 빈칸을 채워 보세요.

01

×	2	5
2		
5		

02

×	3	6
3		
6		

03

×	4	6
2		
5		

04

×	4	7
3		
6		

05

×	9	8
2		
3		

06

×	7	9
5		
6		

곱셈표의 흰색 칸에 알맞은 수를 채워 넣으세요.

01

×	1	2	3	4	5	6	7	8	9
2									
3									
5									
6									

02

×	□	8
3	9	
□	15	

03

×	□	□
6		36
□	8	12

04

×	□	7
3	15	
□	30	

05

×	4	□
□	20	45
□		18

가로 방향과 세로 방향으로 곱셈을 하여 빈칸에 알맞은 수를 써넣어 보세요.

01

2	×	7	=	
×				
3				
=				
	×	2	=	

02

6	×		=	6
				×
				=
3	×		=	24

03

3	×	6	=	
×				
5	×	5	=	
=		×		
		=		
		35		

04

	×	1	=	5
				×
3	×	3	=	
		×		=
		=		
		27		

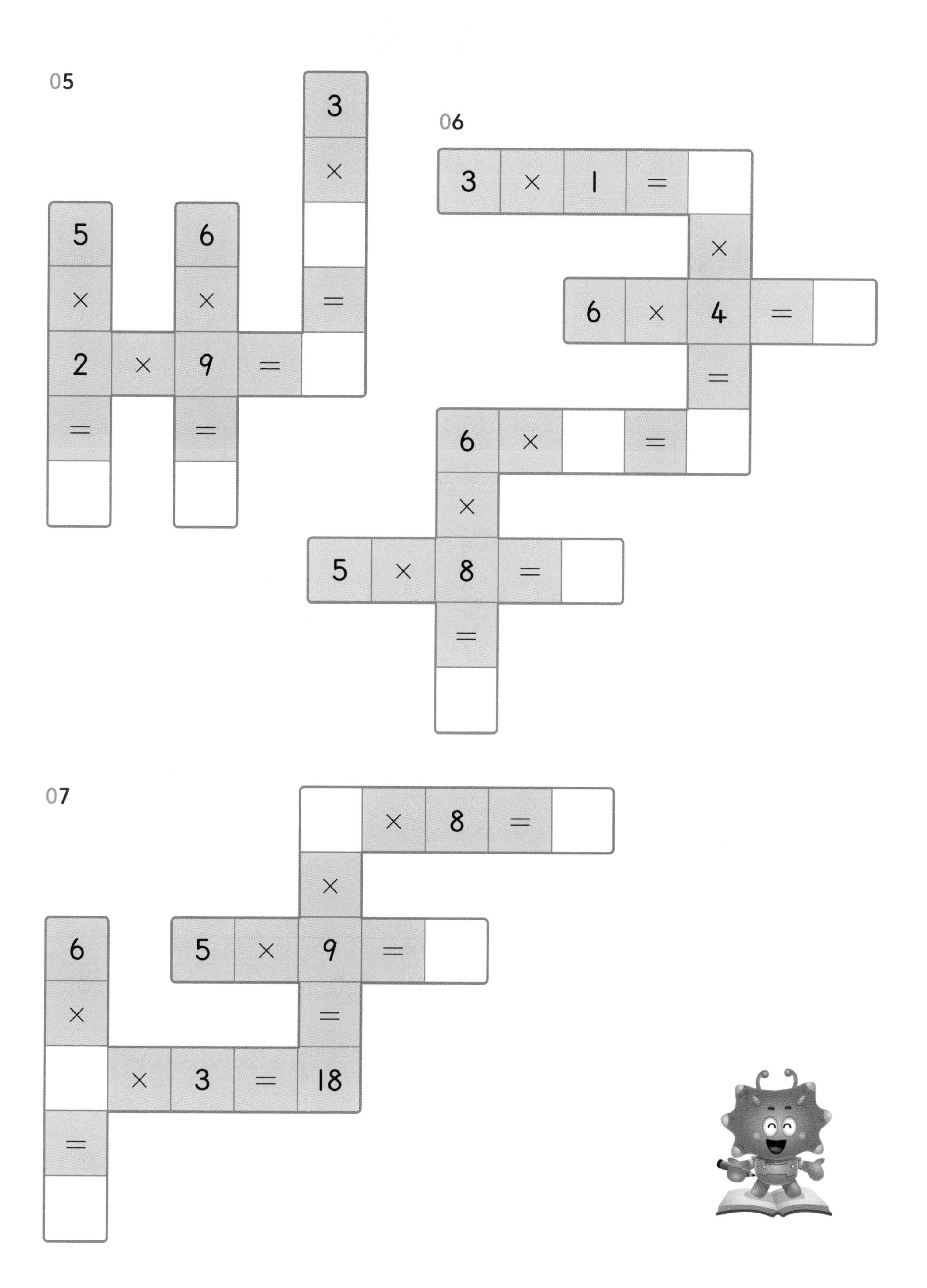
05
3
×
=
5
6
×
×
2
×
9
=
=
=
06
3
×
1
=
×
6
×
4
=
=
6
×
=
×
5
×
8
=
=
07
×
8
=
×
6
5
×
9
=
×
=
×
3
=
18
=

주어진 수 카드 중에서 두 수의 곱이 풍선에 쓰여진 수가 되도록
알맞은 수를 써넣으세요.

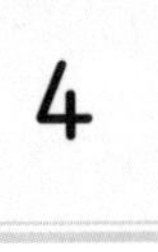

01 4 3 6 5

□ □

15

02 2 3 7 9

□ □

18

03 6 3 4 7

□ □

24

04 4 8 5 6

□ □

30

05 9 6 8 5

□ □

45

06 6 7 9 8

□ □

54

사다리를 타고 내려오며 만나는 두 수의 곱이 화살표 아래에 있어요.
빈칸에 알맞은 수를 써넣어 보세요.

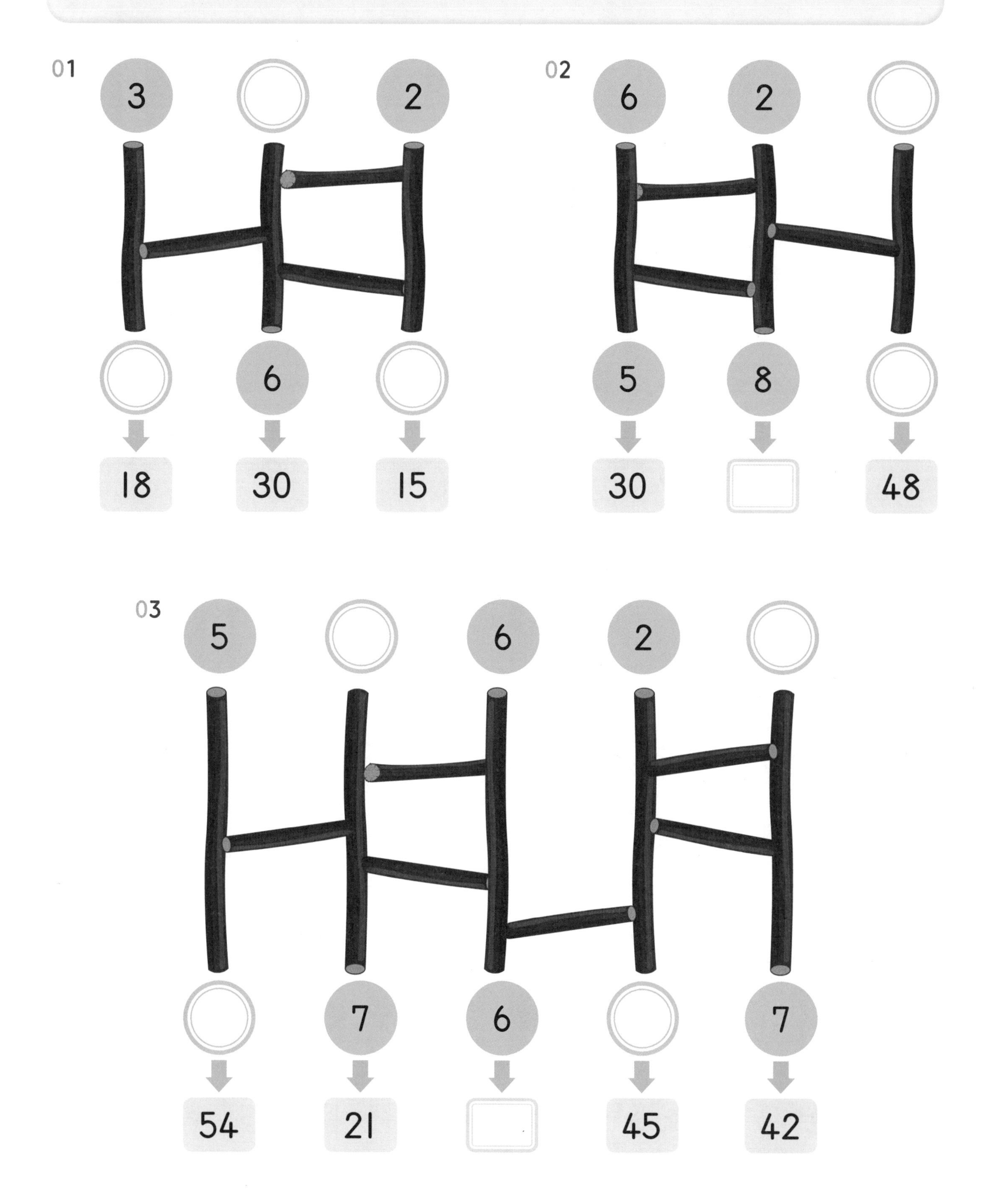

▶ 주어진 수 카드를 한 번씩 모두 사용하여 곱셈식을 완성해 보세요.

01

1 2 6 2

□ × □ = □□

02

5 0 4 2

□ × □ = □□

03

1 5 5 3

□ × □ = □□

04

1 9 8 2

□ × □ = □□

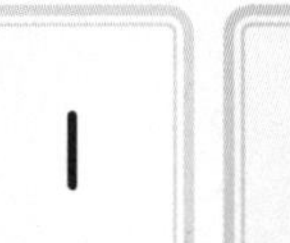

05

6 4 2 7

□ × □ = □□

06

5 5 4 9

□ × □ = □□

07

9 2 7 3

□ × □ = □□

08

5 9 6 4

□ × □ = □□

▶ 주어진 규칙에 맞게 계산하여 답을 구해 보세요.

가 ◆ 나 = 가 × (나 + 1)

⇨ 3 ◆ 2 = 3 × (2 + 1) = 3 × 3 = 9

01 3 ◆ 6 = ☐

02 2 ◆ 7 = ☐

03 6 ◆ 4 = ☐

04 5 ◆ 8 = ☐

가 ♥ 나 = (가 + 1) × (나 + 1)

⇨ 2 ♥ 4 = (2 + 1) × (4 + 1) = 3 × 5 = 15

05 1 ♥ 8 = ☐

06 6 ♥ 5 = ☐

07 2 ♥ 4 = ☐

08 5 ♥ 8 = ☐

▶ 이야기들 속에 주어진 조건을 생각하며 식을 세우고 답을 구해 보세요.

01 한 봉지에 5개씩 들어 있는 사탕이 6봉지 있습니다. 사탕은 모두 몇 개입니까?

식 답 개

02 지수의 나이는 6세이고, 삼촌의 나이는 지수의 나이의 4배입니다.
삼촌의 나이는 몇 세입니까?

식 답 세

03 민지는 매일 하루에 3시간씩 모두 27시간 동안 책을 읽었습니다. 민지는 며칠 동안 책을 읽었습니까?

식 답 일

04 긴 의자 9개에 모두 54명이 앉아있습니다. 한 의자에 모두 같은 인원이 앉아 있을 때, 의자 1개에 앉아 있는 사람은 몇 명입니까?

식 답 명

1에서 무엇을 배웠을까요?

곱셈구구 2, 5, 3, 6의 단

2의 단	5의 단	3의 단	6의 단
$2 \times 1 = 2$	$5 \times 1 = 5$	$3 \times 1 = 3$	$6 \times 1 = 6$
$2 \times 2 = 4$	$5 \times 2 = 10$	$3 \times 2 = 6$	$6 \times 2 = 12$
$2 \times 3 = 6$	$5 \times 3 = 15$	$3 \times 3 = 9$	$6 \times 3 = 18$
$2 \times 4 = 8$	$5 \times 4 = 20$	$3 \times 4 = 12$	$6 \times 4 = 24$
$2 \times 5 = 10$	$5 \times 5 = 25$	$3 \times 5 = 15$	$6 \times 5 = 30$
$2 \times 6 = 12$	$5 \times 6 = 30$	$3 \times 6 = 18$	$6 \times 6 = 36$
$2 \times 7 = 14$	$5 \times 7 = 35$	$3 \times 7 = 21$	$6 \times 7 = 42$
$2 \times 8 = 16$	$5 \times 8 = 40$	$3 \times 8 = 24$	$6 \times 8 = 48$
$2 \times 9 = 18$	$5 \times 9 = 45$	$3 \times 9 = 27$	$6 \times 9 = 54$
곱하는 수가 1씩 늘어날 때마다 곱은 2씩 늘어나요.	곱하는 수가 1씩 늘어날 때마다 곱은 5씩 늘어나요.	곱하는 수가 1씩 늘어날 때마다 곱은 3씩 늘어나요.	곱하는 수가 1씩 늘어날 때마다 곱은 6씩 늘어나요.

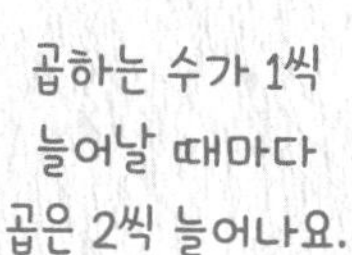

원리가 쏙쏙
01
적용이 척척
02
풀이가 술술
03
실력이 쑥쑥
04

2

곱셈구구 (2)

4의 단 곱셈구구

4의 단 곱셈구구는 곱하는 수가 1씩 커지면 곱은 4씩 커져요.

1 4의 단

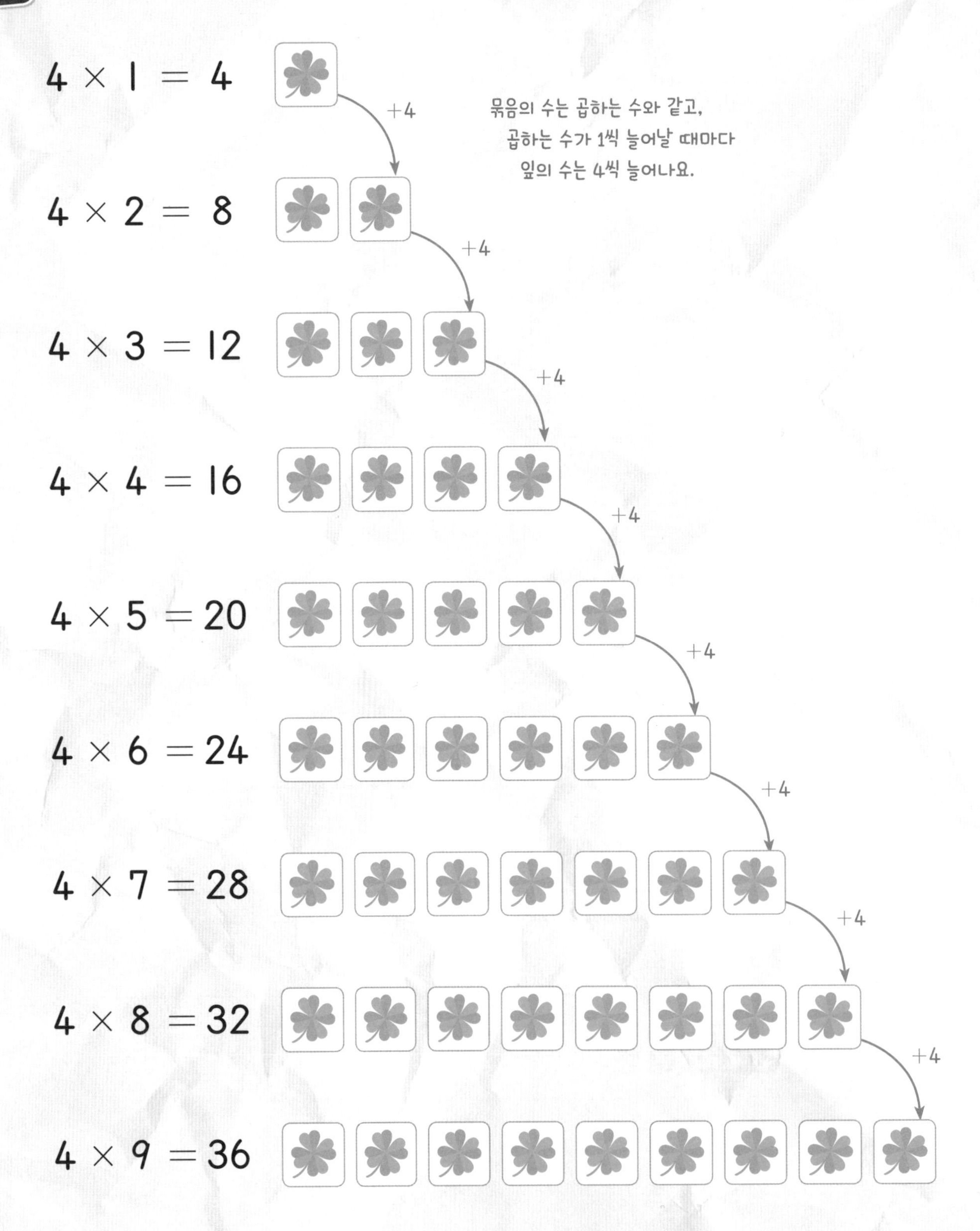

$4 \times 1 = 4$
$4 \times 2 = 8$
$4 \times 3 = 12$
$4 \times 4 = 16$
$4 \times 5 = 20$
$4 \times 6 = 24$
$4 \times 7 = 28$
$4 \times 8 = 32$
$4 \times 9 = 36$
+4
+4
+4
+4
+4
+4
+4
+4
묶음의 수는 곱하는 수와 같고,
곱하는 수가 1씩 늘어날 때마다
잎의 수는 4씩 늘어나요.

여러 가지 방법으로 주어진 것을 4의 단 곱셈구구로 나타내 보세요.

01

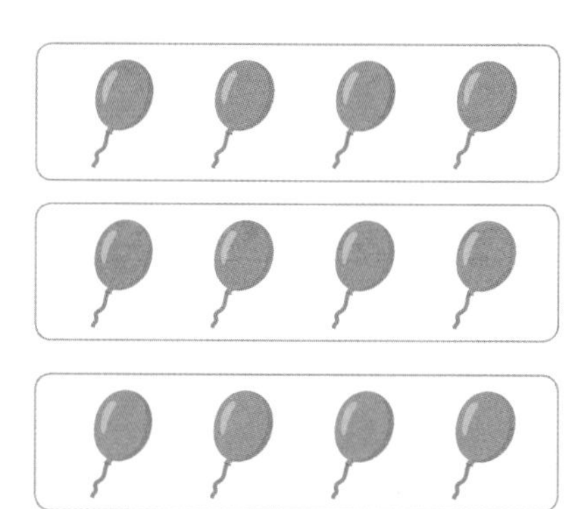

4 × ☐ = ☐

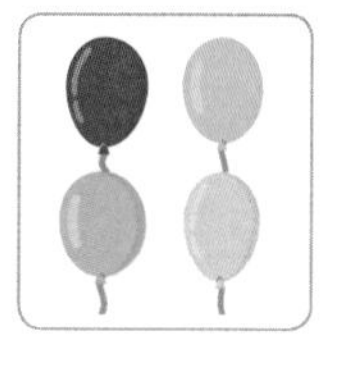

4 × ☐ = ☐

02

4의 2배 ➡ 4 × ☐ = ☐

4의 6배 ➡ 4 × ☐ = ☐

4의 7배 ➡ 4 × ☐ = ☐

03

4+4+4+4 ➡ 4 × ☐ = ☐

4+4+4+4+4+4+4+4 ➡ 4 × ☐ = ☐

4+4+4+4+4+4+4+4+4 ➡ 4 × ☐ = ☐

수직선을 보고 4의 단 곱셈식을 완성해 보세요.

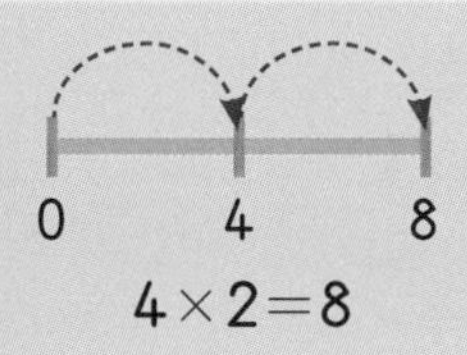

01 0 4

$4 \times \square = \square$

02 0 4 8 $\square$

$4 \times \square = \square$

03 0 4 8 $\square$

$4 \times \square = \square$

04 0 4 8 $\square$

$4 \times \square = \square$

05 0 4 8 $\square$

$4 \times \square = \square$

06 0 4 8 $\square$

$4 \times \square = \square$

07 0 4 8 $\square$

$4 \times \square = \square$

08 0 4 8 $\square$

$4 \times \square = \square$

4의 단 곱셈구구를 이용하여 공의 수를 구해 보세요.

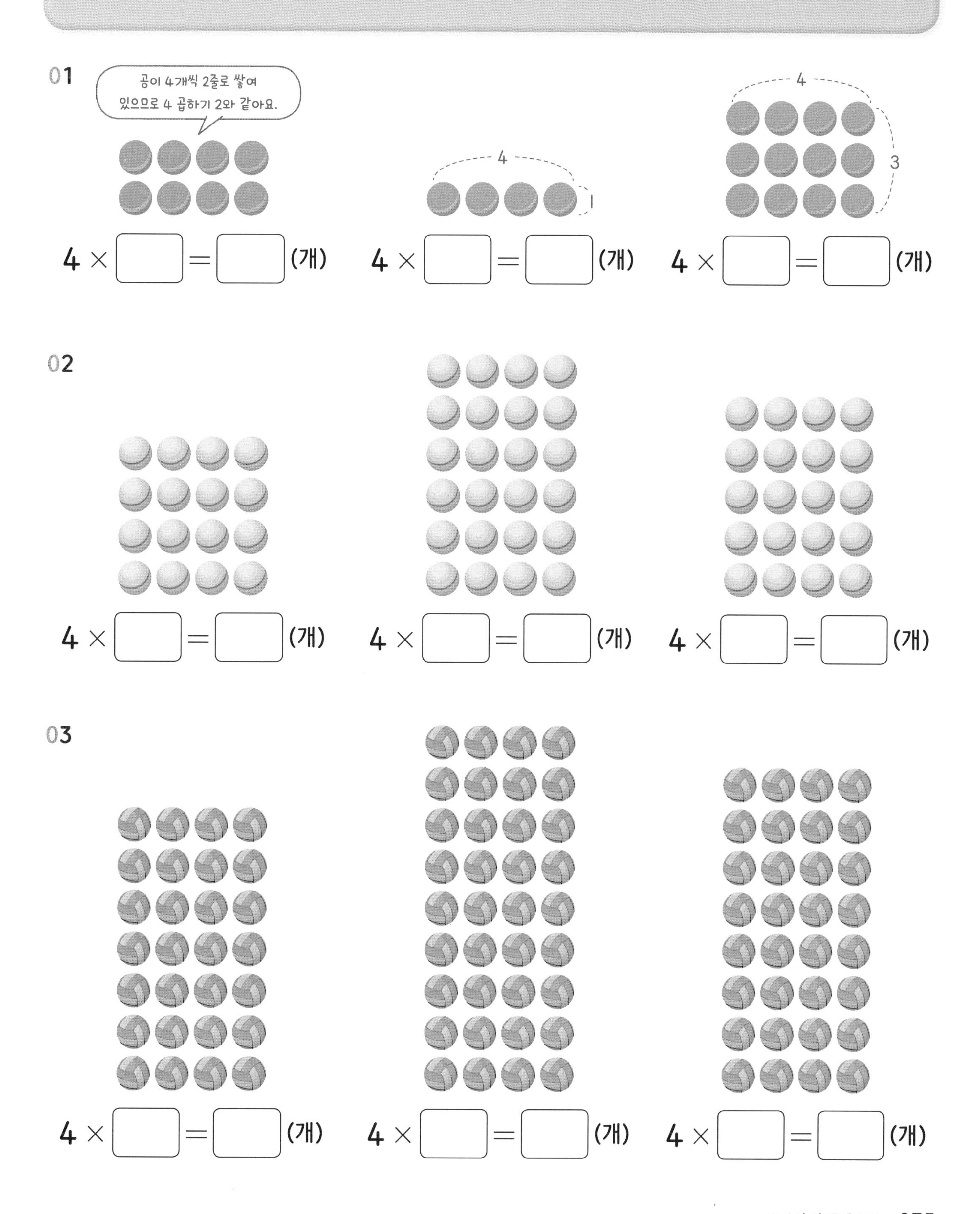

4의 단을 연습해 보세요.

01 $4 \times 1 =$ ☐

02 $4 \times 2 =$ ☐

03 $4 \times 3 =$ ☐

04 $4 \times 4 =$ ☐

05 $4 \times 5 =$ ☐

06 $4 \times 6 =$ ☐

07 $4 \times 7 =$ ☐

08 $4 \times 8 =$ ☐

09 $4 \times 9 =$ ☐

10 $4 \times 8 =$ ☐

11 $4 \times 7 =$ ☐

12 $4 \times 6 =$ ☐

13 $4 \times 5 =$ ☐

14 $4 \times 4 =$ ☐

15 $4 \times 3 =$ ☐

16 $4 \times 2 =$ ☐

17 $4 \times 1 =$ ☐

18 $4 \times 2 =$ ☐

19 $4 \times 3 =$ ☐

20 $4 \times 4 =$ ☐

21 $4 \times 5 =$ ☐

22 $4 \times 6 =$ ☐

23 $4 \times 7 =$ ☐

24 $4 \times 8 =$ ☐

25 $4 \times 9 =$ ☐

4의 단을 연습하며 빈칸을 채워 보세요.

01 $4 \times 1 = \square$

02 $4 \times 3 = \square$

03 $4 \times 2 = \square$

04 $4 \times 5 = \square$

05 $4 \times 8 = \square$

06 $4 \times 4 = \square$

07 $4 \times 9 = \square$

08 $4 \times 5 = \square$

09 $4 \times 6 = \square$

10 $4 \times 7 = \square$

11 $4 \times 9 = \square$

12 $4 \times \square = 12$

13 $4 \times \square = 24$

14 $4 \times \square = 4$

15 $4 \times \square = 20$

16 $4 \times \square = 16$

17 $4 \times \square = 28$

18 $4 \times \square = 32$

19 $4 \times \square = 8$

20 $4 \times \square = 36$

21 $4 \times \square = 24$

22 $4 \times \square = 32$

미로를 따라 곱셈을 하며 도착 지점까지 선을 그어 보세요.

출발

$4\times3=\square$

$4\times\square=4$

$4\times4=\square$

$4\times2=\square$

$4\times5=\square$

$4\times7=\square$

$4\times\square=20$

$4\times\square=12$

$4\times\square=16$

$4\times9=\square$

$4\times\square=24$

$4\times\square=28$

$4\times8=\square$

빈칸에 들어갈 수 있는 수를 주어진 수 카드 중에서 모두 찾아 ○ 해 보세요.

01

5	7	2	4

$4 \times \square < 20$

02

8	6	9	7

$4 \times \square > 28$

03

3	4	6	2

$4 \times \square > 13$

04

5	6	4	3

$4 \times \square < 22$

05

8	5	6	4

$4 \times \square > 4+4+4+4$

06

6	9	7	8

$4 \times \square > 4+4+4+4+4+4+4$

07

9	6	8	7

$4 \times \square <$ 4의 9배

08

6	7	8	5

$4 \times \square >$ 4의 6배

8의 단 곱셈구구

8의 단 곱셈구구는 곱하는 수가 1씩 커지면 곱은 8씩 커져요.

1 8의 단

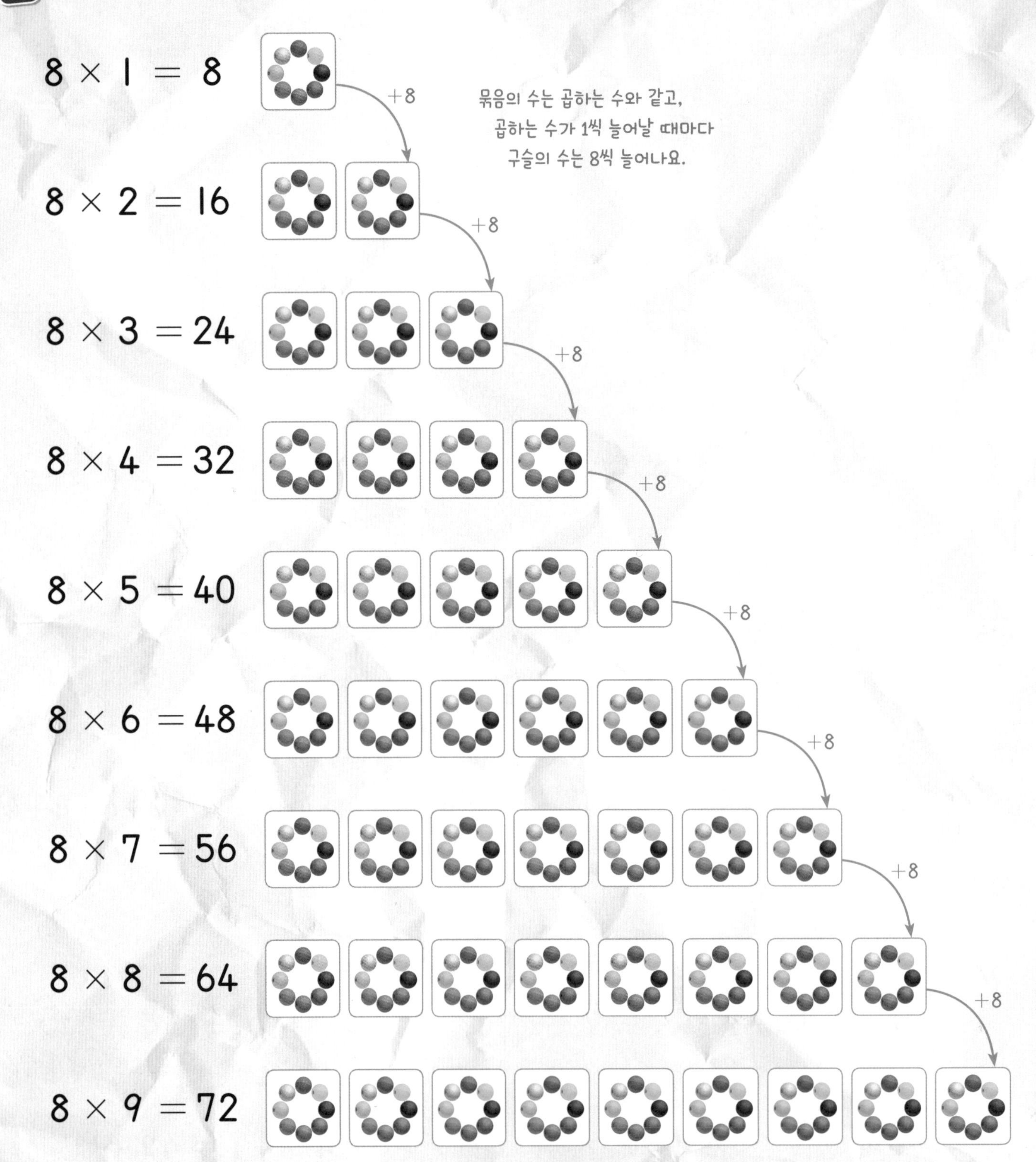
$8 \times 1 = 8$
$8 \times 2 = 16$
$8 \times 3 = 24$
$8 \times 4 = 32$
$8 \times 5 = 40$
$8 \times 6 = 48$
$8 \times 7 = 56$
$8 \times 8 = 64$
$8 \times 9 = 72$
+8
묶음의 수는 곱하는 수와 같고,
곱하는 수가 1씩 늘어날 때마다
구슬의 수는 8씩 늘어나요.

여러 가지 방법으로 주어진 것을 8의 단 곱셈구구로 나타내 보세요.

01

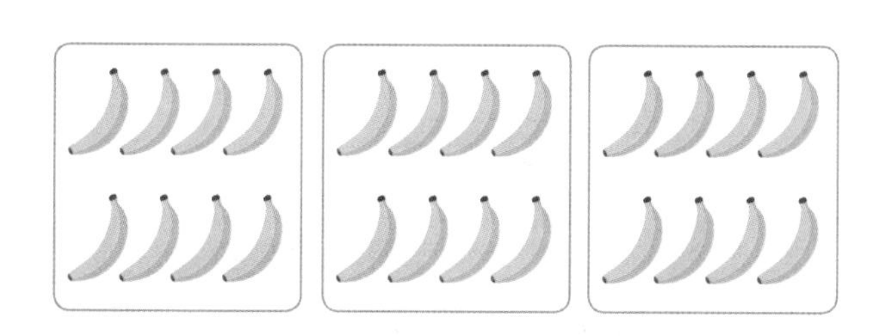

8 × ☐ = ☐

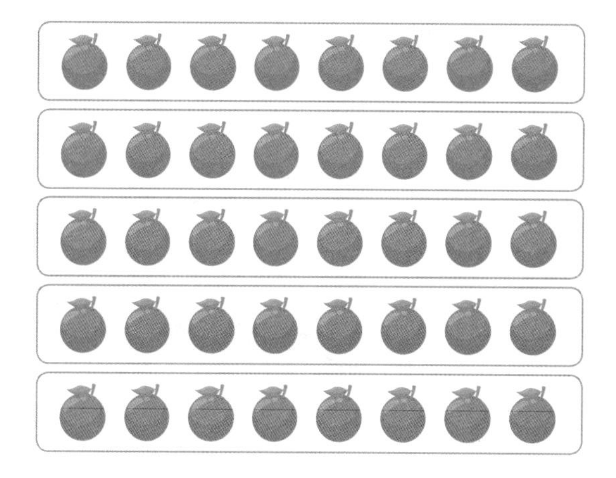

8 × ☐ = ☐

02

8의 4배 ➡ 8 × ☐ = ☐

8의 2배 ➡ 8 × ☐ = ☐

8의 6배 ➡ 8 × ☐ = ☐

03

8+8+8+8+8+8+8+8 ➡ 8 × ☐ = ☐

8+8+8+8+8+8+8 ➡ 8 × ☐ = ☐

8+8+8+8+8+8+8+8+8 ➡ 8 × ☐ = ☐

수직선을 보고 8의 단 곱셈식을 완성해 보세요.

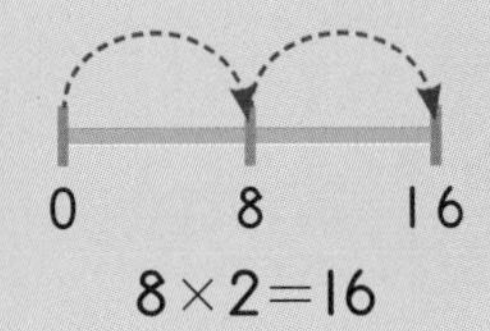

01

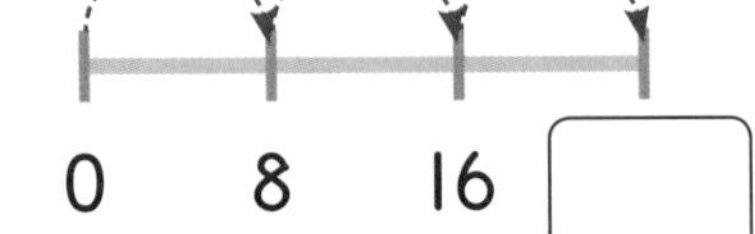

0 8 16 □

8 × □ = □

02

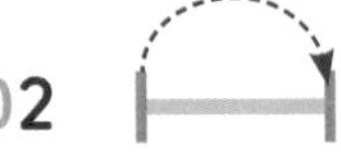

0 8

8 × □ = □

03

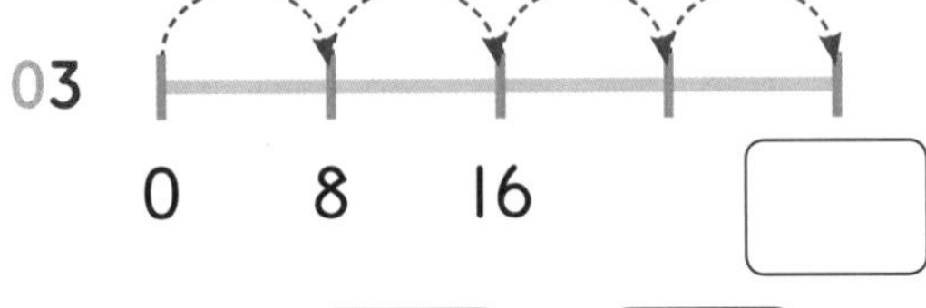

0 8 16 □

8 × □ = □

04

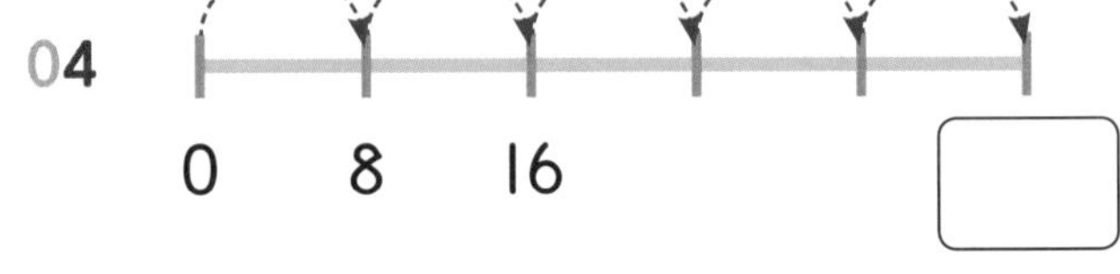

0 8 16 □

8 × □ = □

05

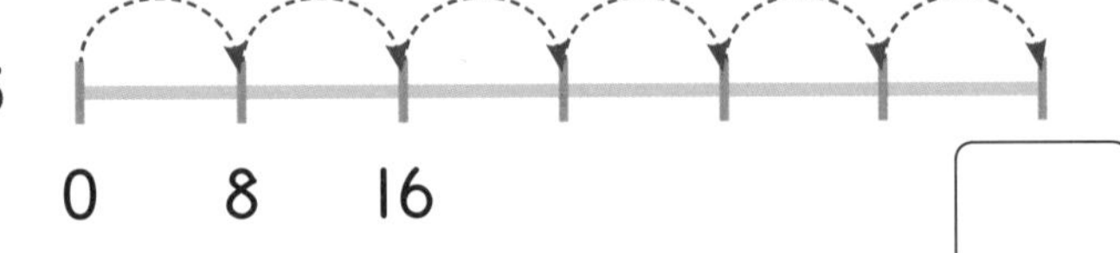

0 8 16 □

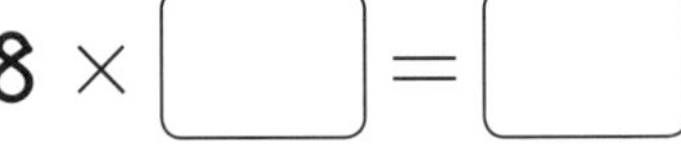

8 × □ = □

06

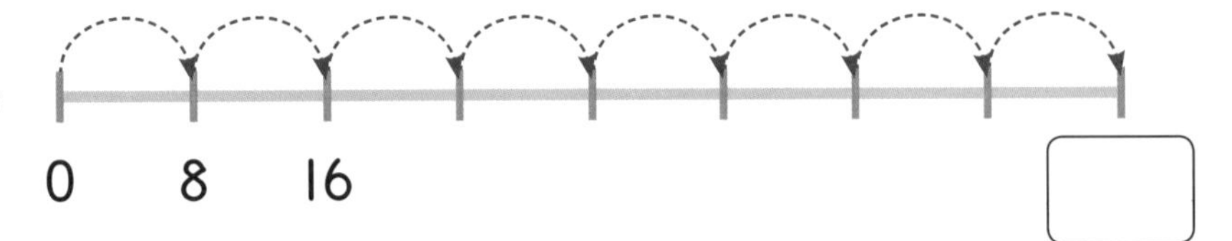

0 8 16 □

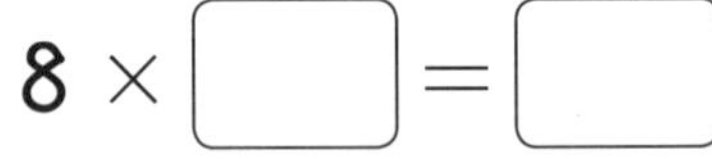

8 × □ = □

07

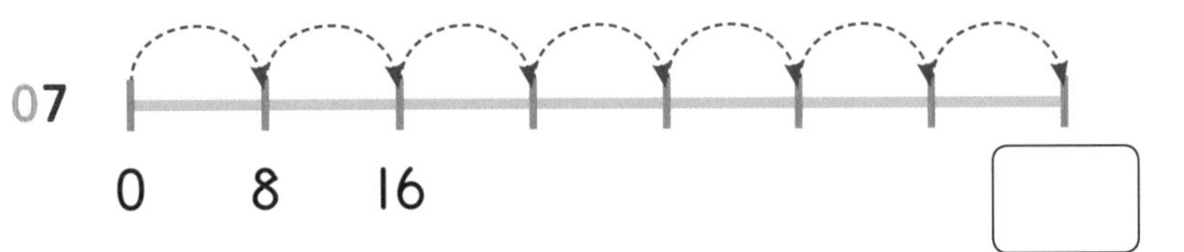

0 8 16 □

8 × □ = □

08

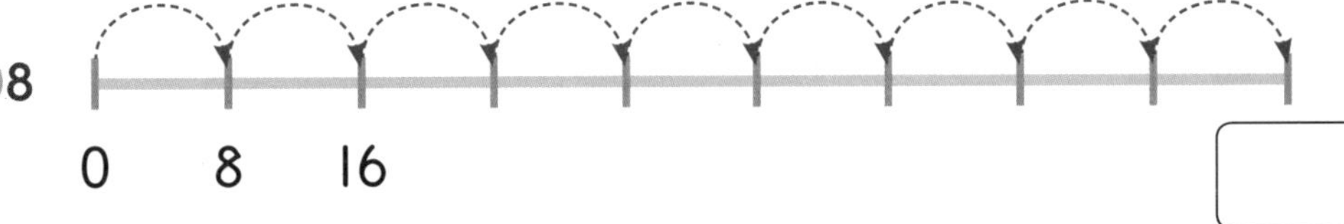

0 8 16 □

8 × □ = □

8의 단 곱셈구구를 이용하여 단추의 수를 구해 보세요.

01

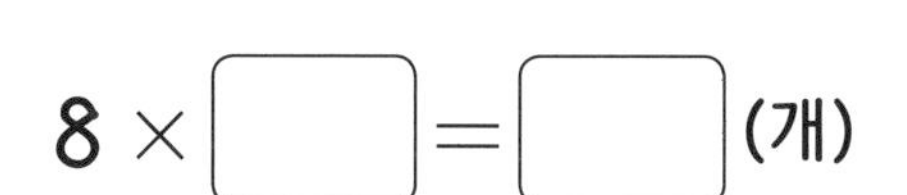
단추가 8개씩 1줄로 놓여
있으므로 8 곱하기 1과 같아요.

$8 \times \square = \square$ (개)

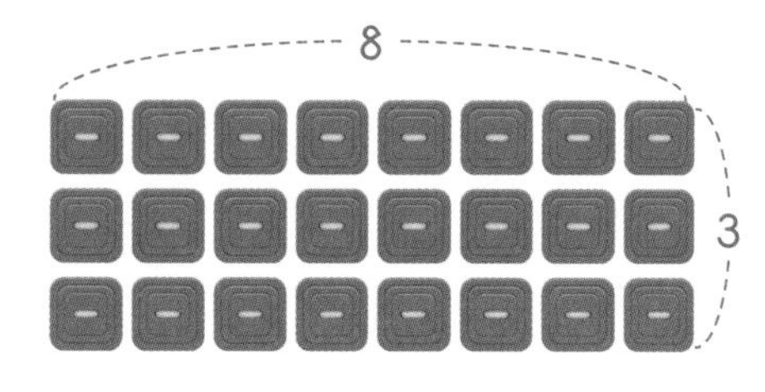
8
3

$8 \times \square = \square$ (개)

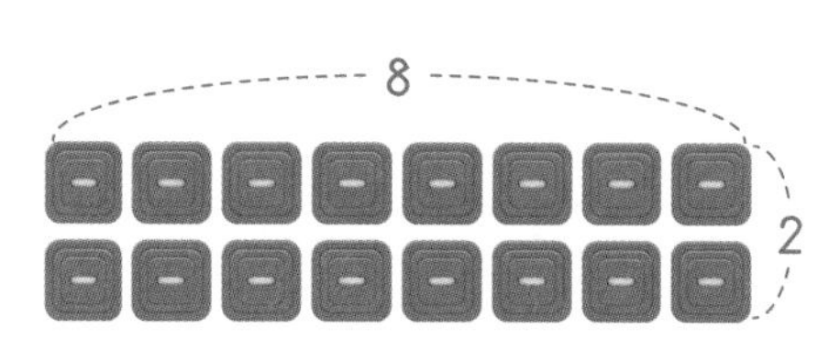
8
2

$8 \times \square = \square$ (개)

02

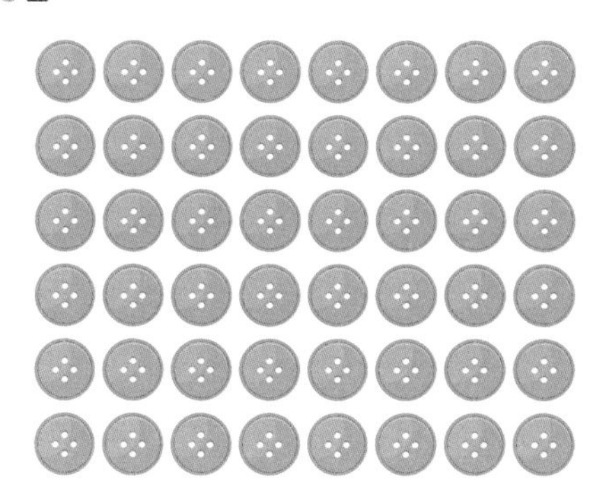

$8 \times \square = \square$ (개)

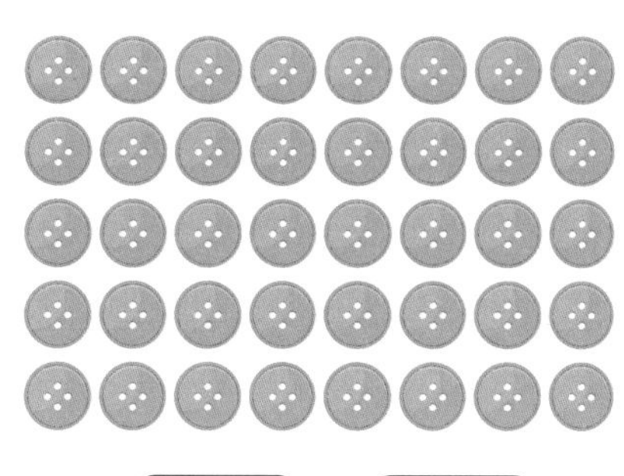

$8 \times \square = \square$ (개)

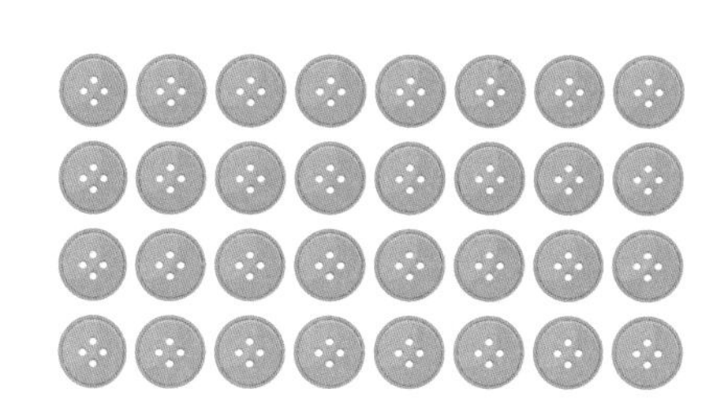

$8 \times \square = \square$ (개)

03

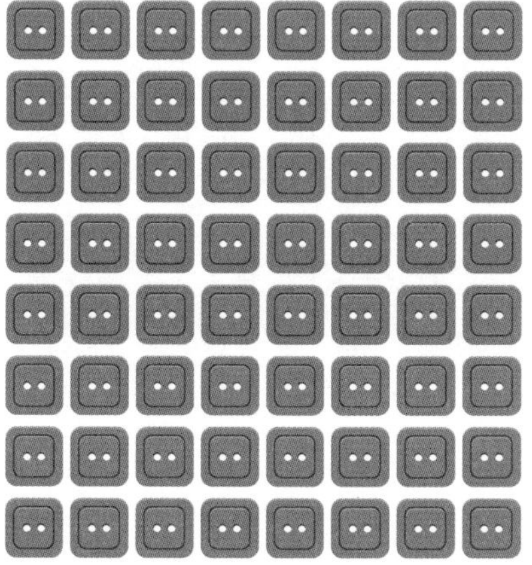

$8 \times \square = \square$ (개)

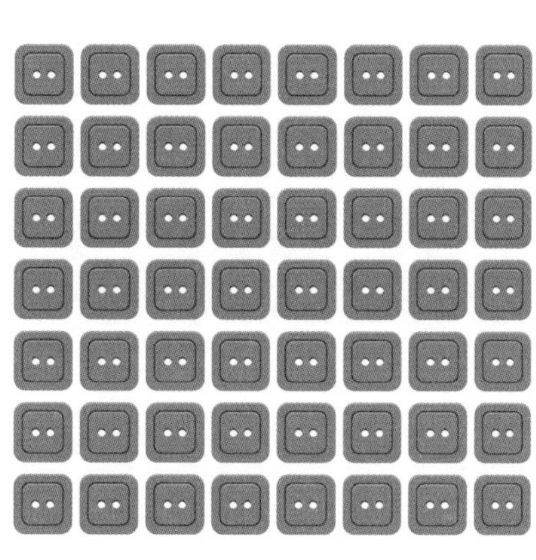

$8 \times \square = \square$ (개)

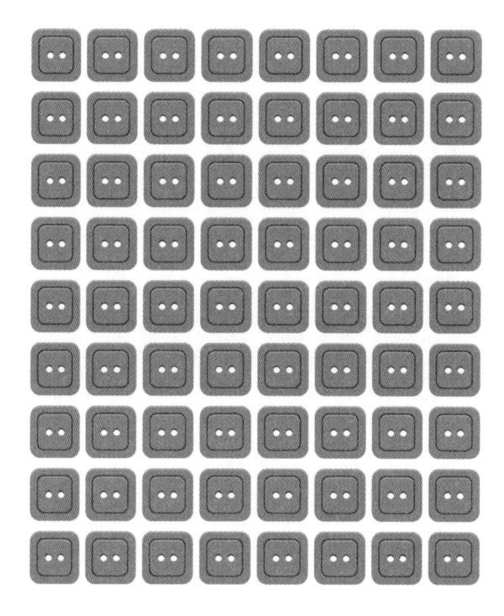

$8 \times \square = \square$ (개)

8의 단을 연습해 보세요.

01 $8 \times 1 =$ □

02 $8 \times 2 =$ □

03 $8 \times 3 =$ □

04 $8 \times 4 =$ □

05 $8 \times 5 =$ □

06 $8 \times 6 =$ □

07 $8 \times 7 =$ □

08 $8 \times 8 =$ □

09 $8 \times 9 =$ □

10 $8 \times 8 =$ □

11 $8 \times 7 =$ □

12 $8 \times 6 =$ □

13 $8 \times 5 =$ □

14 $8 \times 4 =$ □

15 $8 \times 3 =$ □

16 $8 \times 2 =$ □

17 $8 \times 1 =$ □

18 $8 \times 2 =$ □

19 $8 \times 3 =$ □

20 $8 \times 4 =$ □

21 $8 \times 5 =$ □

22 $8 \times 6 =$ □

23 $8 \times 7 =$ □

24 $8 \times 8 =$ □

25 $8 \times 9 =$ □

8의 단을 연습하며 빈칸을 채워 보세요.

01 $8 \times 1 = \square$

02 $8 \times 5 = \square$

03 $8 \times 3 = \square$

04 $8 \times 4 = \square$

05 $8 \times 2 = \square$

06 $8 \times 8 = \square$

07 $8 \times 9 = \square$

08 $8 \times 5 = \square$

09 $8 \times 7 = \square$

10 $8 \times 6 = \square$

11 $8 \times 9 = \square$

12 $8 \times \square = 16$

13 $8 \times \square = 24$

14 $8 \times \square = 8$

15 $8 \times \square = 56$

16 $8 \times \square = 32$

17 $8 \times \square = 72$

18 $8 \times \square = 64$

19 $8 \times \square = 40$

20 $8 \times \square = 56$

21 $8 \times \square = 48$

22 $8 \times \square = 64$

미로를 따라 곱셈을 하며 딸기가 있는 도착 지점까지 선을 그어 보세요.

$8 \times 6 = \square$

$8 \times 4 = \square$

$8 \times 5 = \square$

$8 \times \square = 64$

$8 \times 5 = \square$

$8 \times \square = 72$

$8 \times \square = 16$

$8 \times \square = 56$

$8 \times 8 = \square$

$8 \times \square = 48$

$8 \times 3 = \square$

$8 \times 7 = \square$

빈칸에 들어갈 수 있는 수를 주어진 수 카드 중에서 모두 찾아 ○ 해 보세요.

01

2	3	1	4

$8 \times \square < 24$

02

6	5	7	8

$8 \times \square > 48$

03

2	5	4	3

$8 \times \square < 39$

04

7	9	6	4

$8 \times \square > 58$

05

6	3	5	4

$8 \times \square > 8+8+8+8$

06

9	8	7	6

$8 \times \square < 8+8+8+8+8+8+8$

07

2	3	1	4

$8 \times \square >$ 8의 2배

08

9	4	8	6

$8 \times \square <$ 8의 9배

4의 단, 8의 단 종합

가로 방향과 세로 방향으로 곱셈을 하여 빈칸을 채워 보세요.

01

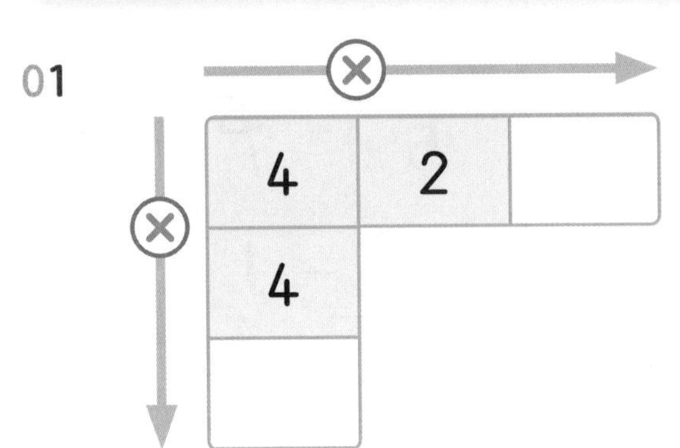

02

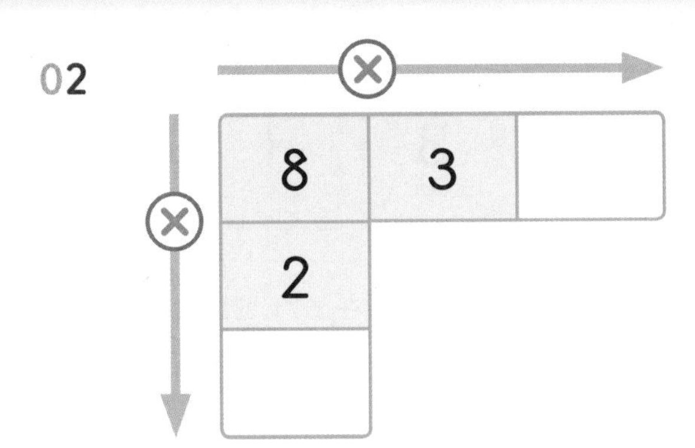

03

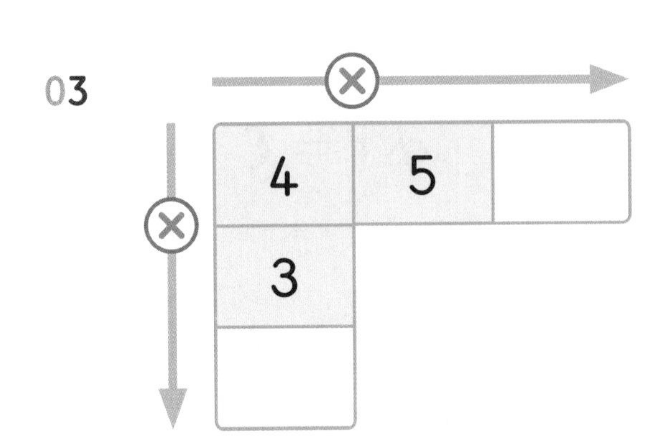

04

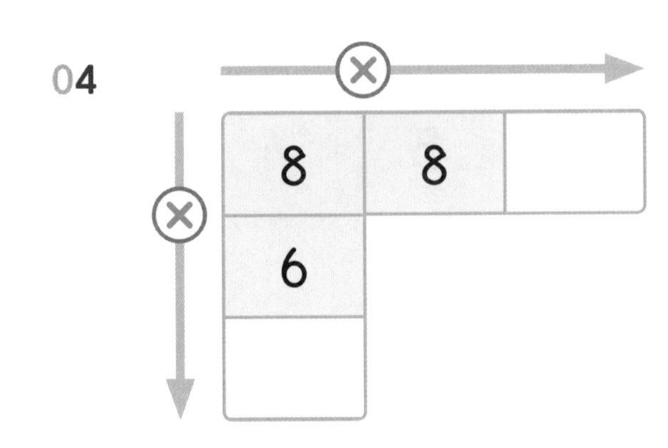

05

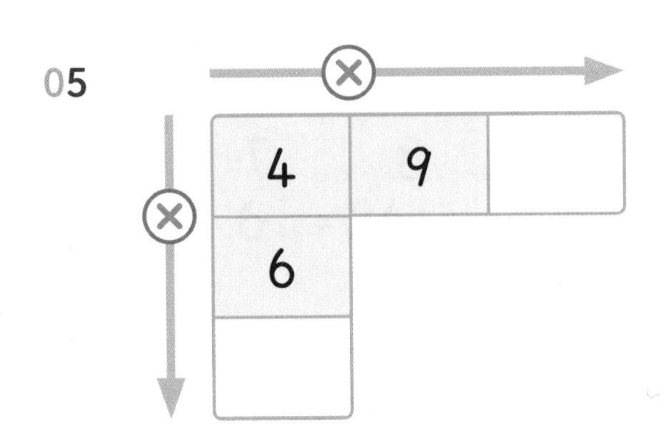

06

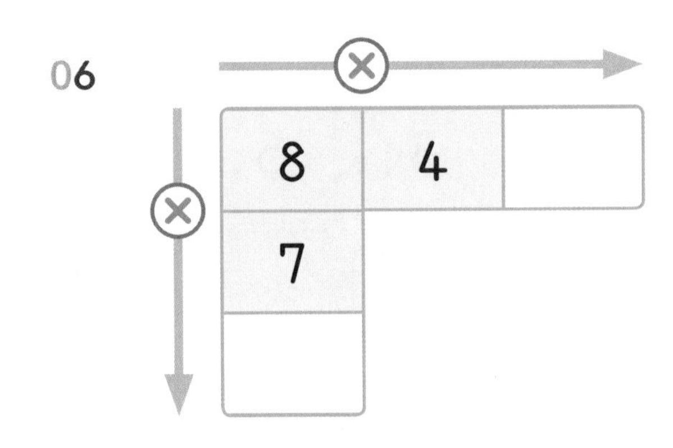

07

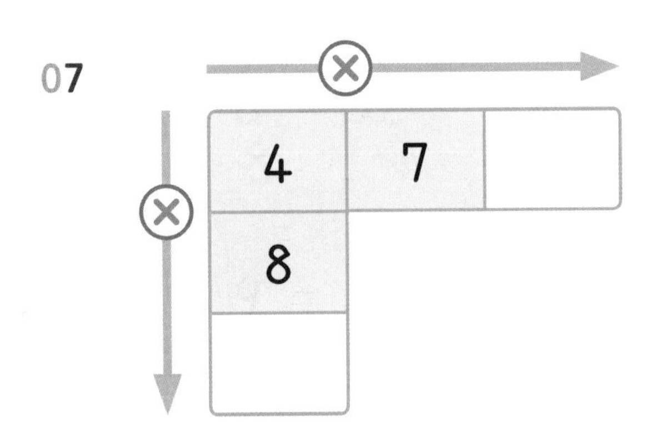

08

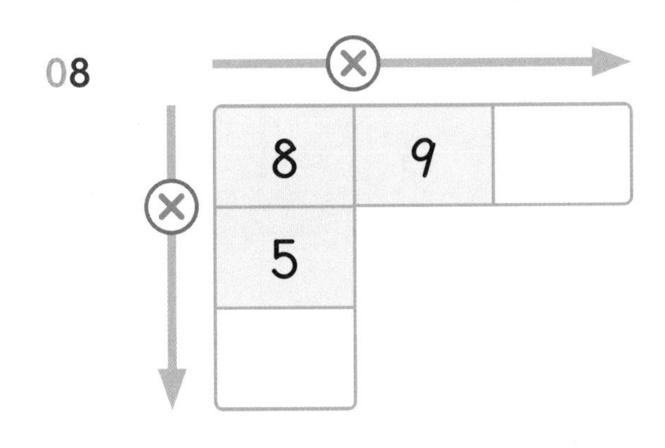

4의 단, 8의 단 종합

가로 방향과 세로 방향으로 각각 곱셈식을 완성해 보세요.

01

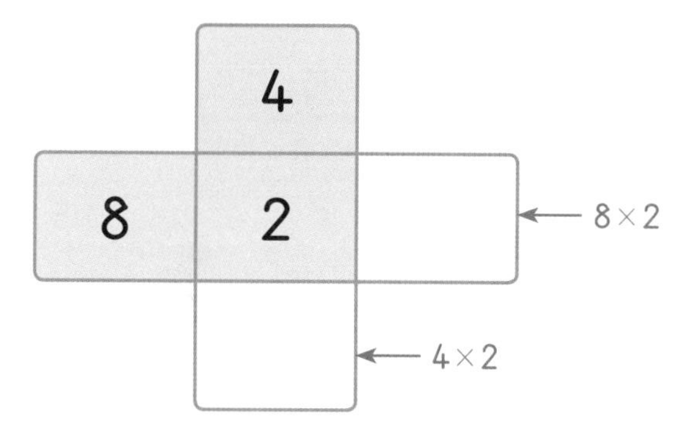

02

	8	
4	4	

03

4	3	
	24	

04

	4	
	5	40

05

	8	
4		
	56	

06

	8	
4		24

07

8		64
	32	

08

	4	
		72
	36	

7의 단 곱셈구구

7의 단 곱셈구구는 곱하는 수가 1씩 커지면 곱은 7씩 커져요.

1 7의 단

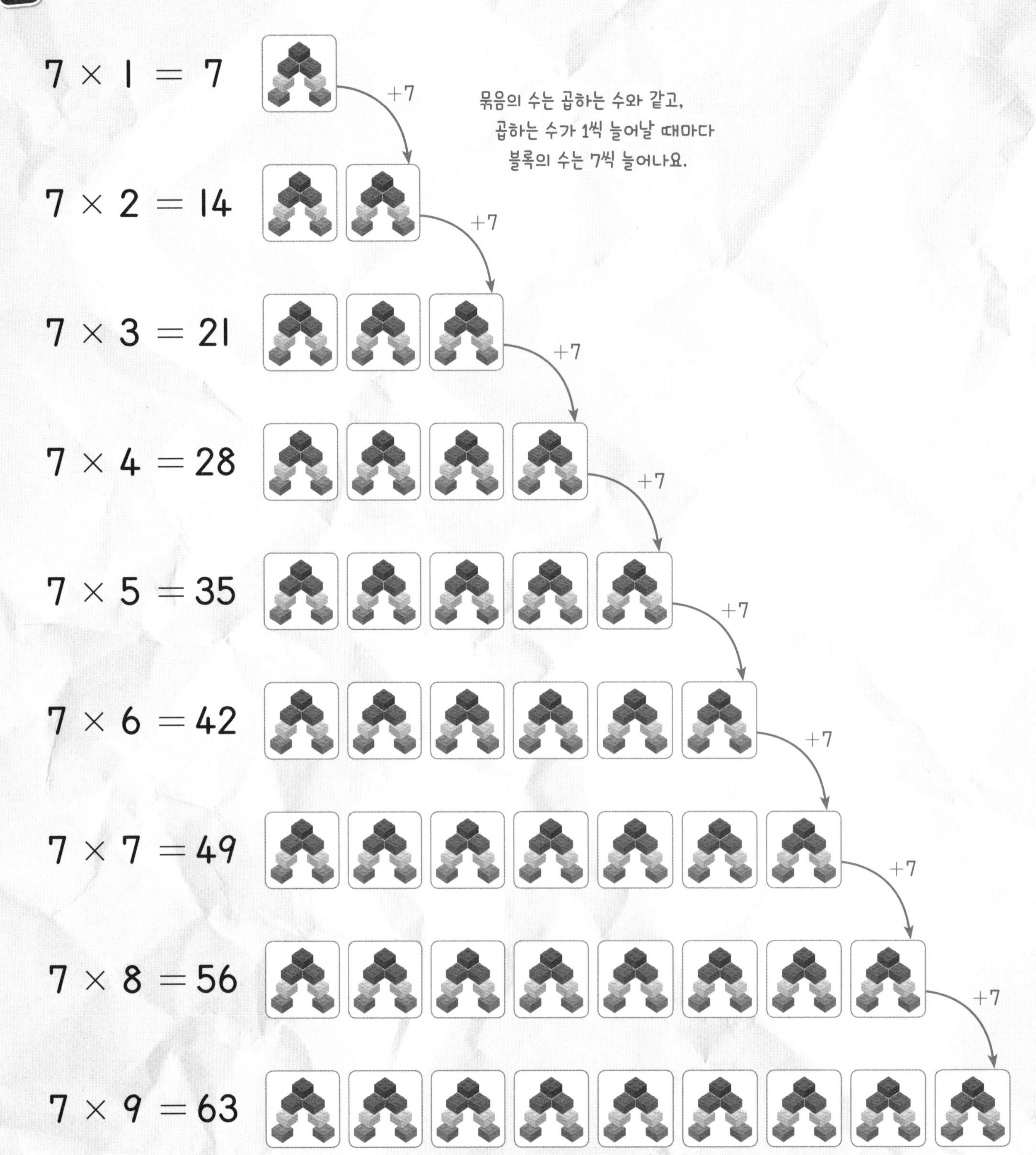

$7 \times 1 = 7$

묶음의 수는 곱하는 수와 같고,
곱하는 수가 1씩 늘어날 때마다
블록의 수는 7씩 늘어나요.

$7 \times 2 = 14$

$7 \times 3 = 21$

$7 \times 4 = 28$

$7 \times 5 = 35$

$7 \times 6 = 42$

$7 \times 7 = 49$

$7 \times 8 = 56$

$7 \times 9 = 63$

여러 가지 방법으로 주어진 것을 7의 단 곱셈구구로 나타내 보세요.

01

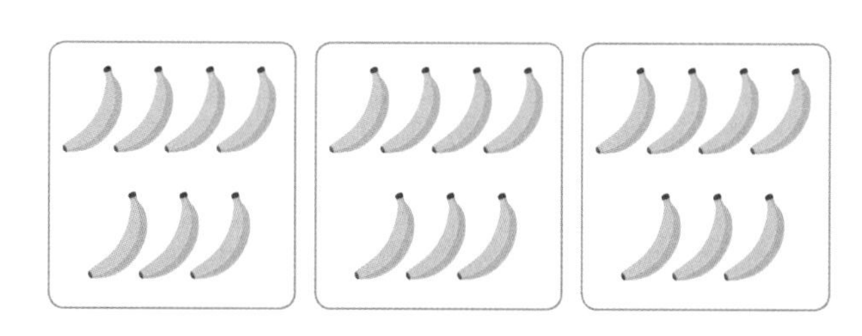

$7 \times \square = \square$

$7 \times \square = \square$

02 7의 2배 ➡ $7 \times \square = \square$

7의 4배 ➡ $7 \times \square = \square$

7의 8배 ➡ $7 \times \square = \square$

03 $7+7+7+7+7+7$ ➡ $7 \times \square = \square$

$7+7+7+7+7+7+7$ ➡ $7 \times \square = \square$

$7+7+7+7+7+7+7+7+7$ ➡ $7 \times \square = \square$

수직선을 보고 7의 단 곱셈식을 완성해 보세요.

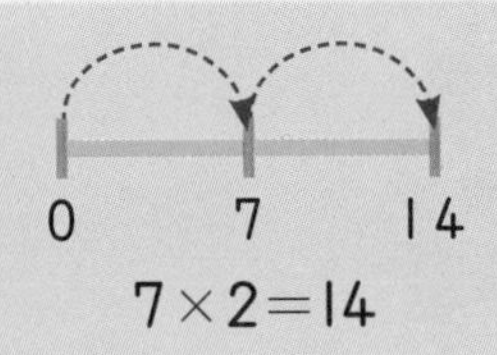

01

0 7

$7 \times \square = \square$

02

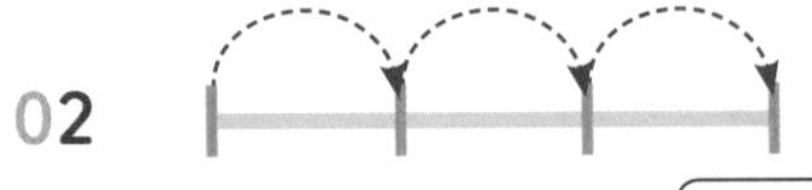

0 7 14 □

$7 \times \square = \square$

03

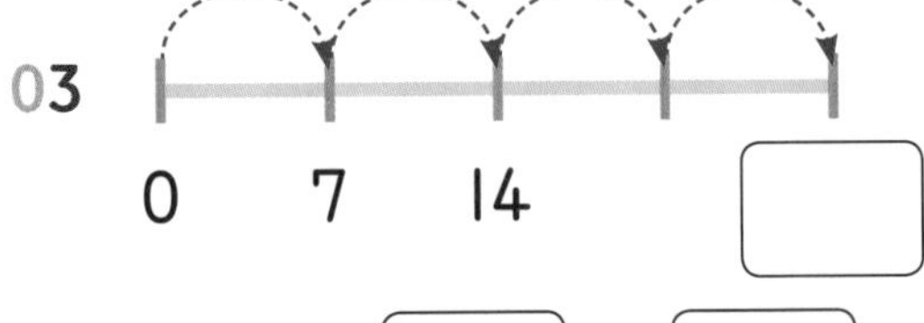

0 7 14 □

$7 \times \square = \square$

04

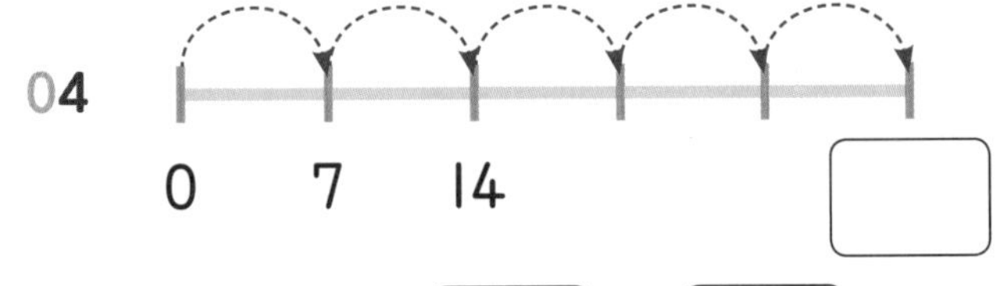

0 7 14 □

$7 \times \square = \square$

05

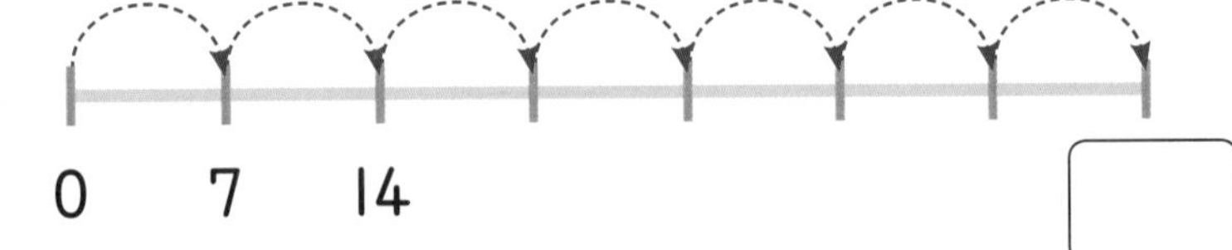

0 7 14 □

$7 \times \square = \square$

06

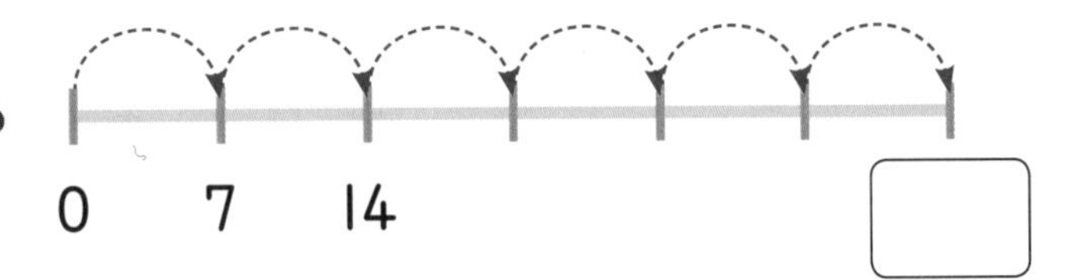

0 7 14 □

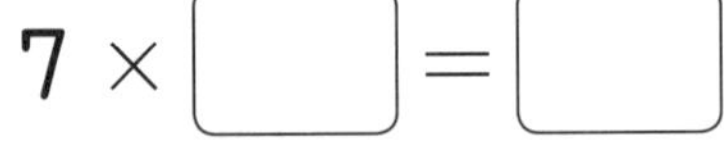

$7 \times \square = \square$

07

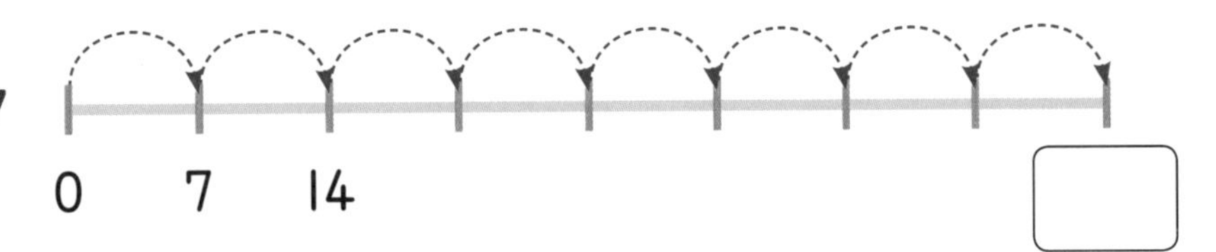

0 7 14 □

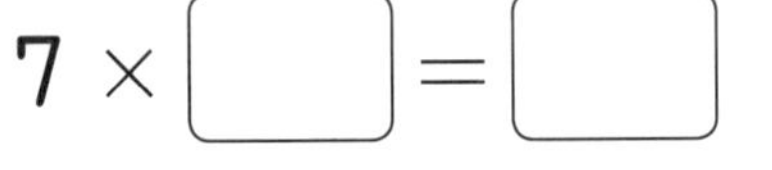

$7 \times \square = \square$

08

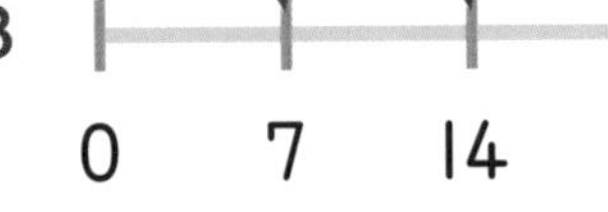

0 7 14 □

$7 \times \square = \square$

7의 단 곱셈구구를 이용하여 별의 수를 구해 보세요.

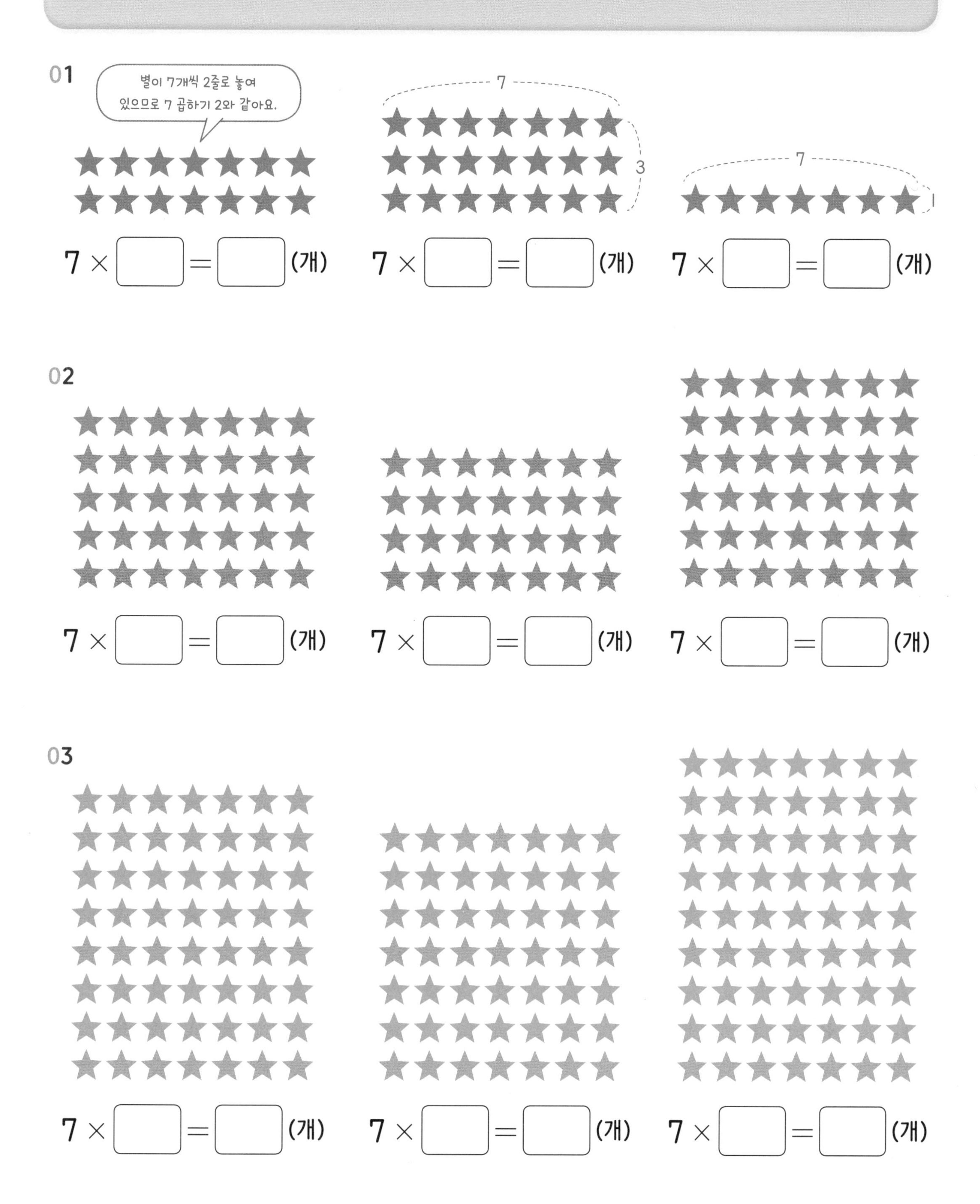

7의 단을 연습해 보세요.

01 $7 \times 1 = \square$

02 $7 \times 2 = \square$

03 $7 \times 3 = \square$

04 $7 \times 4 = \square$

05 $7 \times 5 = \square$

06 $7 \times 6 = \square$

07 $7 \times 7 = \square$

08 $7 \times 8 = \square$

09 $7 \times 9 = \square$

10 $7 \times 8 = \square$

11 $7 \times 7 = \square$

12 $7 \times 6 = \square$

13 $7 \times 5 = \square$

14 $7 \times 4 = \square$

15 $7 \times 3 = \square$

16 $7 \times 2 = \square$

17 $7 \times 1 = \square$

18 $7 \times 2 = \square$

19 $7 \times 3 = \square$

20 $7 \times 4 = \square$

21 $7 \times 5 = \square$

22 $7 \times 6 = \square$

23 $7 \times 7 = \square$

24 $7 \times 8 = \square$

25 $7 \times 9 = \square$

7의 단을 연습하며 빈칸을 채워 보세요.

01 $7 \times 2 = \square$

02 $7 \times 4 = \square$

03 $7 \times 1 = \square$

04 $7 \times 5 = \square$

05 $7 \times 3 = \square$

06 $7 \times 7 = \square$

07 $7 \times 9 = \square$

08 $7 \times 6 = \square$

09 $7 \times 8 = \square$

10 $7 \times 7 = \square$

11 $7 \times 9 = \square$

12 $7 \times \square = 28$

13 $7 \times \square = 7$

14 $7 \times \square = 35$

15 $7 \times \square = 21$

16 $7 \times \square = 42$

17 $7 \times \square = 63$

18 $7 \times \square = 14$

19 $7 \times \square = 28$

20 $7 \times \square = 49$

21 $7 \times \square = 56$

22 $7 \times \square = 42$

미로를 따라 곱셈을 하며 도착 지점까지 선을 그어 보세요.

출발

$7\times5=\square$

$7\times7=\square$

$7\times\square=14$

$7\times\square=56$

$7\times6=\square$

$7\times2=\square$

$7\times3=\square$

$7\times4=\square$

$7\times\square=28$

$7\times\square=35$

$7\times\square=42$

$7\times\square=49$

$7\times9=\square$

$7\times8=\square$

$7\times3=\square$

도착

빈칸에 들어갈 수 있는 수를 주어진 수 카드 중에서 모두 찾아 ○ 해 보세요.

01

3	5	2	4

$7 \times \square > 21$

02

6	7	4	9

$7 \times \square < 49$

03

6	2	4	1

$7 \times \square < 13$

04

6	7	5	8

$7 \times \square > 37$

05

4	6	8	2

$7 \times \square > 7+7+7+7$

06

7	8	6	9

$7 \times \square < 7+7+7+7+7+7+7+7$

07

9	6	8	7

7 × □ > 7의 6배

08

7	6	8	9

7 × □ < 7의 7배

10 9의 단 곱셈구구

9의 단 곱셈구구는 곱하는 수가 1씩 커지면 곱은 9씩 커져요.

1 9의 단

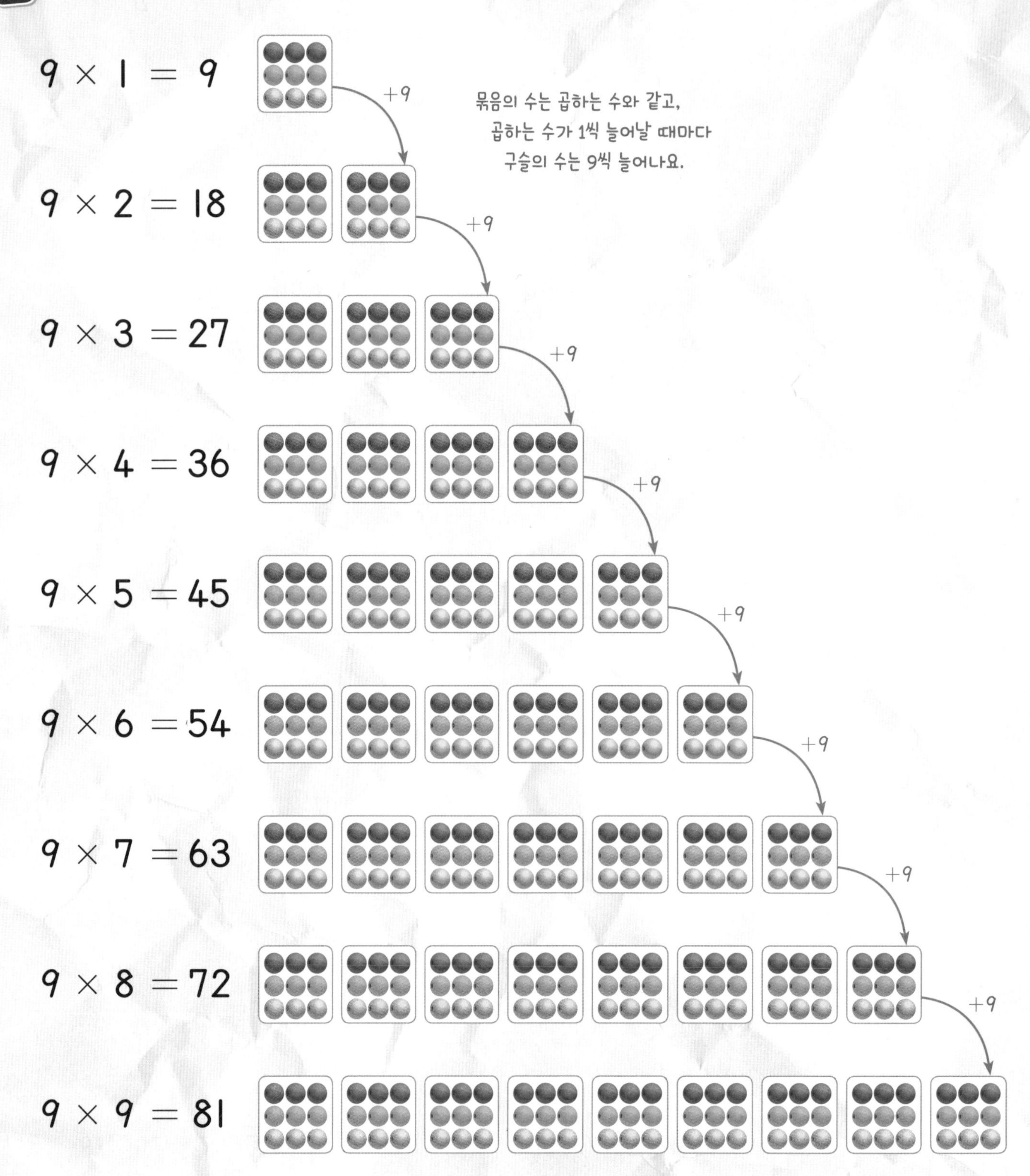

$9 \times 1 = 9$

묶음의 수는 곱하는 수와 같고,
곱하는 수가 1씩 늘어날 때마다
구슬의 수는 9씩 늘어나요.

$9 \times 2 = 18$

$9 \times 3 = 27$

$9 \times 4 = 36$

$9 \times 5 = 45$

$9 \times 6 = 54$

$9 \times 7 = 63$

$9 \times 8 = 72$

$9 \times 9 = 81$

여러 가지 방법으로 주어진 것을 9의 단 곱셈구구로 나타내 보세요.

01

9 × □ = □

9 × □ = □

02 9의 3배 ➡ 9 × □ = □

9의 5배 ➡ 9 × □ = □

9의 7배 ➡ 9 × □ = □

03 $9+9+9+9+9+9$ ➡ 9 × □ = □

$9+9+9+9+9+9+9+9$ ➡ 9 × □ = □

$9+9+9+9+9+9+9+9+9$ ➡ 9 × □ = □

수직선을 보고 9의 단 곱셈식을 완성해 보세요.

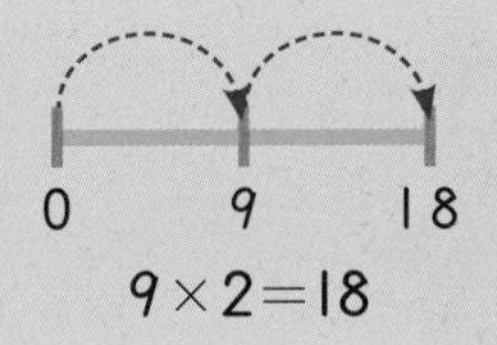

01 

0 9

$9 \times \square = \square$

02 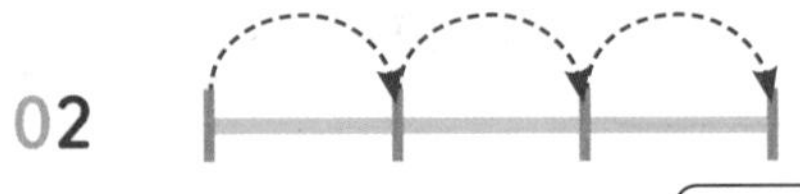

0 9 18 □

$9 \times \square = \square$

03 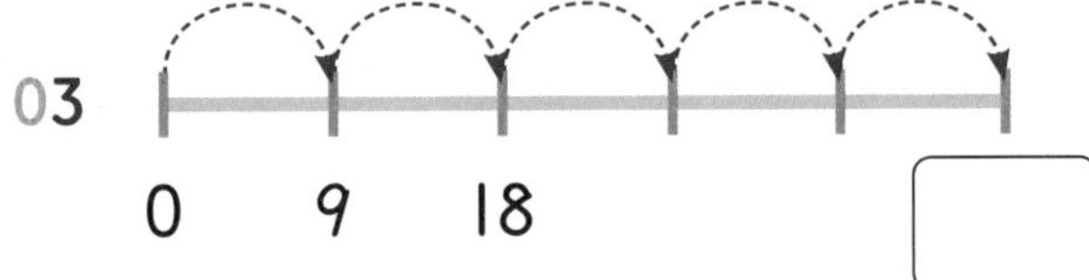

0 9 18 □

$9 \times \square = \square$

04 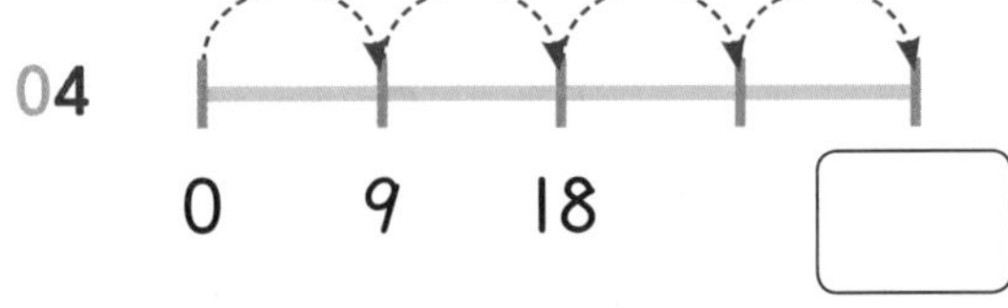

0 9 18 □

$9 \times \square = \square$

05 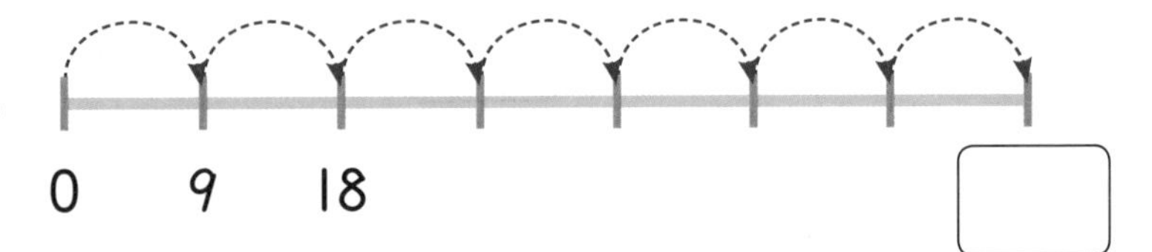

0 9 18 □

$9 \times \square = \square$

06 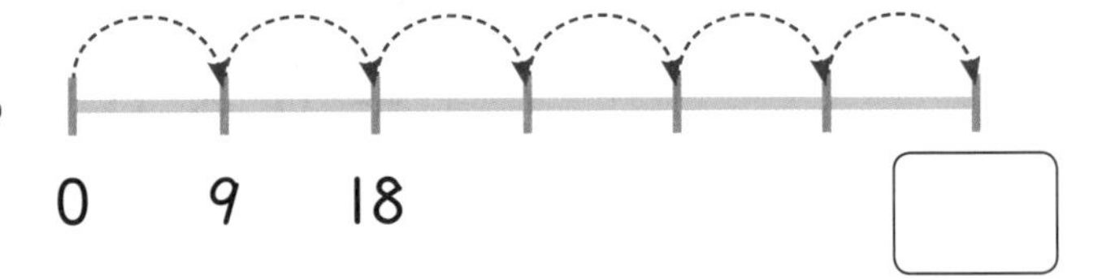

0 9 18 □

$9 \times \square = \square$

07 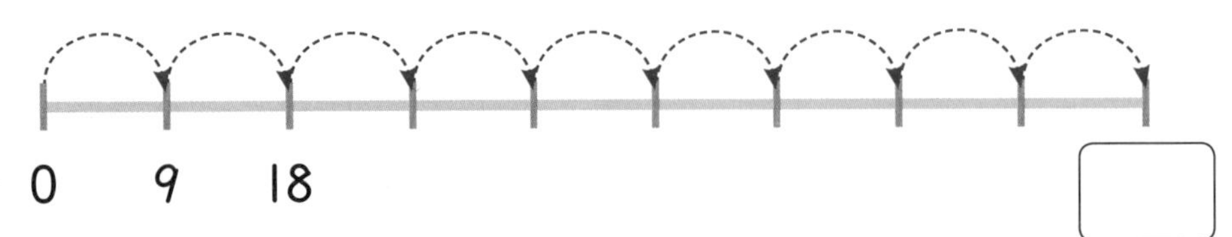

0 9 18 □

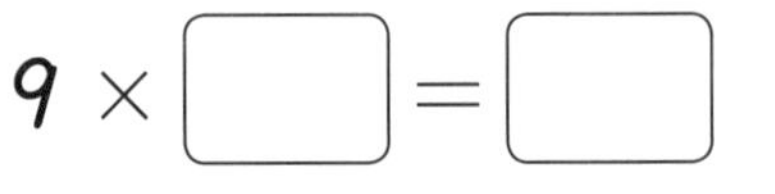

$9 \times \square = \square$

08 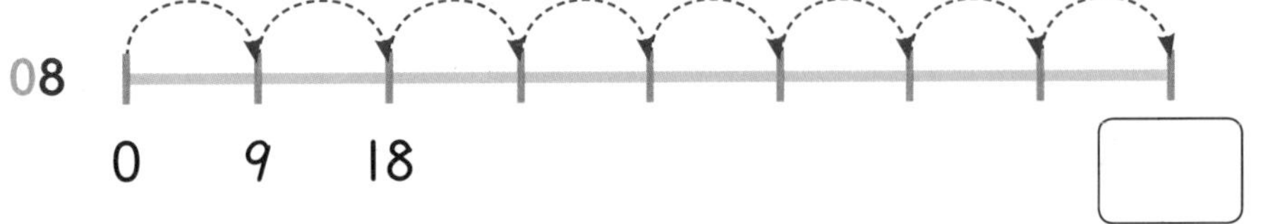

0 9 18 □

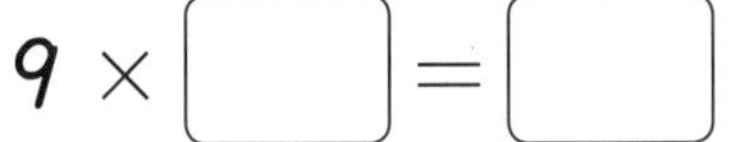

$9 \times \square = \square$

9의 단 곱셈구구를 이용하여 선물 상자의 수를 구해 보세요.

01

선물 상자가 9개씩 2줄로 놓여 있으므로 9 곱하기 2와 같아요.

9 × [ ] = [ ] (개)

9

9 × [ ] = [ ] (개)

9

3

9 × [ ] = [ ] (개)

02

9 × [ ] = [ ] (개)

9 × [ ] = [ ] (개)

9 × [ ] = [ ] (개)

03

9 × [ ] = [ ] (개)

9 × [ ] = [ ] (개)

9 × [ ] = [ ] (개)

9의 단을 연습해 보세요.

01 $9 \times 1 = \square$

02 $9 \times 2 = \square$

03 $9 \times 3 = \square$

04 $9 \times 4 = \square$

05 $9 \times 5 = \square$

06 $9 \times 6 = \square$

07 $9 \times 7 = \square$

08 $9 \times 8 = \square$

09 $9 \times 9 = \square$

10 $9 \times 8 = \square$

11 $9 \times 7 = \square$

12 $9 \times 6 = \square$

13 $9 \times 5 = \square$

14 $9 \times 4 = \square$

15 $9 \times 3 = \square$

16 $9 \times 2 = \square$

17 $9 \times 1 = \square$

18 $9 \times 2 = \square$

19 $9 \times 3 = \square$

20 $9 \times 4 = \square$

21 $9 \times 5 = \square$

22 $9 \times 6 = \square$

23 $9 \times 7 = \square$

24 $9 \times 8 = \square$

25 $9 \times 9 = \square$

9의 단을 연습하며 빈칸을 채워 보세요.

01 $9 \times 1 = \square$

02 $9 \times 3 = \square$

03 $9 \times 2 = \square$

04 $9 \times 5 = \square$

05 $9 \times 6 = \square$

06 $9 \times 8 = \square$

07 $9 \times 9 = \square$

08 $9 \times 4 = \square$

09 $9 \times 7 = \square$

10 $9 \times 5 = \square$

11 $9 \times 9 = \square$

12 $9 \times \square = 18$

13 $9 \times \square = 27$

14 $9 \times \square = 9$

15 $9 \times \square = 63$

16 $9 \times \square = 36$

17 $9 \times \square = 54$

18 $9 \times \square = 72$

19 $9 \times \square = 81$

20 $9 \times \square = 63$

21 $9 \times \square = 45$

22 $9 \times \square = 72$

미로를 따라 곱셈을 하며 도착 지점까지 선을 그어 보세요.

출발

$9 \times \square = 36$

$9 \times \square = 72$

$9 \times 9 = \square$

$9 \times \square = 27$

$9 \times 8 = \square$

도착

$9 \times \square = 81$

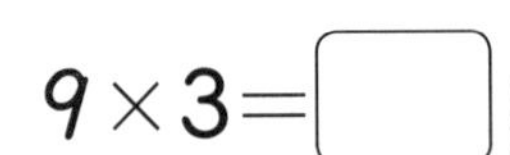

$9 \times 3 = \square$

$9 \times 6 = \square$

$9 \times \square = 45$

$9 \times 5 = \square$

$9 \times 7 = \square$

$9 \times 4 = \square$

$9 \times \square = 18$

빈칸에 들어갈 수 있는 수를 주어진 수 카드 중에서 모두 찾아 ○ 해 보세요.

01

1	2	3	4

$9 \times \square < 18$

02

5	4	3	2

$9 \times \square < 36$

03

3	5	6	4

$9 \times \square < 54$

04

8	9	7	6

$9 \times \square > 72$

05

2	5	3	7

$9 \times \square > 9+9+9$

06

2	4	3	5

$9 \times \square < 9+9+9+9+9$

07

9	6	7	5

$9 \times \square >$ 9의 6배

08

7	6	8	9

$9 \times \square <$ 9의 7배

7의 단, 9의 단 종합

가로 방향과 세로 방향으로 곱셈을 하여 빈칸을 채워 보세요.

01

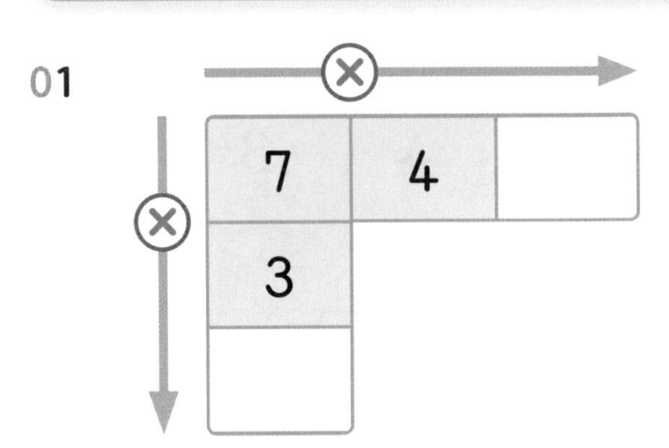

02

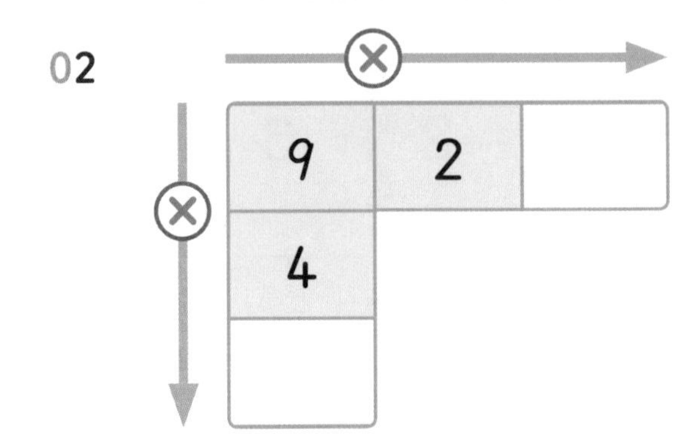

03

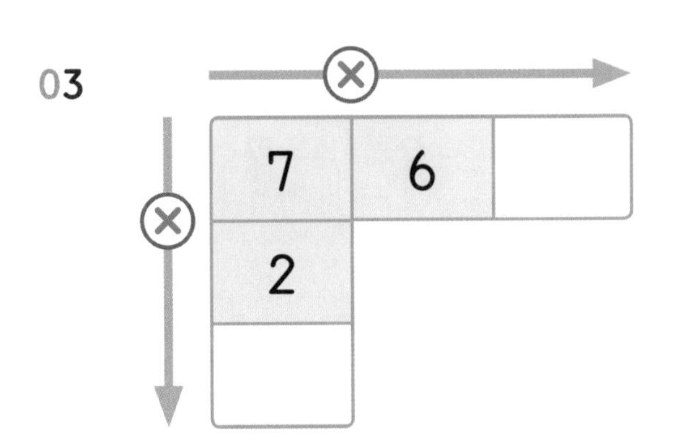

04

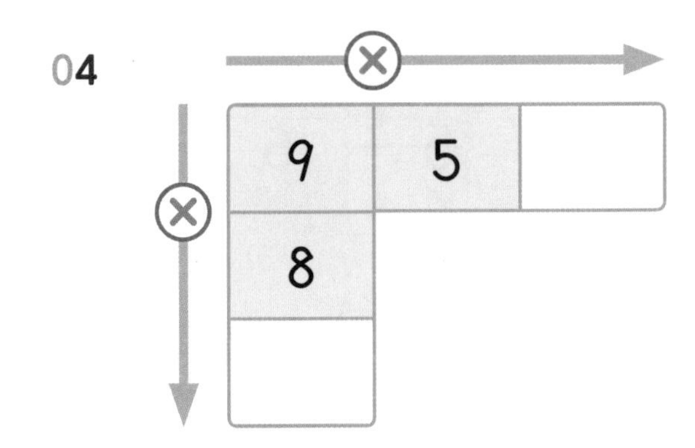

05

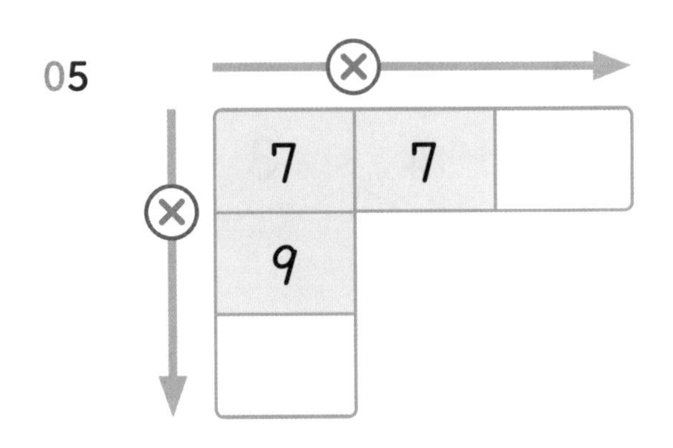

06

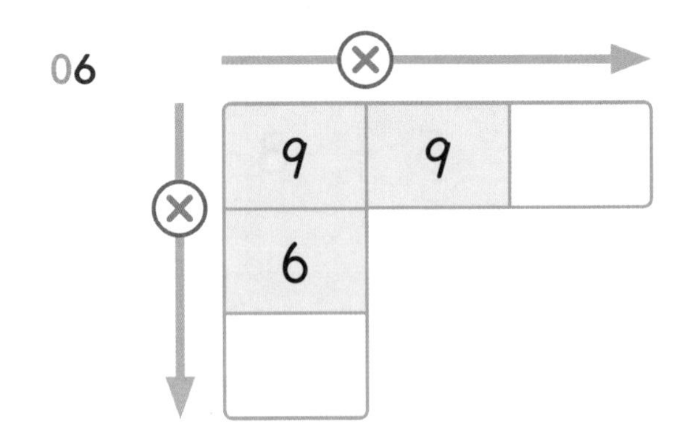

07

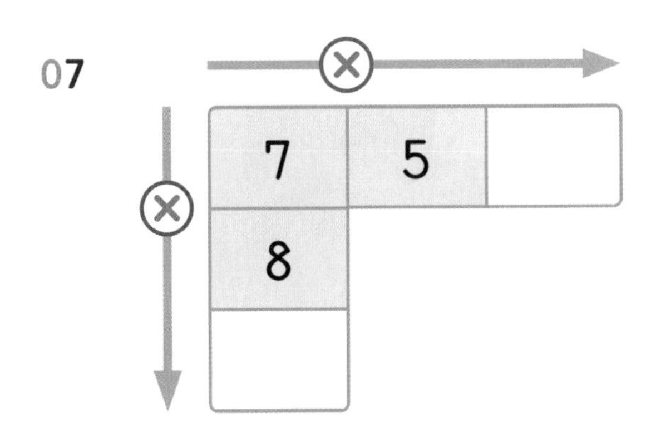

08

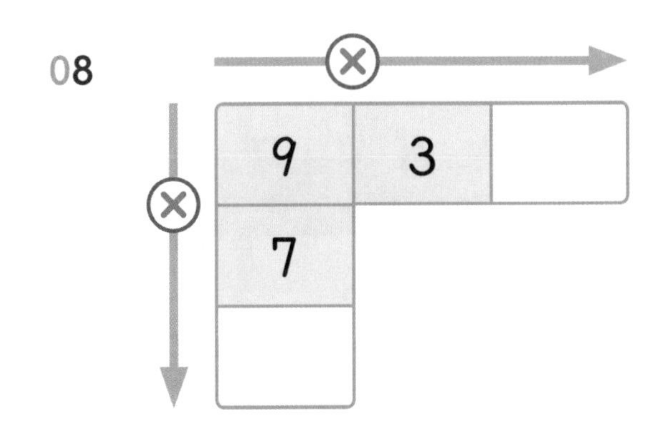

7의 단, 9의 단 종합

가로 방향과 세로 방향으로 각각 곱셈식을 완성해 보세요.

01

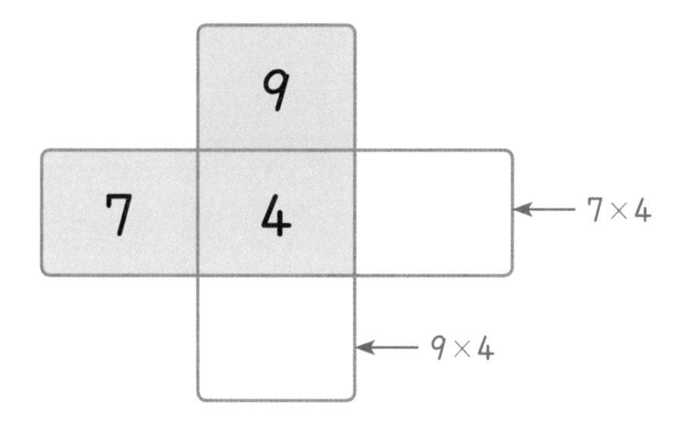

02

	7	
9	5	

03

7		9
2	4	

04

9		7
3	2	

05

	9	
	6	42

06

	7	
		72
	56	

07

	7	
9		
	49	

08

	9	
7		63

11 1의 단, 10의 단, 0의 곱

1의 단, 10의 단, 0의 곱과 특징을 알아보아요.

1 1의 단, 10의 단

$1 \times 1 = 1$
$1 \times 2 = 2$
$1 \times 3 = 3$
$1 \times 4 = 4$
$1 \times 5 = 5$
$1 \times 6 = 6$
$1 \times 7 = 7$
$1 \times 8 = 8$
$1 \times 9 = 9$

(+1씩)

1의 단은 곱하는 수가 1씩 늘어날 때마다 곱이 1씩 늘어나요.

1과 어떤 수의 곱은 항상 어떤 수가 돼요.
$1 \times \square = \square$, $\square \times 1 = \square$

$10 \times 1 = 10$
$10 \times 2 = 20$
$10 \times 3 = 30$
$10 \times 4 = 40$
$10 \times 5 = 50$
$10 \times 6 = 60$
$10 \times 7 = 70$
$10 \times 8 = 80$
$10 \times 9 = 90$

(+10씩)

10의 단은 곱하는 수가 1씩 늘어날 때마다 곱이 10씩 늘어나요.

10의 1배, 2배, 3배 , ……는 10, 20, 30, ……이 돼요.

2 0의 곱

$0 \times 1 = 0$	$0 \times 4 = 0$	$0 \times 7 = 0$
$0 \times 2 = 0$	$0 \times 5 = 0$	$0 \times 8 = 0$
$0 \times 3 = 0$	$0 \times 6 = 0$	$0 \times 9 = 0$

0과 어떤 수의 곱은 항상 0이 돼요.
$0 \times \square = 0$, $\square \times 0 = 0$

여러 가지 방법으로 주어진 것을 1의 단, 10의 단, 0의 곱으로 나타내 보세요.

01

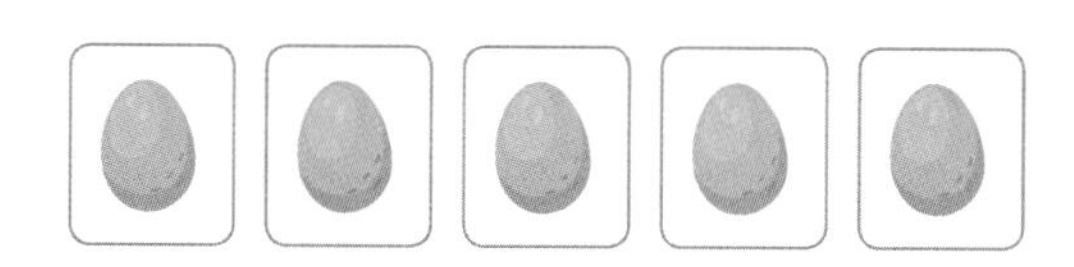

$1 \times \square = \square$

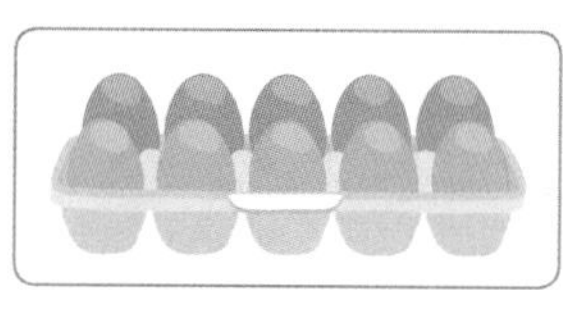
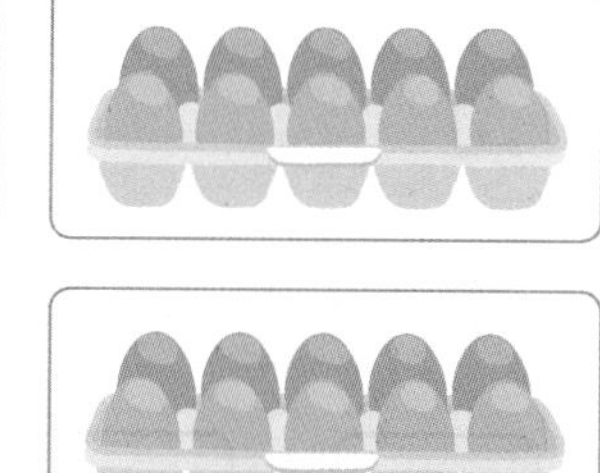
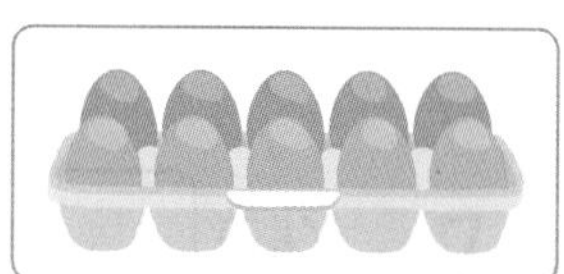

$10 \times \square = \square$

02

1의 4배 ➡ $1 \times \square = \square$

10의 7배 ➡ $10 \times \square = \square$

0의 6배 ➡ $0 \times \square = \square$

03

$1+1+1+1+1+1+1$ ➡ $1 \times \square = \square$

$10+10+10+10+10+10+10+10$ ➡ $10 \times \square = \square$

$0+0+0+0+0+0+0+0+0$ ➡ $0 \times \square = \square$

수직선을 보고 1의 단 곱셈식을 완성해 보세요.

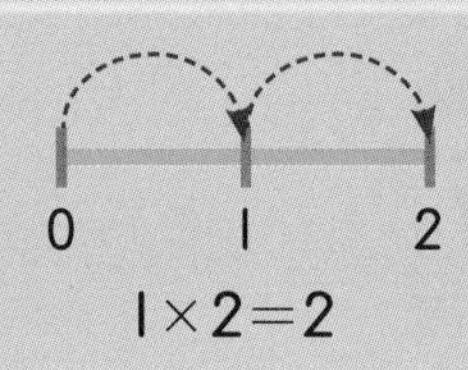

01
0 1
1 × □ = □

02
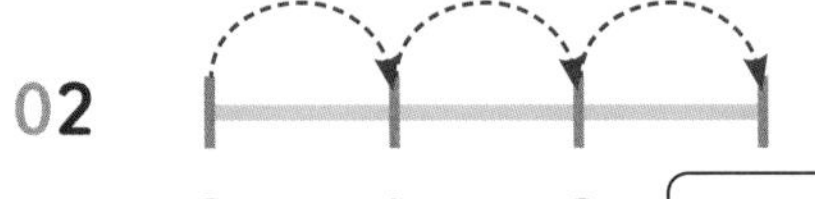

1 × □ = □

03
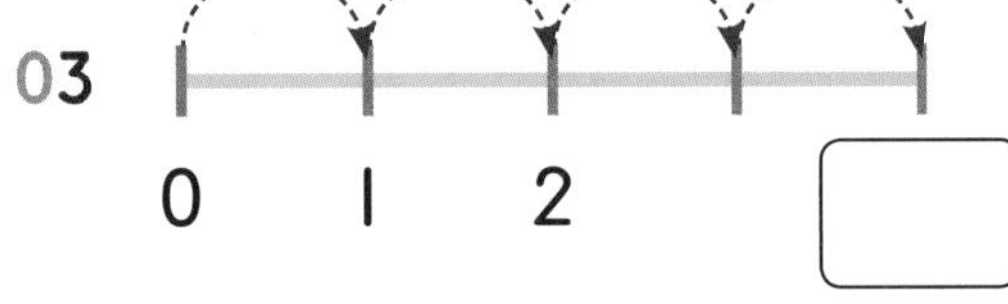

04
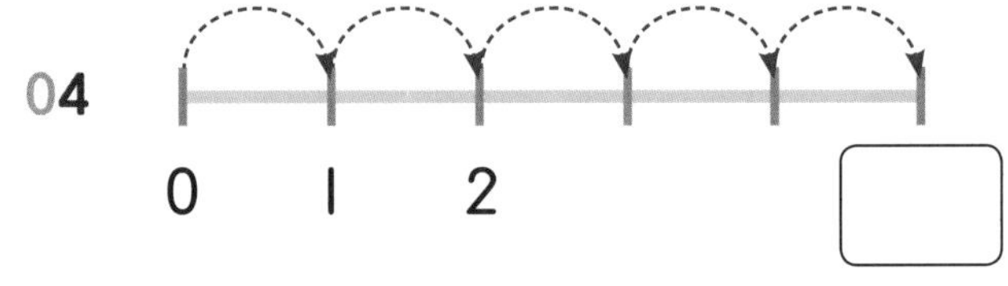

05
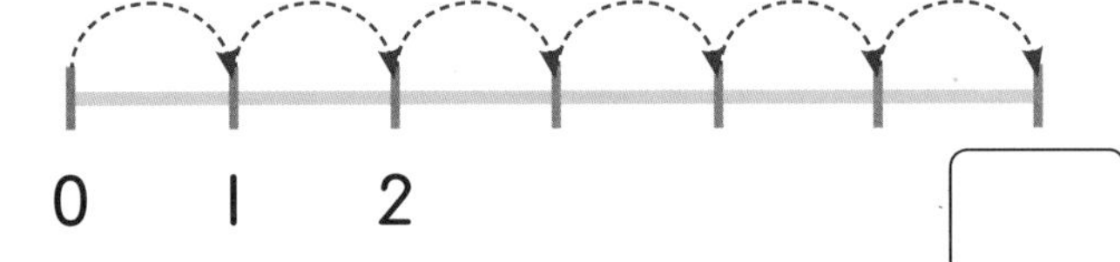

06
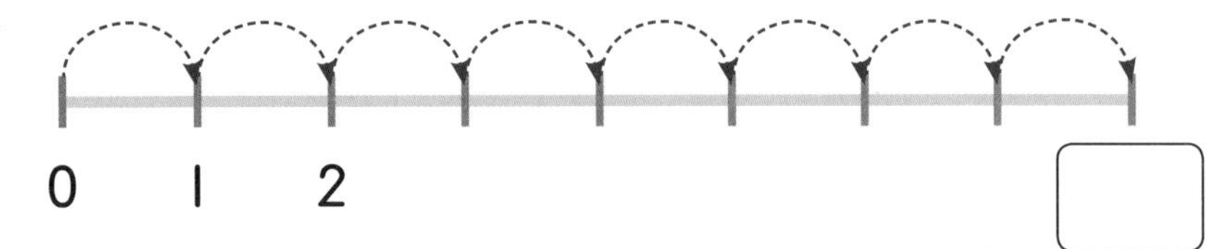

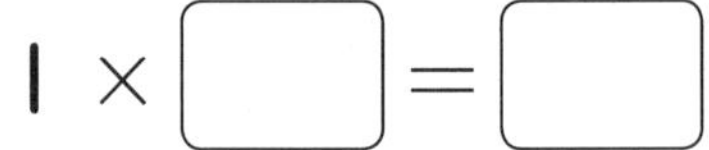

07
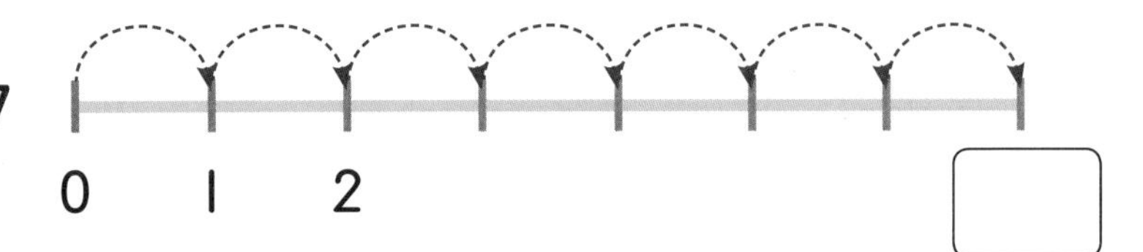

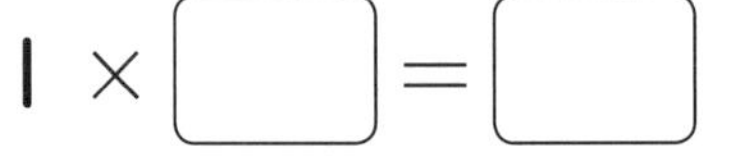

08
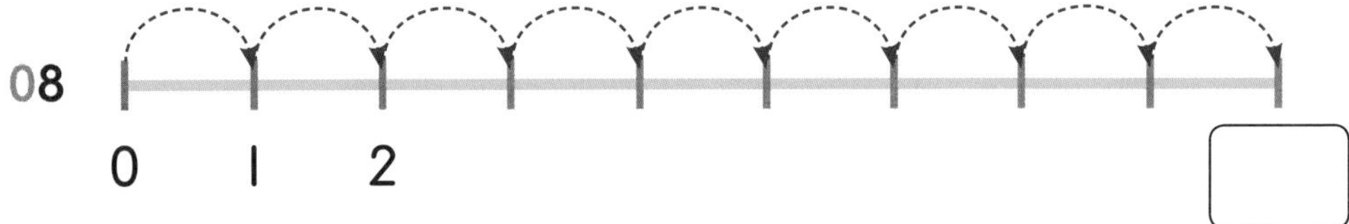

1 × □ = □

수직선을 보고 10의 단 곱셈식을 완성해 보세요.

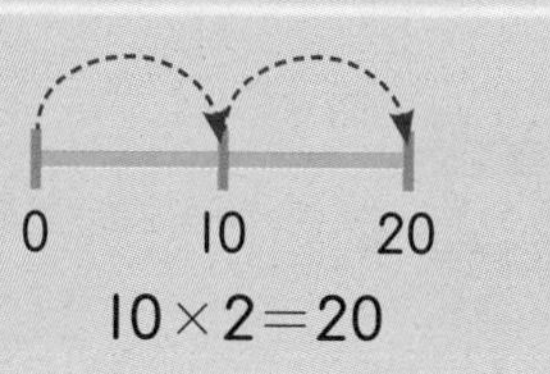

01

0 10

$10 \times \square = \square$

02

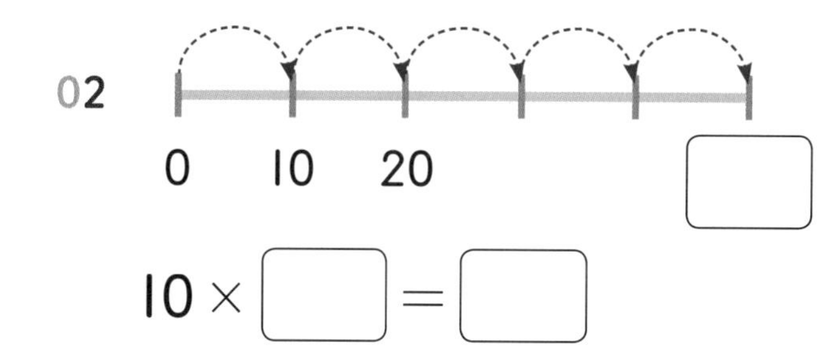

$10 \times \square = \square$

03

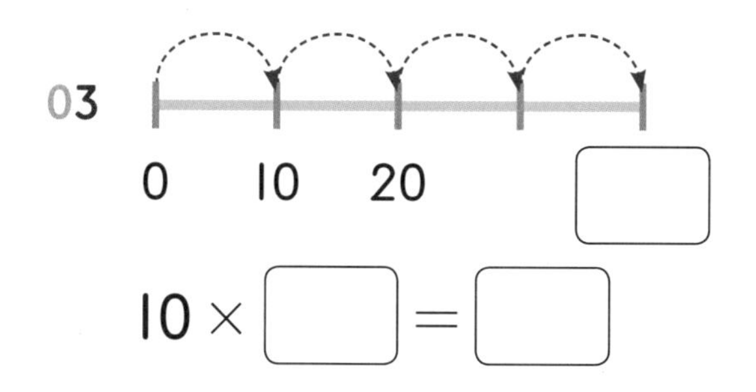

$10 \times \square = \square$

04

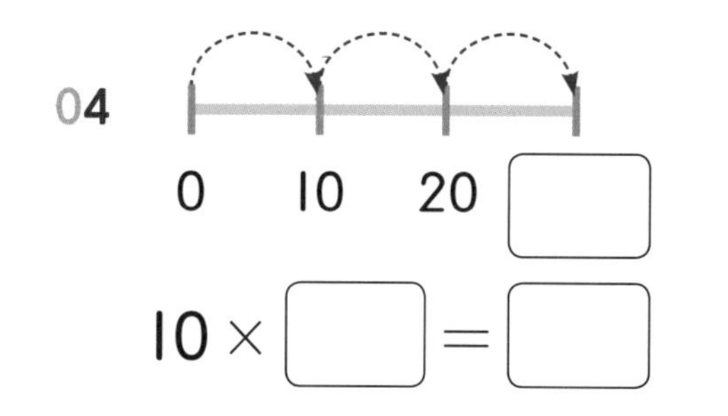

$10 \times \square = \square$

05

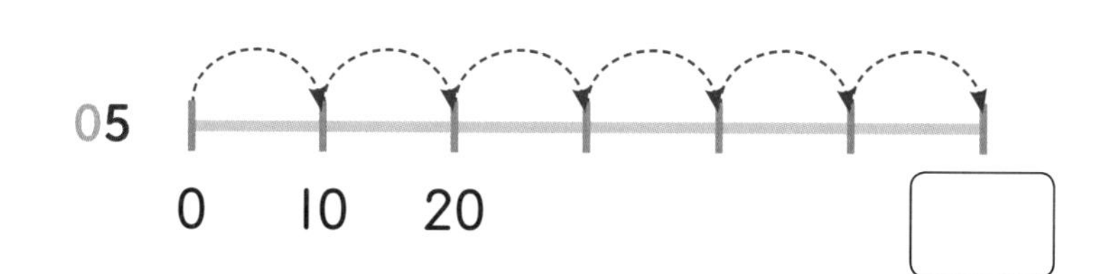

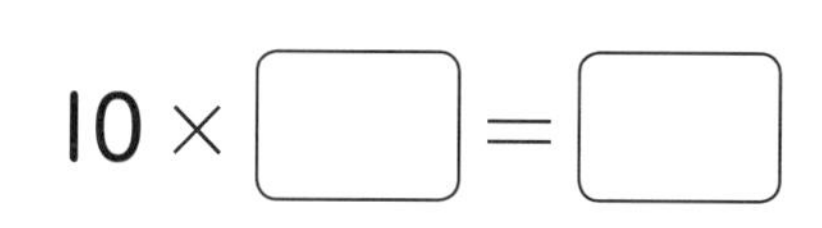

$10 \times \square = \square$

06

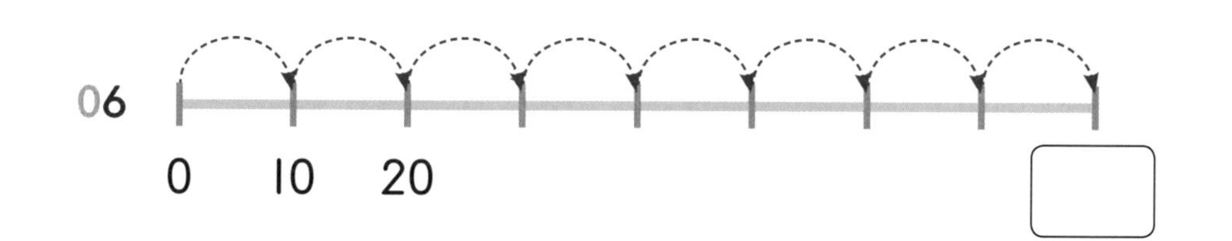

$10 \times \square = \square$

07

0 10 20

$10 \times \square = \square$

08

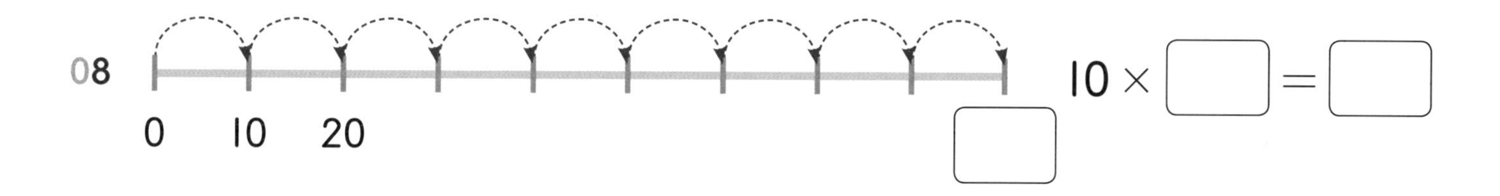

$10 \times \square = \square$

1의 단, 10의 단, 0의 곱을 연습해 보세요.

01 $1 \times 1 =$ ☐

$1 \times 2 =$ ☐

$1 \times 3 =$ ☐

02 $10 \times 1 =$ ☐

$10 \times 2 =$ ☐

$10 \times 3 =$ ☐

03 $1 \times 4 =$ ☐

$1 \times 5 =$ ☐

$1 \times 6 =$ ☐

04 $10 \times 4 =$ ☐

$10 \times 5 =$ ☐

$10 \times 6 =$ ☐

05 $1 \times 7 =$ ☐

$10 \times 7 =$ ☐

$0 \times 1 =$ ☐

06 $0 \times 4 =$ ☐

$1 \times 8 =$ ☐

$0 \times 3 =$ ☐

07 $10 \times 8 =$ ☐

$0 \times 8 =$ ☐

$1 \times 9 =$ ☐

08 $0 \times 6 =$ ☐

$10 \times 9 =$ ☐

$0 \times 9 =$ ☐

1의 단, 10의 단, 0의 곱을 연습하며 빈칸을 채워 보세요.

01

$4 \times \square = 0$

$1 \times \square = 0$

$6 \times \square = 0$

02

$3 \times \square = 3$

$6 \times \square = 6$

$5 \times \square = 5$

03

$4 \times \square = 4$

$1 \times \square = 1$

$8 \times \square = 8$

04

$10 \times \square = 10$

$10 \times \square = 40$

$10 \times \square = 70$

05

$\square \times 3 = 0$

$\square \times 7 = 0$

$\square \times 9 = 0$

06

$\square \times 10 = 30$

$\square \times 10 = 50$

$\square \times 10 = 90$

07

$\square \times 2 = 0$

$\square \times 10 = 60$

$\square \times 5 = 0$

08

$\square \times 10 = 80$

$\square \times 8 = 0$

$\square \times 10 = 20$

곱셈 상자를 이용하여 곱셈을 하고, □ 안에 알맞은 수를 써넣으세요.

01
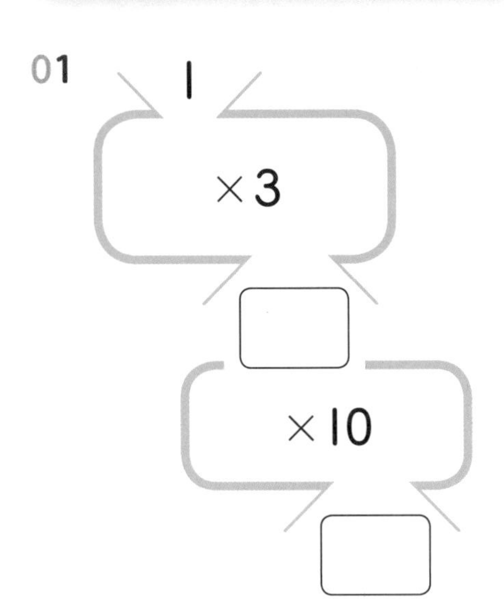

02
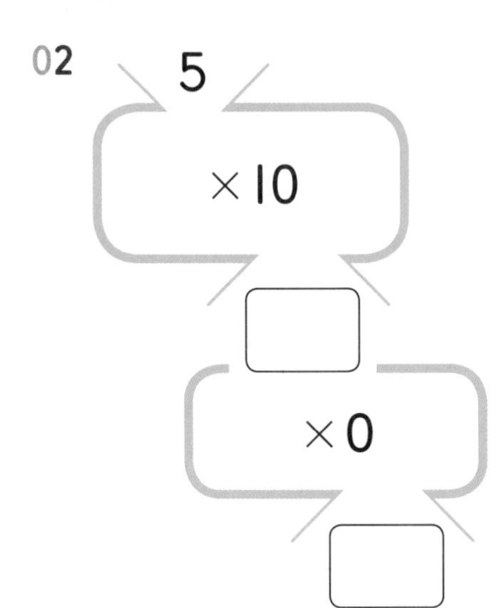

03
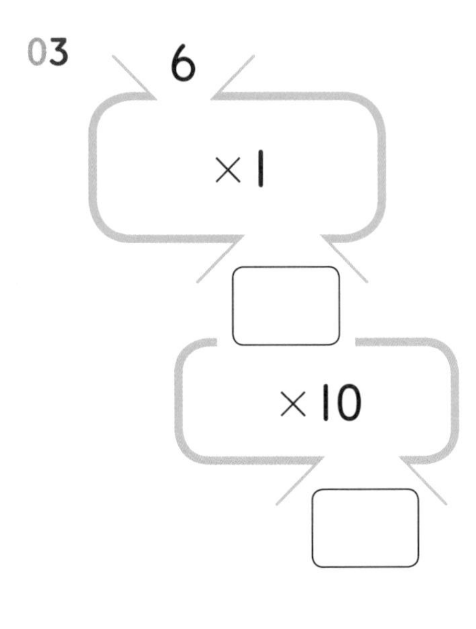

04
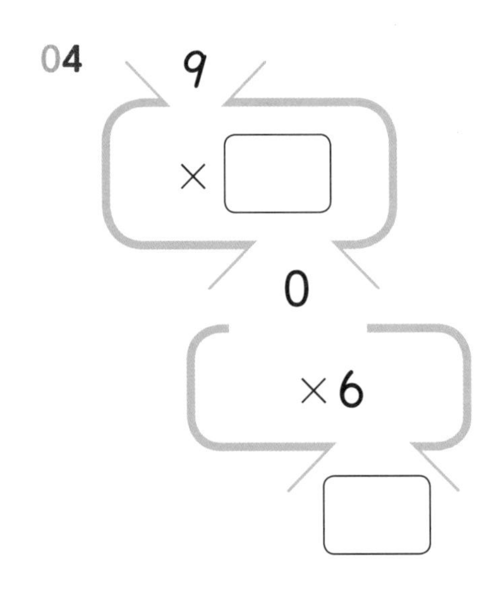

05
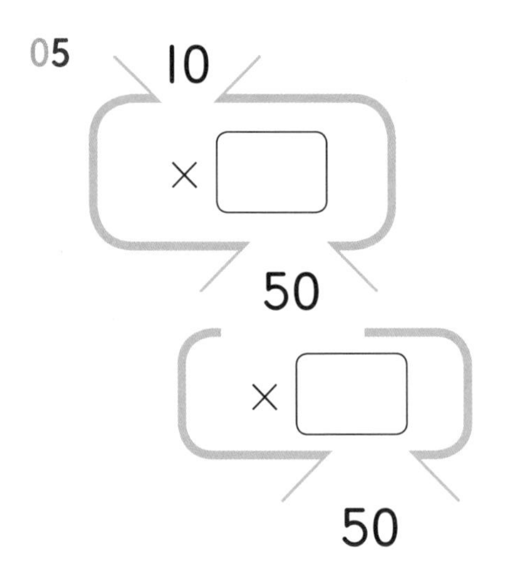

06
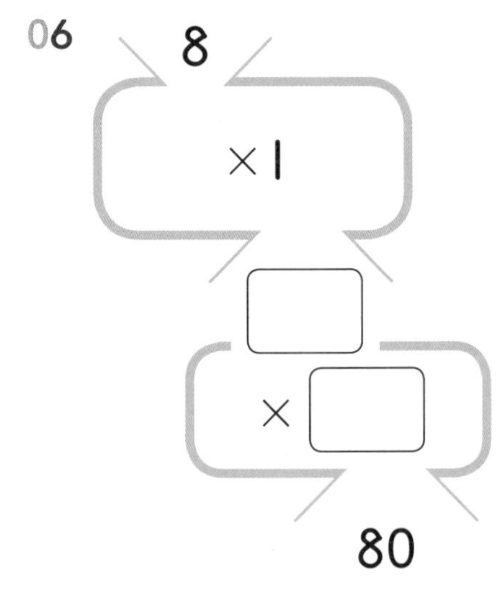

07
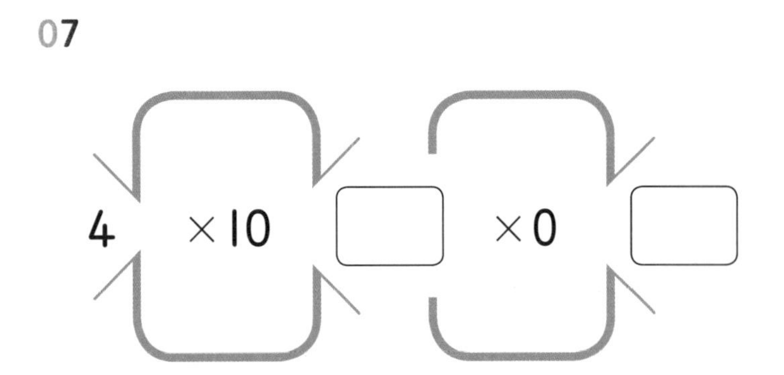

08
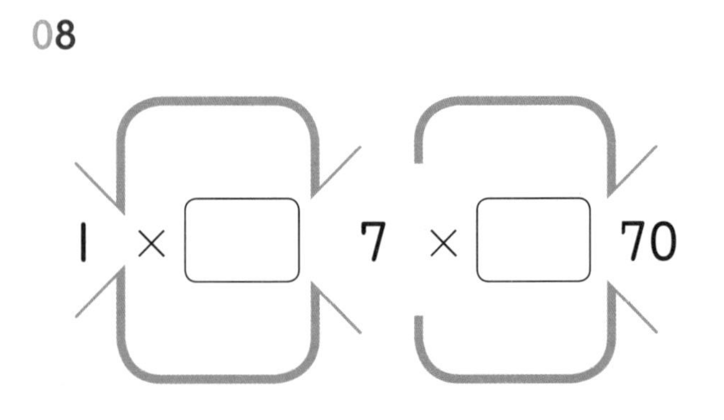

빈칸에 들어갈 수 있는 수를 주어진 수 카드 중에서 모두 찾아 ○ 해 보세요.

01

8	7	6	5

$1 \times \square < 7$

02

6	5	4	3

$10 \times \square < 50$

03

6	4	3	7

$10 \times \square > 37$

04

1	0	2	3

$1 \times \square < 1$

05

1	2	0	3

$10 \times \square > 9+9$

06

2	4	3	7

$0 \times \square < 1+1+1$

07

5	6	4	7

$7 \times \square <$ 10의 4배

08

8	9	7	6

$10 \times \square >$ 9의 9배

12 곱셈구구 종합

4, 8, 7, 9의 단 곱셈구구를 다시 한번 정리하고,
곱셈구구표를 통하여 곱셈구구의 규칙을 찾아보아요.

1 4, 8, 7, 9의 단 곱셈구구

4의 단	8의 단	7의 단	9의 단
$4 \times 1 = 4$	$8 \times 1 = 8$	$7 \times 1 = 7$	$9 \times 1 = 9$
$4 \times 2 = 8$	$8 \times 2 = 16$	$7 \times 2 = 14$	$9 \times 2 = 18$
$4 \times 3 = 12$	$8 \times 3 = 24$	$7 \times 3 = 21$	$9 \times 3 = 27$
$4 \times 4 = 16$	$8 \times 4 = 32$	$7 \times 4 = 28$	$9 \times 4 = 36$
$4 \times 5 = 20$	$8 \times 5 = 40$	$7 \times 5 = 35$	$9 \times 5 = 45$
$4 \times 6 = 24$	$8 \times 6 = 48$	$7 \times 6 = 42$	$9 \times 6 = 54$
$4 \times 7 = 28$	$8 \times 7 = 56$	$7 \times 7 = 49$	$9 \times 7 = 63$
$4 \times 8 = 32$	$8 \times 8 = 64$	$7 \times 8 = 56$	$9 \times 8 = 72$
$4 \times 9 = 36$	$8 \times 9 = 72$	$7 \times 9 = 63$	$9 \times 9 = 81$

8은 4의 2배이므로
8의 단의 곱하는 수가
1씩 늘어나면 곱도
4의 단 곱의 2배가 돼요.

1. 9의 단에서 곱은
   십의 자리 수는 1씩 커지고,
   일의 자리 수는 1씩 작아져요.

2. 9의 단의 곱은
   9, 18, 27, 36, …… 이고,
   곱의 십의 자리 수와 일의
   자리 수의 합은 항상 9가 돼요.

원리가 쑥쑥 | 적용이 척척 | 풀이가 술술 | 실력이 쑥쑥

각 단의 곱셈구구의 특징을 생각하며 빈칸을 채워 넣으세요.

01

×	1	2	3	4	5	6	7	8	9
4	4			16	20		28		
8	8		24			48		64	

02

×	1	2	3	4	5	6	7	8	9
7	7								

03

×	1	2	3	4	5	6	7	8	9
9	9								

각 단의 곱셈구구의 곱을 빈칸에 채우고, 일의 자리 숫자들을 순서대로 선으로 연결해 보세요.

01

4×1	
4×2	
4×3	
4×4	
4×5	
4×6	
4×7	
4×8	
4×9	

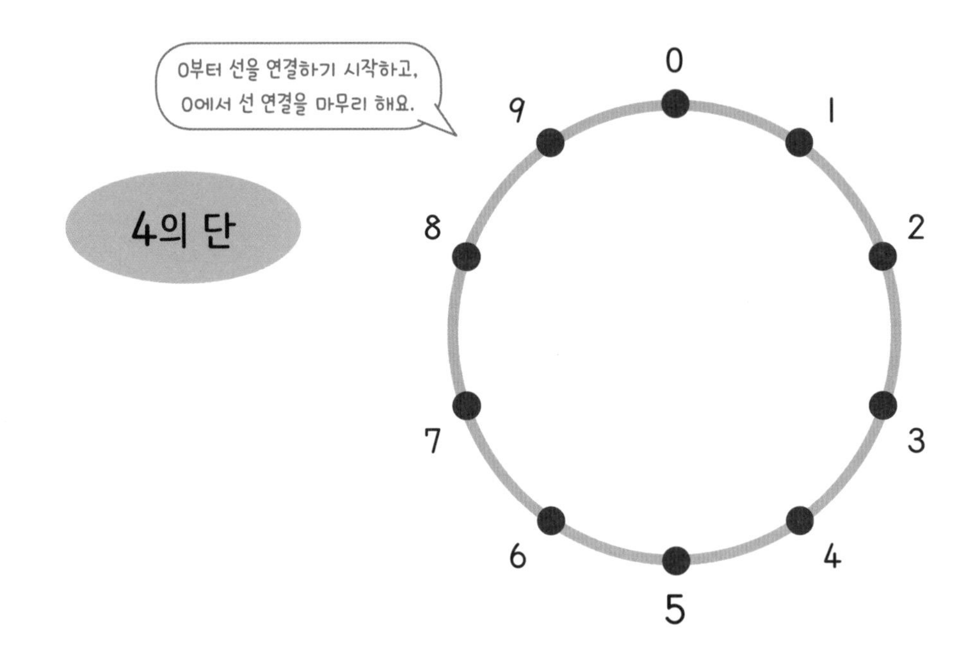

연결된 4의 단 일의 자리 숫자는 순서대로

0, ☐, ☐, ☐, ☐, 0이에요.

02

8×1	
8×2	
8×3	
8×4	
8×5	
8×6	
8×7	
8×8	
8×9	

8의 단

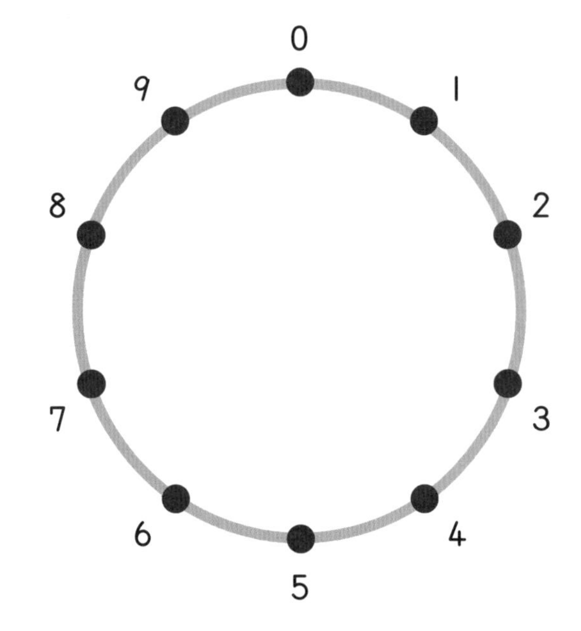

연결된 8의 단 일의 자리 숫자는 순서대로

0, ☐, ☐, ☐, ☐, 0이에요.

03

7×1	
7×2	
7×3	
7×4	
7×5	
7×6	
7×7	
7×8	
7×9	

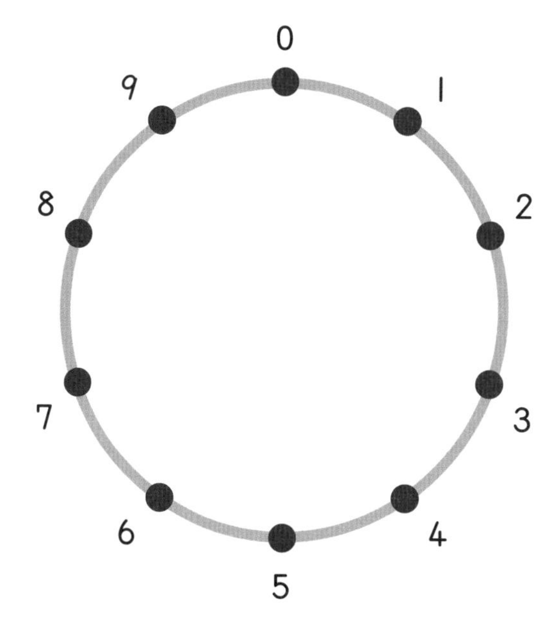

연결된 7의 단 일의 자리 숫자는 순서대로

0, ☐, ☐, ☐, ☐, ☐, ☐,

☐, ☐, ☐, 0이에요.

04

9×1	
9×2	
9×3	
9×4	
9×5	
9×6	
9×7	
9×8	
9×9	

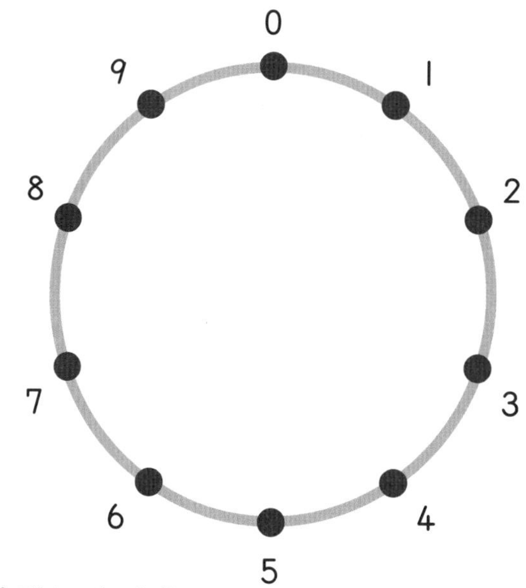

연결된 9의 단 일의 자리 숫자는 순서대로

0, ☐, ☐, ☐, ☐, ☐, ☐,

☐, ☐, ☐, 0이에요.

곱셈을 하여 빈칸을 채워 보세요.

01 $4 \times 6 = \square$

$6 \times 4 = \square$

02 $3 \times 8 = \square$

$8 \times 3 = \square$

03 $3 \times 4 = \square$

$6 \times 8 = \square$

04 $2 \times 9 = \square$

$4 \times 9 = \square$

05 $4 \times \square = 28$

$8 \times \square = 56$

06 $5 \times \square = 30$

$3 \times \square = 30$

07 $3 \times 3 = \square$

$9 \times 9 = \square$

08 $\square \times 9 = 9$

$\square \times 9 = 0$

09 $6 \times \square = 42$

$\square \times 7 = 21$

10 $4 \times \square = 16$

$2 \times \square = 16$

11 $4 \times 4 = \square$

$6 \times 6 = \square$

12 $7 \times 7 = \square$

$9 \times 9 = \square$

곱이 같은 것을 찾아 선으로 연결해 보세요.

6×2	6×6	2×4
1×8	8×1	9×4
4×9	8×0	2×6
3×6	3×4	3×10
0×9	5×6	0×7
6×4	2×9	9×2
10×3	3×8	4×6

세로 칸의 수와 가로 칸의 수를 곱하여 곱셈표의 빈칸을 채워 보세요.

01

×	3	6
4		
8		

02

×	4	9
7		
9		

03

×	8	5
3		
7		

04

×	2	8
9		
8		

05

×	5	9
0		
10		

06

×	6	8
10		
0		

곱셈구구표의 표시된 부분에 알맞은 수를 써넣고, 물음에 답해 보세요.

×	1	2	3	4	5	6	7	8	9
1									
2									
3									
4									
5									
6									
7									
8									
9									

01 ☐에 들어가는 수는 오른쪽으로 한 칸씩 움직이면 ☐씩 커져요.

02 ☐에 들어가는 수는 오른쪽으로 한 칸씩 움직이면 ☐씩 커져요.

03 ☐에 들어가는 수는 아래쪽으로 한 칸씩 움직이면 ☐씩 커져요.

04 ☐에 들어가는 수는 아래쪽으로 한 칸씩 움직이면 ☐씩 커져요.

곱셈구구표의 표시된 부분에 알맞은 수를 써넣고, 물음에 답해 보세요.

×	1	2	3	4	5	6	7	8	9
1									
2									
3									
4									
5									
6									
7									
8									
9									

01 ▭ 에 들어가는 수들은 일의 자리 수가 ☐, ☐, ☐, ☐, ☐이 반복돼요.

02 ▯ 에 들어가는 수들은 일의 자리 수가 ☐, ☐이 반복돼요.

03 ▭ 에 들어가는 수들은 일의 자리 수가 ☐, ☐, ☐, ☐, ☐이 반복돼요.

04 ▯ 에 들어가는 수는 아래쪽으로 한 칸씩 움직이면 ☐씩 커지고, 십의 자리 수와 일의 자리 수의 합은 ☐예요.

곱셈구구표에서 점선을 따라 접었을 때 만나는 두 수는 서로 같아요.
대각선의 규칙을 알아보아요.

×	1	2	3	4	5	6	7	8	9
1									
2									
3						◆		★	
4									
5		♥							
6									
7									
8									
9							♠		

01 점선을 따라 접었을 때, ♥, ★, ♠, ◆와 만나는 수가 있는 칸에 알맞은 수를 써넣으세요.

02 두 수의 곱이 12가 되는 칸을 모두 찾아 수를 써넣으세요.

03 대각선 ▢ 칸에 들어가는 수는 왼쪽 위부터 순서대로

이고,

이 수들은 곱하는 두 수가 모두 (   ).

주어진 수 카드 중에서 두 수의 곱이 풍선에 쓰여진 수가 되도록
알맞은 수를 써넣으세요.

01 02

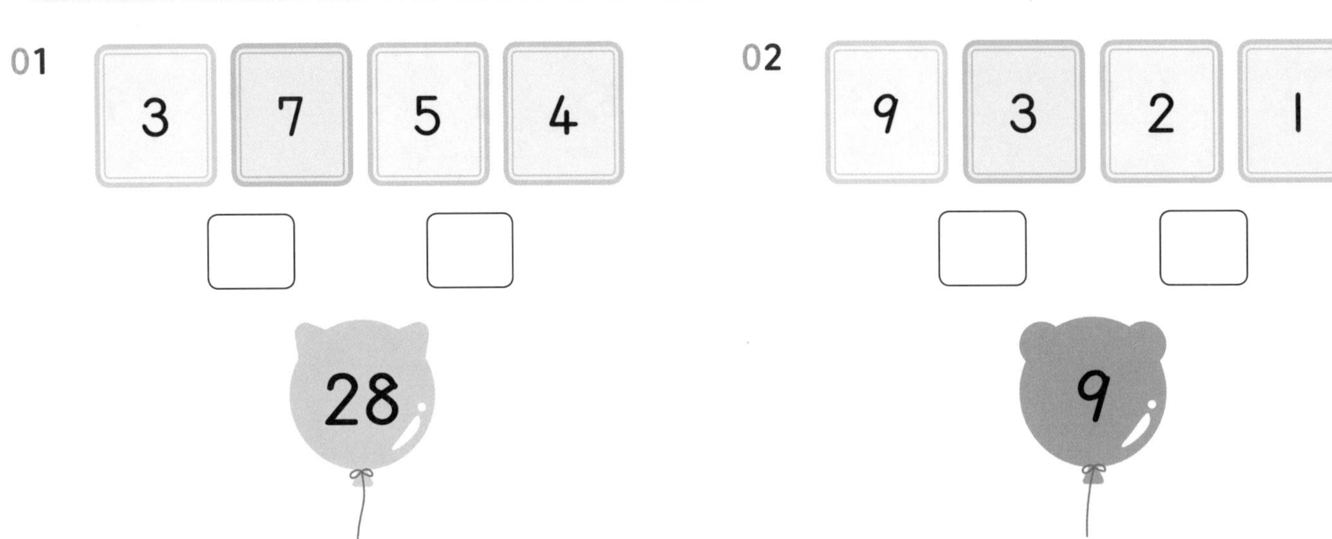

03 04

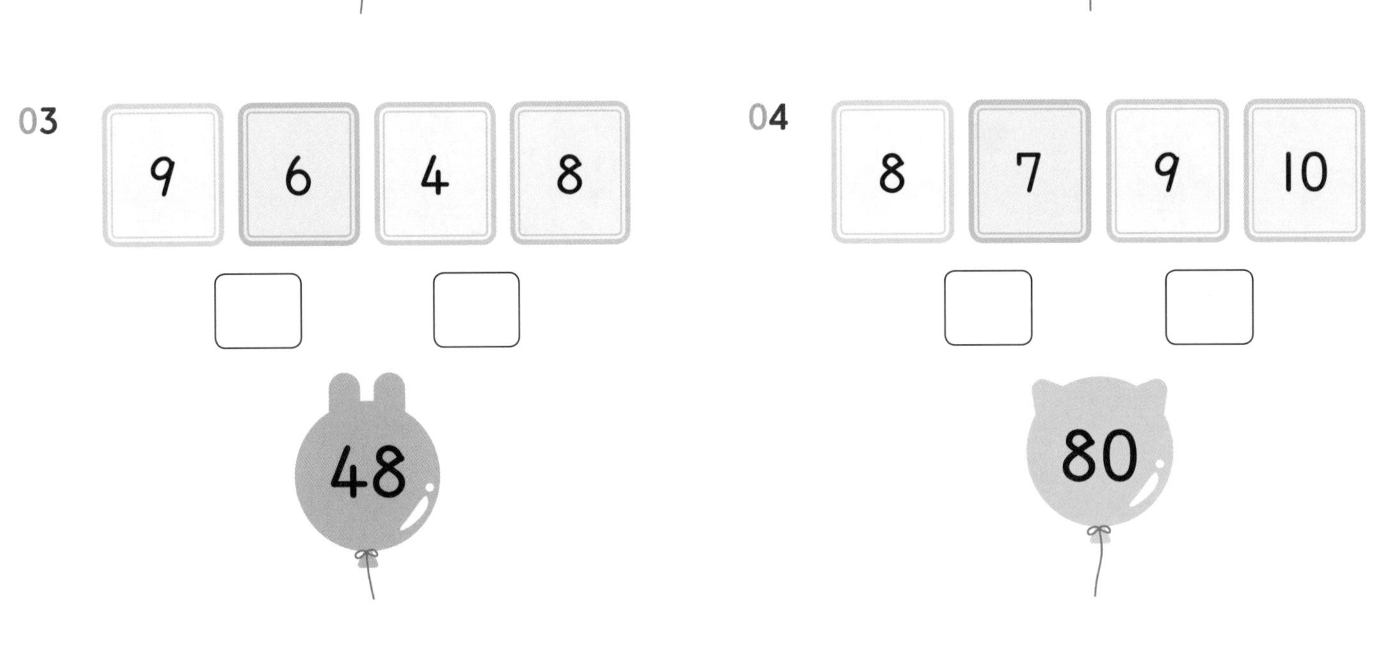

05 06

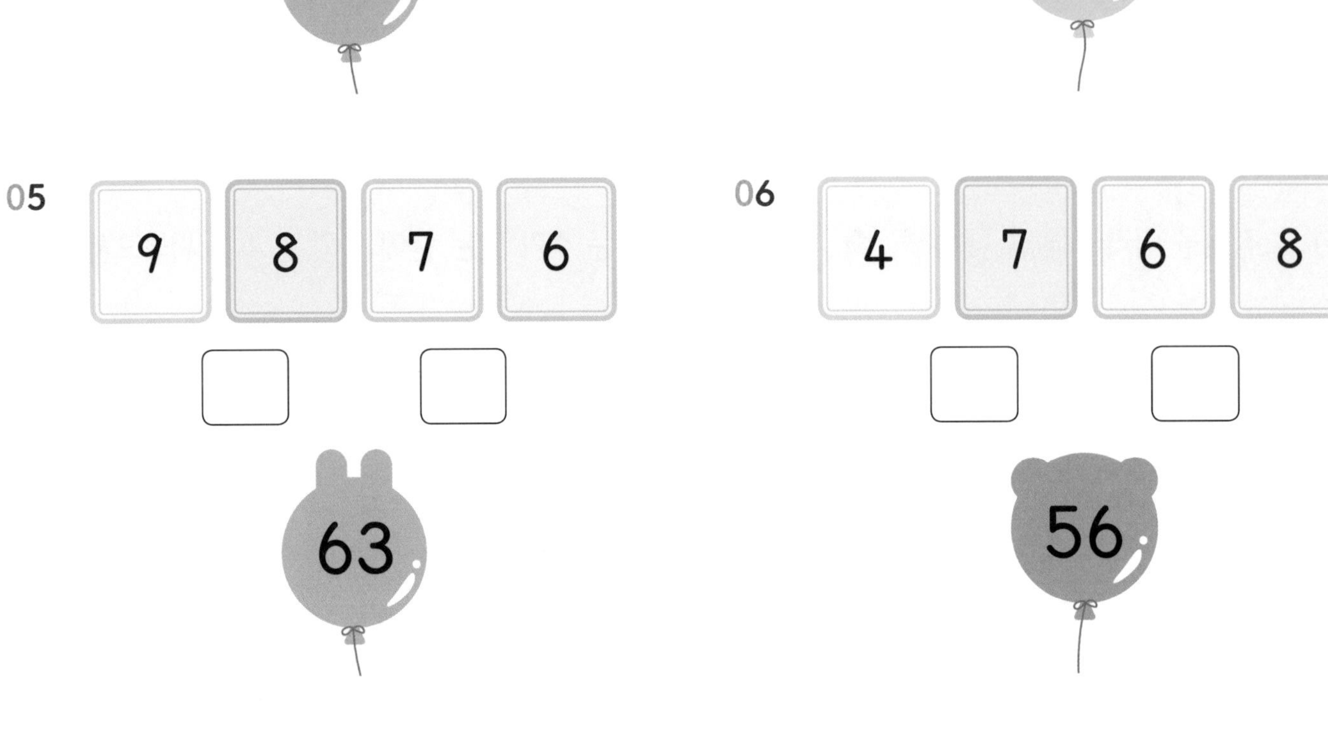

사다리를 타고 내려오며 만나는 두 수의 곱이 화살표 아래에 있어요.
빈칸에 알맞은 수를 써넣어 보세요.

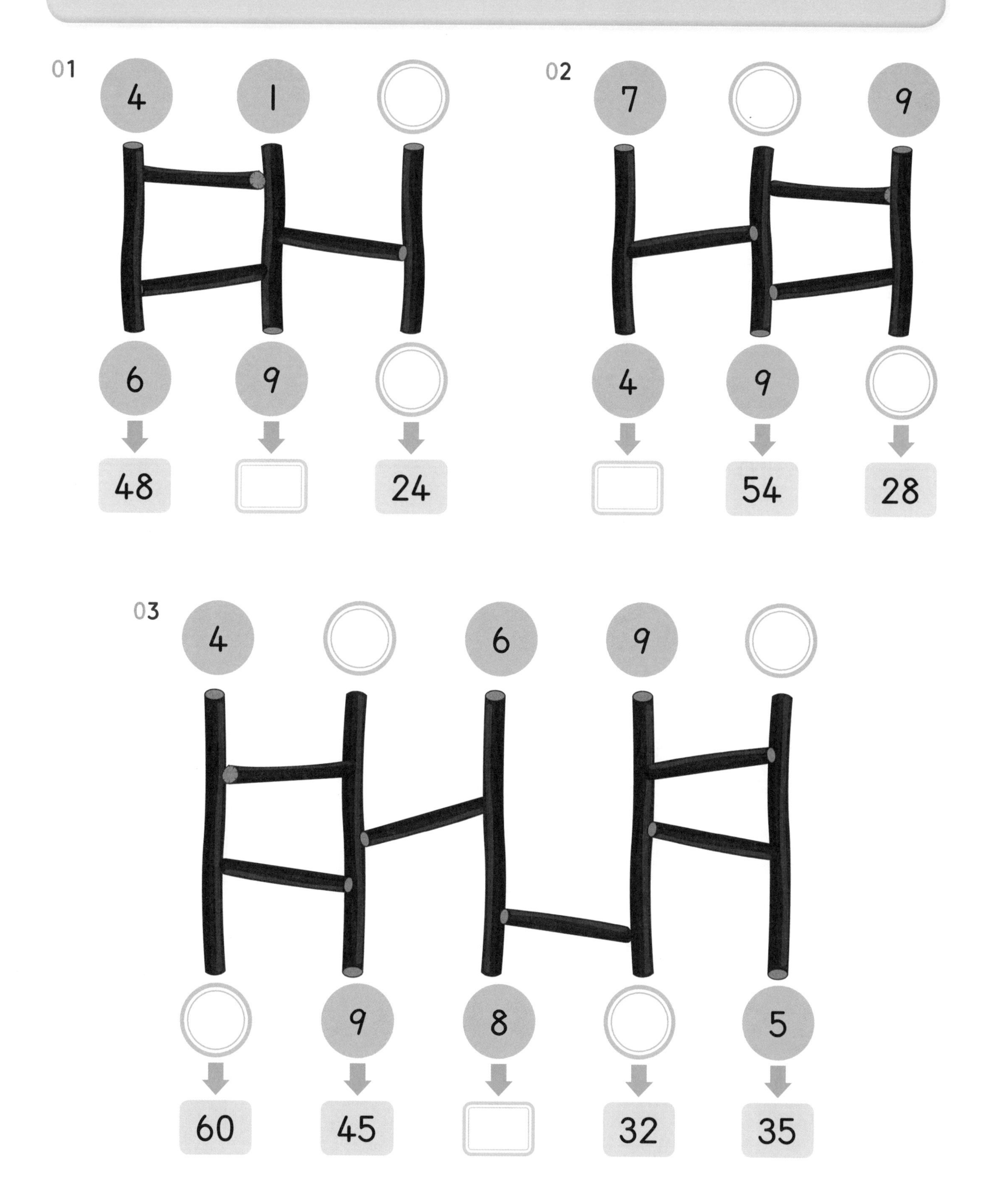

2에서 배운 연산으로 해결해 봐요!

▶ 주어진 수 카드를 한 번씩 모두 사용하여 곱셈식을 완성해 보세요.

01 2 4 4 6

□ × □ = □□

02 1 2 6 8

□ × □ = □□

03 0 10 6 6

□ × □ = □□

04 7 5 5 3

□ × □ = □□

05 6 9 3 4

□ × □ = □□

06 8 4 6 8

□ × □ = □□

07 6 5 7 8

□ × □ = □□

08 9 2 7 8

□ × □ = □□

▶ 주어진 규칙에 맞게 계산하여 답을 구해 보세요.

가 ◆ 나 = 가 × (나 − 2)

⇨ 4 ◆ 7 = 4 × (7 − 2) = 4 × 5 = 20

01 4 ◆ 6 = ☐

02 7 ◆ 9 = ☐

03 8 ◆ 8 = ☐

04 9 ◆ 9 = ☐

가 ♥ 나 = (가 − 3) × (나 + 2)

⇨ 4 ♥ 6 = (4 − 3) × (6 + 2) = 1 × 8 = 8

05 6 ♥ 8 = ☐

06 3 ♥ 7 = ☐

07 8 ♥ 7 = ☐

08 9 ♥ 5 = ☐

▶ 이야기들 속에 주어진 조건을 생각하며 식을 세우고 답을 구해 보세요.

01 강당에 학생들이 4명씩 7줄로 서 있습니다. 강당에 있는 학생은 모두 몇 명입니까?

식 답 명

02 이서는 생일 파티에 온 친구들에게 줄 선물로 한 봉지에 사탕을 8개씩 넣어서 모두 5봉지를 만들었습니다. 사탕은 모두 몇 개 넣었습니까?

식 답 개

03 화단에 있는 화분에 9송이씩 꽃을 심어서 모두 72송이를 심었습니다. 화단에 있는 화분은 모두 몇 개입니까?

식 답 개

04 선우는 매일 똑같은 개수로 턱걸이를 일주일 동안 하였더니 모두 56개를 했습니다. 선우는 하루에 턱걸이를 몇 개씩 했습니까?

식 답 개

2에서 무엇을 배웠을까요?

2×1＝2	5×1＝5	3×1＝3	6×1＝6
2×2＝4	5×2＝10	3×2＝6	6×2＝12
2×3＝6	5×3＝15	3×3＝9	6×3＝18
2×4＝8	5×4＝20	3×4＝12	6×4＝24
2×5＝10	5×5＝25	3×5＝15	6×5＝30
2×6＝12	5×6＝30	3×6＝18	6×6＝36
2×7＝14	5×7＝35	3×7＝21	6×7＝42
2×8＝16	5×8＝40	3×8＝24	6×8＝48
2×9＝18	5×9＝45	3×9＝27	6×9＝54

곱셈구구 4, 8, 7, 9의 단

4의 단	8의 단	7의 단	9의 단
4×1＝4	8×1＝8	7×1＝7	9×1＝9
4×2＝8	8×2＝16	7×2＝14	9×2＝18
4×3＝12	8×3＝24	7×3＝21	9×3＝27
4×4＝16	8×4＝32	7×4＝28	9×4＝36
4×5＝20	8×5＝40	7×5＝35	9×5＝45
4×6＝24	8×6＝48	7×6＝42	9×6＝54
4×7＝28	8×7＝56	7×7＝49	9×7＝63
4×8＝32	8×8＝64	7×8＝56	9×8＝72
4×9＝36	8×9＝72	7×9＝63	9×9＝81
곱하는 수가 1씩 늘어날 때마다 곱은 4씩 늘어나요.	곱하는 수가 1씩 늘어날 때마다 곱은 8씩 늘어나요.	곱하는 수가 1씩 늘어날 때마다 곱은 7씩 늘어나요.	곱하는 수가 1씩 늘어날 때마다 곱은 9씩 늘어나요.

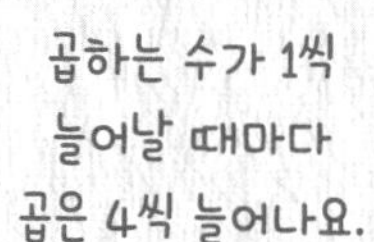

MEMO

정답

아이가 좋아하는 4단계 초등연산

수학을 좋아하게 되는 **창의적이고 재미있는 문제 풀이**

연산이 자연스럽게 숙달되는 **체계적 학습 프로그램**

곱셈구구

1 - 2 - 3

곱셈·나눗셈

동양북스

정답

아이가 좋아하는 4단계 초등연산

곱셈·나눗셈

곱셈구구

1

동양북스

p.011

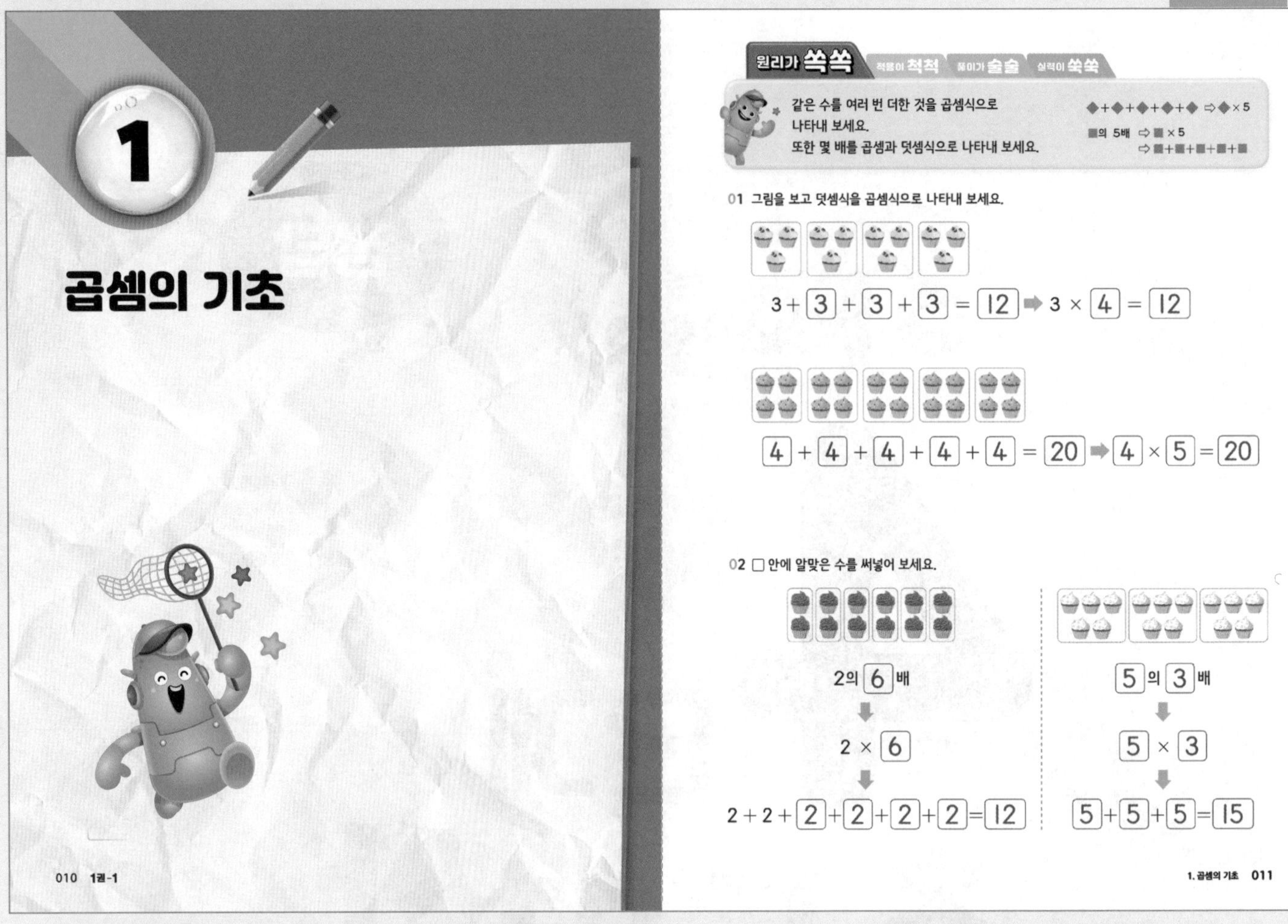

1 곱셈의 기초

원리가 쏙쏙 | 적용이 척척 | 풀이가 술술 | 실력이 쑥쑥

같은 수를 여러 번 더한 것을 곱셈식으로 나타내 보세요.
또한 몇 배를 곱셈과 덧셈식으로 나타내 보세요.

◆+◆+◆+◆+◆ ⇨ ◆×5

■의 5배 ⇨ ■×5 ⇨ ■+■+■+■+■

01 그림을 보고 덧셈식을 곱셈식으로 나타내 보세요.

3+3+3+3=12 ➡ 3×4=12

4+4+4+4+4=20 ➡ 4×5=20

02 □ 안에 알맞은 수를 써넣어 보세요.

2의 6배 → 2×6 → 2+2+2+2+2+2=12

5의 3배 → 5×3 → 5+5+5=15

p.012~013

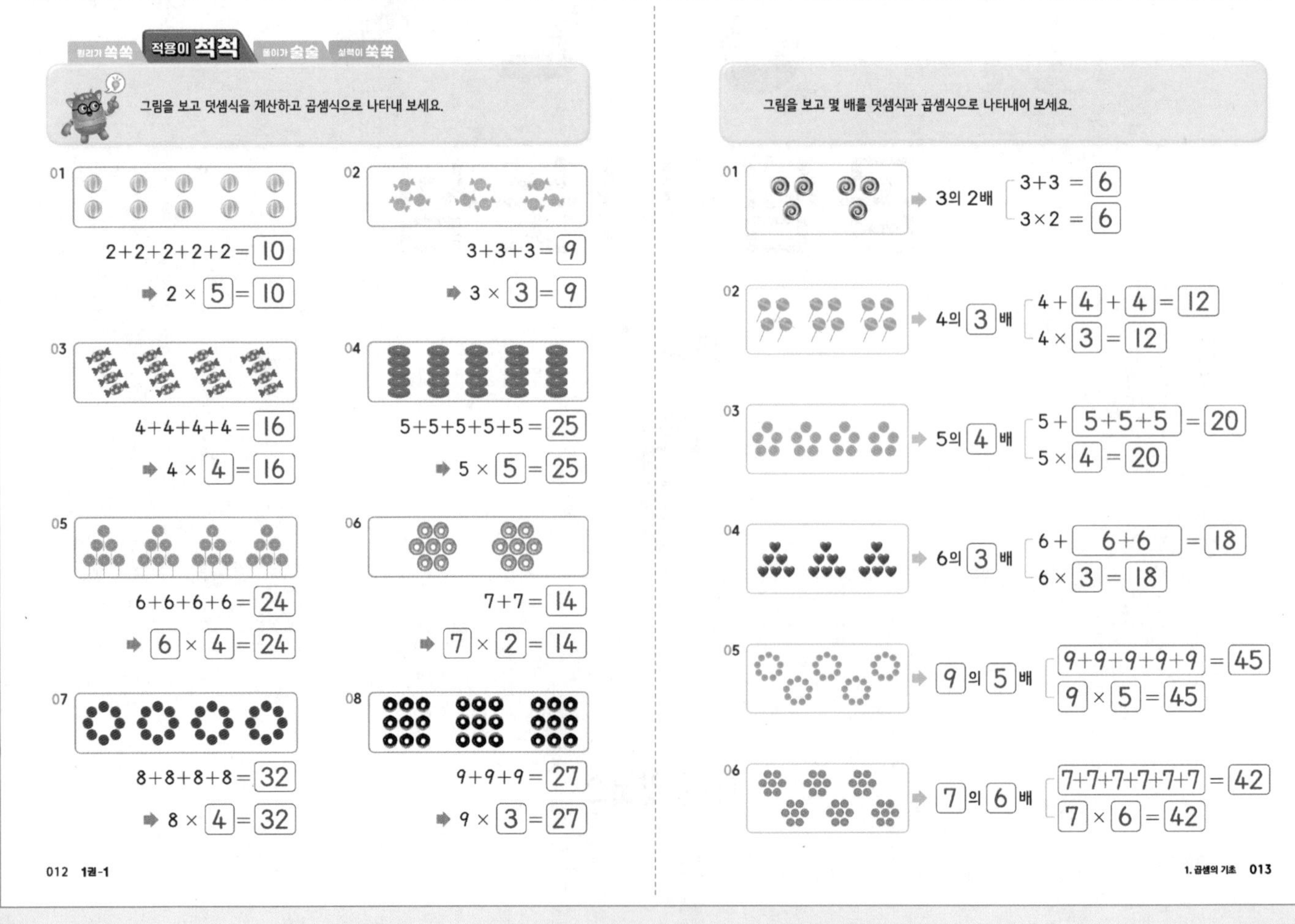

원리가 쏙쏙 | 적용이 척척 | 풀이가 술술 | 실력이 쑥쑥

그림을 보고 덧셈식을 계산하고 곱셈식으로 나타내 보세요.

01 2+2+2+2+2=10 ➡ 2×5=10

02 3+3+3=9 ➡ 3×3=9

03 4+4+4+4=16 ➡ 4×4=16

04 5+5+5+5+5=25 ➡ 5×5=25

05 6+6+6+6=24 ➡ 6×4=24

06 7+7=14 ➡ 7×2=14

07 8+8+8+8=32 ➡ 8×4=32

08 9+9+9=27 ➡ 9×3=27

그림을 보고 몇 배를 덧셈식과 곱셈식으로 나타내어 보세요.

01 ➡ 3의 2배: 3+3=6, 3×2=6

02 ➡ 4의 3배: 4+4+4=12, 4×3=12

03 ➡ 5의 4배: 5+5+5+5=20, 5×4=20

04 ➡ 6의 3배: 6+6+6=18, 6×3=18

05 ➡ 9의 5배: 9+9+9+9+9=45, 9×5=45

06 ➡ 7의 6배: 7+7+7+7+7+7=42, 7×6=42

p.014~015

원리가 쏙쏙 · 적용이 척척 · **풀이가 술술** · 실력이 쑥쑥

덧셈식을 계산하고 곱셈식으로 나타내어 보세요.

01 3+3+3=9 ➡ 3×3=9

02 5+5+5+5+5=25 ➡ 5×5=25

03 4+4+4+4+4+4=24 ➡ 4×6=24

04 7+7+7+7+7=35 ➡ 7×5=35

05 8+8+8+8=32 ➡ 8×4=32

06 2+2+2+2+2+2+2=14 ➡ 2×7=14

07 6+6+6+6+6+6+6+6=48 ➡ 6×8=48

08 9+9+9+9+9+9=54 ➡ 9×6=54

09 5+5+5+5+5+5+5+5+5=45 ➡ 5×9=45

10 9+9+9+9+9+9+9+9+9=81 ➡ 9×9=81

그림을 보고 곱하는 두 수의 순서를 바꾸어 곱셈식으로 나타내 보세요.

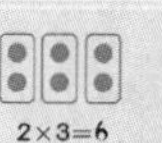

두 곱셈식은 2의 3묶음과 3의 2묶음으로 의미는 다르지만 계산 결과는 같아요.

01 2×4=8 / 4×2=8

02 2×6=12 / 6×2=12

03 4×5=20 / 5×4=20

04 6×3=18 / 3×6=18

05 3×5=5×3

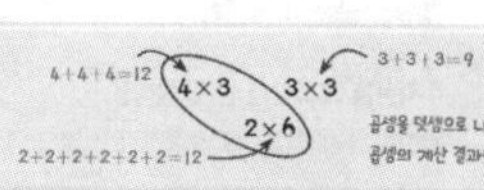

06 2×7=7×2

07 3×9=9×3

p.016~017

원리가 쏙쏙 · 적용이 척척 · 풀이가 술술 · **실력이 쑥쑥**

같은 것을 찾아 선으로 연결해 보세요.

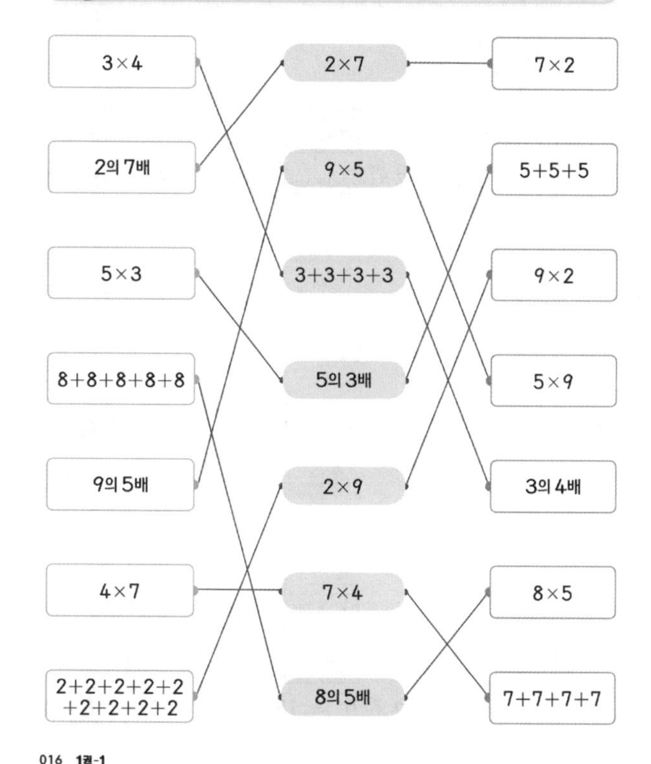

계산 결과가 같은 곱셈끼리 묶어 보세요.

4+4+4=12, 4×3, 3×3, 3+3+3=9, 2×6, 2+2+2+2+2+2=12

곱셈을 덧셈으로 나타내어 곱셈의 계산 결과를 구할 수 있어요.

01 3×4, 6×2 / 4×2

02 2×8, 4×4 / 5×3

03 3×5, 5×3 / 8×2

04 4×6, 8×3 / 5×4

05 9×4, 6×6 / 8×3

06 5×6, 6×5 / 9×3

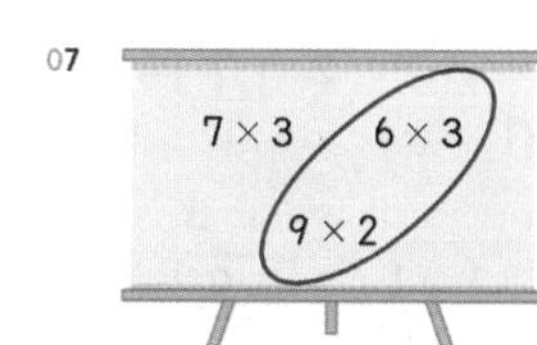

07 6×3, 9×2 / 7×3

08 3×8, 6×4 / 7×3

p.019

여러 가지 방법으로 주어진 것을 2의 단 곱셈구구로 나타내 보세요.

01

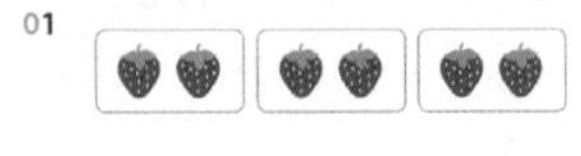

$2 \times \boxed{3} = \boxed{6}$

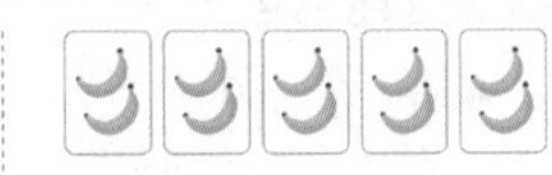

$2 \times \boxed{5} = \boxed{10}$

02

2의 2배 ➡ $2 \times \boxed{2} = \boxed{4}$

2의 3배 ➡ $2 \times \boxed{3} = \boxed{6}$

2의 6배 ➡ $2 \times \boxed{6} = \boxed{12}$

2의 8배 ➡ $2 \times \boxed{8} = \boxed{16}$

03

2+2+2+2 ➡ $2 \times \boxed{4} = \boxed{8}$

2+2+2+2+2 ➡ $2 \times \boxed{5} = \boxed{10}$

2+2+2+2+2+2+2 ➡ $2 \times \boxed{7} = \boxed{14}$

2+2+2+2+2+2+2+2+2 ➡ $2 \times \boxed{9} = \boxed{18}$

p.020~021

원리가 쑥쑥 적용이 척척 풀이가 술술 실력이 쑥쑥

수직선을 보고 2의 단 곱셈식을 완성해 보세요.

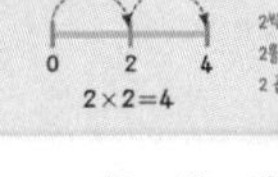

0
2
4
2×2=4
2씩 2번 뛰어 세면,
2를 2번 더한 것과 같으므로
2 곱하기 2로 나타낼 수 있어요.

01

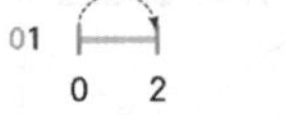

0 2

$2 \times \boxed{1} = \boxed{2}$

02

0 2 $\boxed{6}$

$2 \times \boxed{3} = \boxed{6}$

03

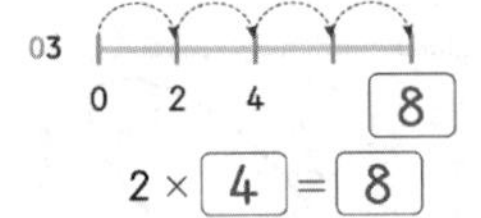

0 2 4 $\boxed{8}$

$2 \times \boxed{4} = \boxed{8}$

04

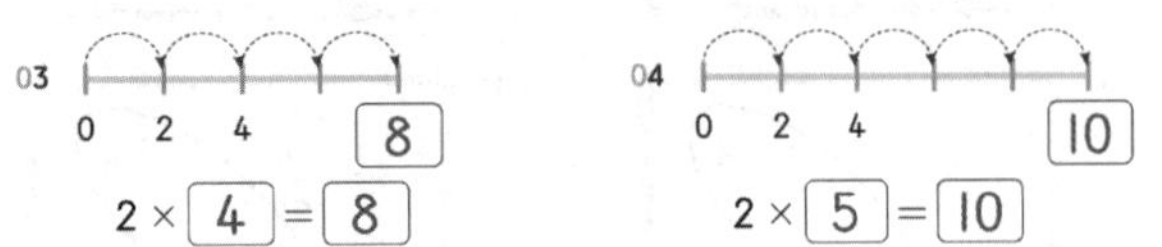

0 2 4 $\boxed{10}$

$2 \times \boxed{5} = \boxed{10}$

05

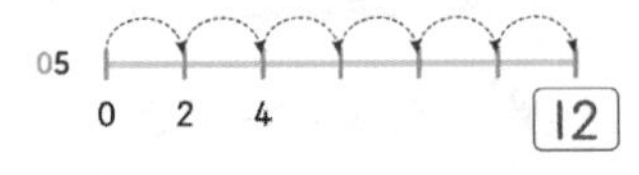

0 2 4 $\boxed{12}$

$2 \times \boxed{6} = \boxed{12}$

06

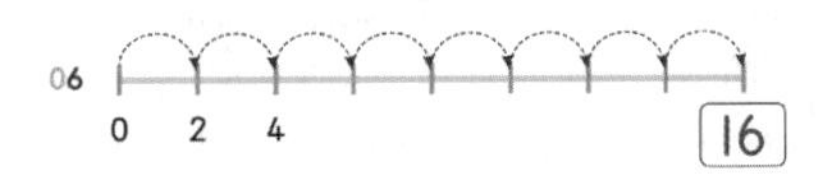

0 2 4 $\boxed{16}$

$2 \times \boxed{8} = \boxed{16}$

07

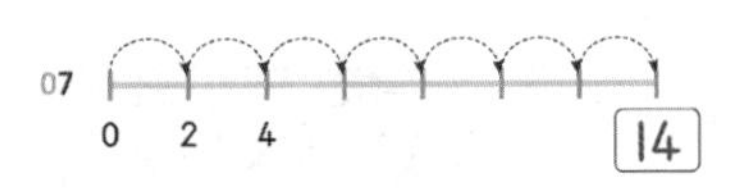

0 2 4 $\boxed{14}$

$2 \times \boxed{7} = \boxed{14}$

08

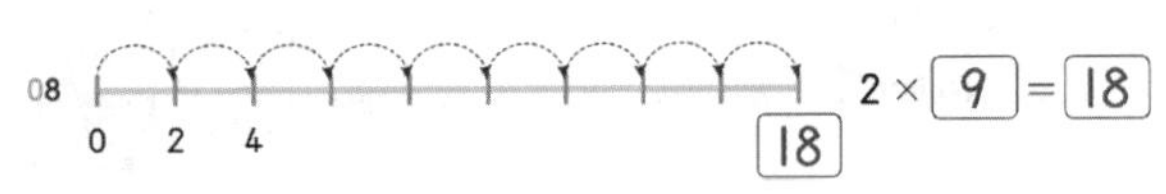

0 2 4 $\boxed{18}$

$2 \times \boxed{9} = \boxed{18}$

2의 단 곱셈구구를 이용하여 사각형의 수를 구해 보세요.

01

사각형이 2개씩 3층으로 쌓여 있으므로 2 곱하기 3과 같아요.

$2 \times \boxed{3} = \boxed{6}$ (개)

$2 \times \boxed{2} = \boxed{4}$ (개)

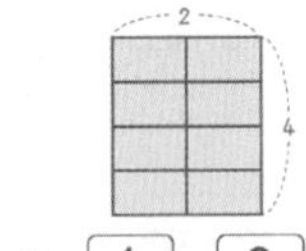

$2 \times \boxed{4} = \boxed{8}$ (개)

02

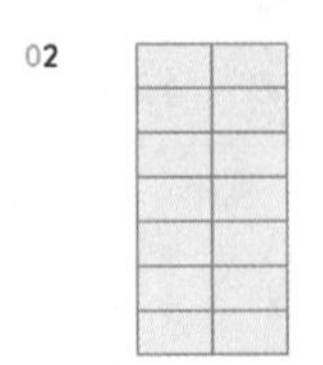

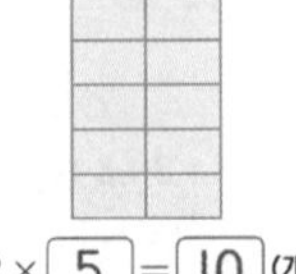

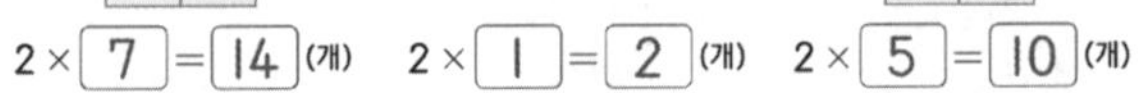

$2 \times \boxed{7} = \boxed{14}$ (개)

$2 \times \boxed{1} = \boxed{2}$ (개)

$2 \times \boxed{5} = \boxed{10}$ (개)

03

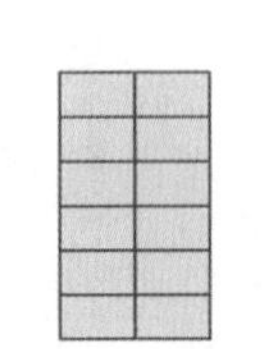

$2 \times \boxed{6} = \boxed{12}$ (개)

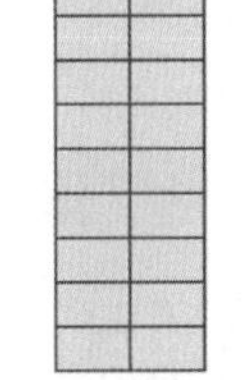

$2 \times \boxed{9} = \boxed{18}$ (개)

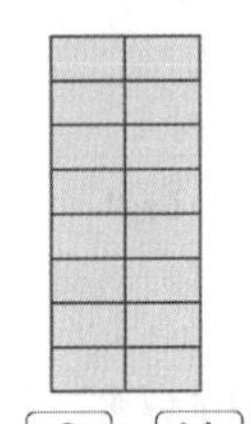

$2 \times \boxed{8} = \boxed{16}$ (개)

p.022~023

풀이가 술술

2의 단을 연습해 보세요.

01 2 × 1 = 2
02 2 × 2 = 4
03 2 × 3 = 6
04 2 × 4 = 8
05 2 × 5 = 10
06 2 × 6 = 12
07 2 × 7 = 14
08 2 × 8 = 16
09 2 × 9 = 18
10 2 × 8 = 16
11 2 × 7 = 14
12 2 × 6 = 12
13 2 × 5 = 10
14 2 × 4 = 8
15 2 × 3 = 6
16 2 × 2 = 4
17 2 × 1 = 2
18 2 × 2 = 4
19 2 × 3 = 6
20 2 × 4 = 8
21 2 × 5 = 10
22 2 × 6 = 12
23 2 × 7 = 14
24 2 × 8 = 16
25 2 × 9 = 18

2의 단을 연습하며 빈칸을 채워 보세요.

01 2 × 4 = 8
02 2 × 2 = 4
03 2 × 6 = 12
04 2 × 5 = 10
05 2 × 9 = 18
06 2 × 1 = 2
07 2 × 8 = 16
08 2 × 5 = 10
09 2 × 3 = 6
10 2 × 7 = 14
11 2 × 9 = 18
12 2 × 3 = 6
13 2 × 6 = 12
14 2 × 1 = 2
15 2 × 5 = 10
16 2 × 8 = 16
17 2 × 7 = 14
18 2 × 4 = 8
19 2 × 2 = 4
20 2 × 9 = 18
21 2 × 8 = 16
22 2 × 6 = 12

p.024~025

실력이 쑥쑥

곱셈식의 빈칸에 알맞은 수를 따라 도착 지점까지 선으로 연결해 보세요.

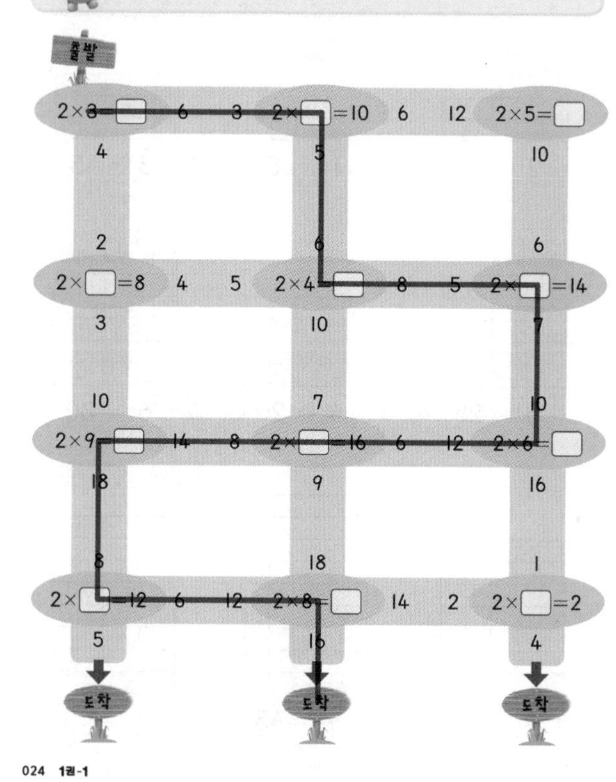

빈칸에 들어갈 수 있는 수를 주어진 수 카드 중에서 모두 찾아 ○ 해 보세요.

01 9 (5) 6 (3) — 2 × □ < 12

02 (8) 4 5 6 — 2 × □ > 14

03 (6) (9) 4 (7) — 2 × □ > 9

04 9 7 (6) (1) — 2 × □ < 13

05 (4) 3 2 (5) — 2 × □ > 2+2+2

06 5 (4) (2) 8 — 2 × □ < 2+2+2+2+2

07 5 (7) 3 6 — 2 × □ > 2의 6배

08 (7) 8 (4) 9 — 2 × □ < 2의 8배

p.027

5의 단 곱셈구구

여러 가지 방법으로 주어진 것을 5의 단 곱셈구구로 나타내 보세요.

01

5 × 2 = 10

5 × 3 = 15

02

5의 6배 ➡ 5 × 6 = 30

5의 2배 ➡ 5 × 2 = 10

5의 5배 ➡ 5 × 5 = 25

5의 7배 ➡ 5 × 7 = 35

03

5+5+5+5 ➡ 5 × 4 = 20

5+5+5 ➡ 5 × 3 = 15

5+5+5+5+5+5+5+5 ➡ 5 × 8 = 40

5+5+5+5+5+5+5+5+5 ➡ 5 × 9 = 45

p.028~029

원리가 쏙쏙 적용이 척척 풀이가 술술 실력이 쑥쑥

수직선을 보고 5의 단 곱셈식을 완성해 보세요.

0 5 10 15
5×3=15
5씩 3번 뛰어 세면, 5를 3번 더한 것과 같으므로 5 곱하기 3으로 나타낼 수 있어요.

01

0 5 10

5 × 2 = 10

02

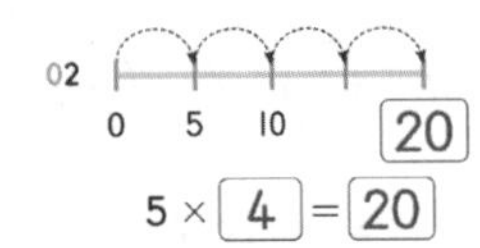

0 5 10 20

5 × 4 = 20

03

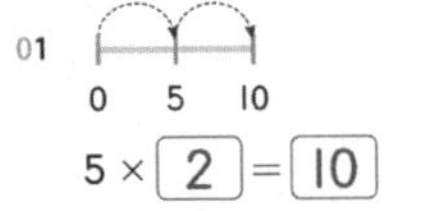

0 5

5 × 1 = 5

04

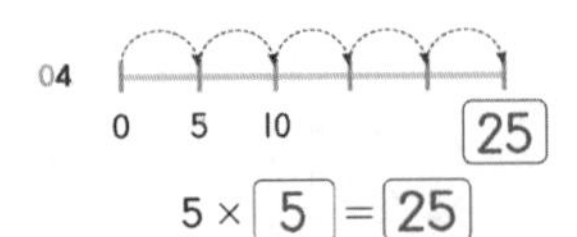

0 5 10 25

5 × 5 = 25

05

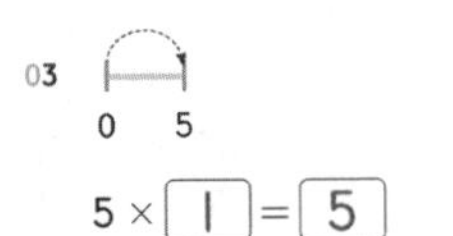

0 5 10 30

5 × 6 = 30

06

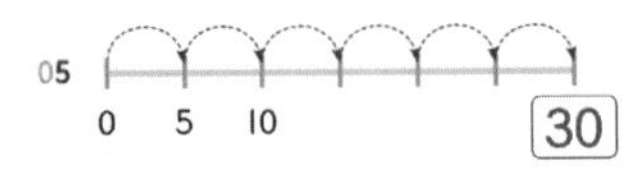

0 5 10 40

5 × 8 = 40

07

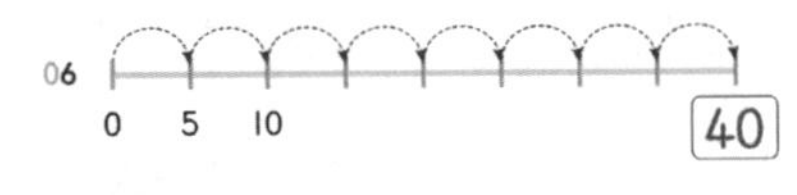

0 5 10 35

5 × 7 = 35

08

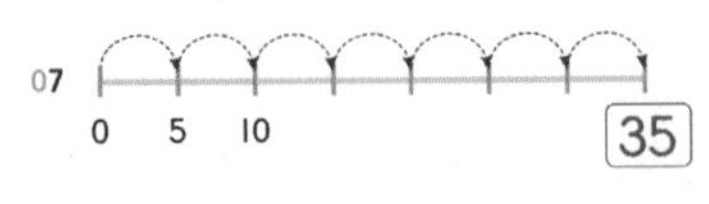

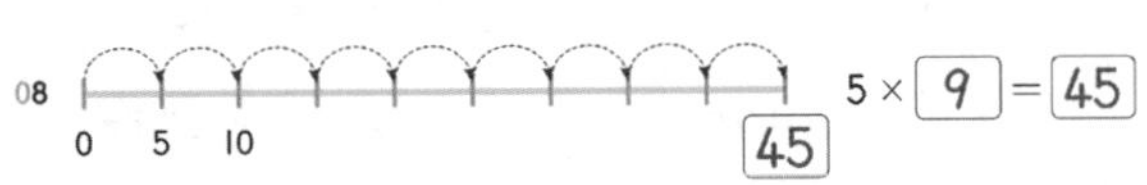

0 5 10 45

5 × 9 = 45

5의 단 곱셈구구를 이용하여 사각형의 수를 구해 보세요.

01

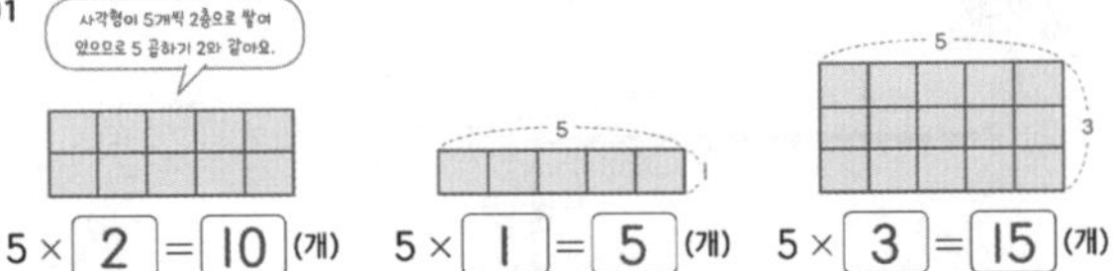

사각형이 5개씩 2줄으로 놓여 있으므로 5 곱하기 2와 같아요.
5
5
3

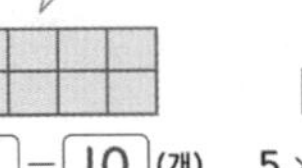

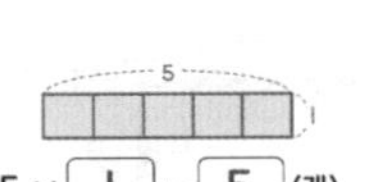

5 × 2 = 10 (개) 5 × 1 = 5 (개) 5 × 3 = 15 (개)

02

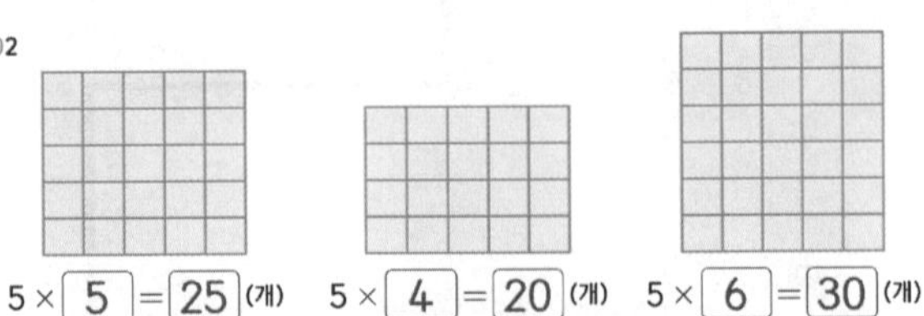

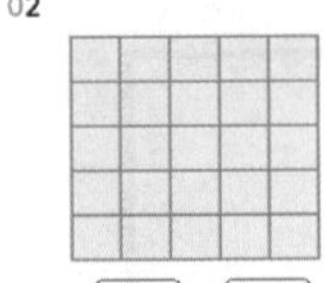

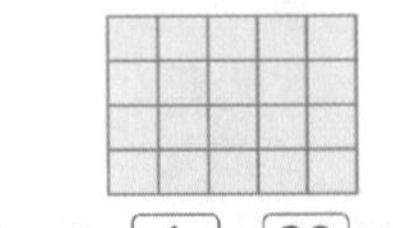

5 × 5 = 25 (개) 5 × 4 = 20 (개) 5 × 6 = 30 (개)

03

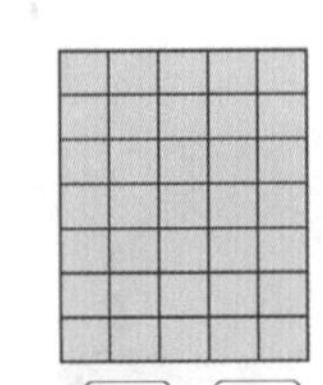

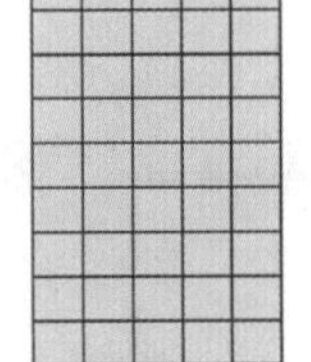

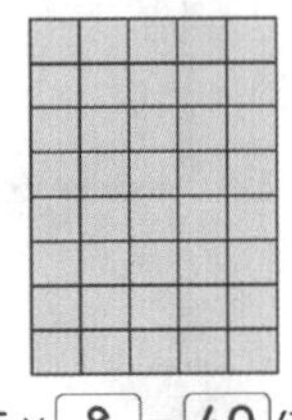

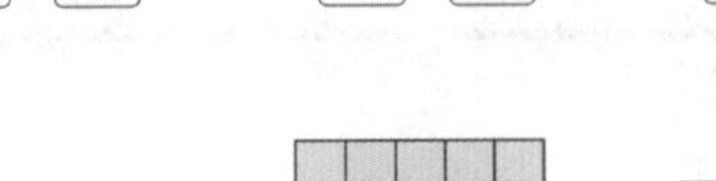

5 × 7 = 35 (개) 5 × 9 = 45 (개) 5 × 8 = 40 (개)

p.030~031

원리가 쏙쏙 · 적용이 척척 · **풀이가 술술** · 실력이 쑥쑥

5의 단을 연습해 보세요.

01 5 × 1 = [5]
02 5 × 2 = [10]
03 5 × 3 = [15]
04 5 × 4 = [20]
05 5 × 5 = [25]
06 5 × 6 = [30]
07 5 × 7 = [35]
08 5 × 8 = [40]
09 5 × 9 = [45]
10 5 × 8 = [40]
11 5 × 7 = [35]
12 5 × 6 = [30]
13 5 × 5 = [25]
14 5 × 4 = [20]
15 5 × 3 = [15]
16 5 × 2 = [10]
17 5 × 1 = [5]
18 5 × 2 = [10]
19 5 × 3 = [15]
20 5 × 4 = [20]
21 5 × 5 = [25]
22 5 × 6 = [30]
23 5 × 7 = [35]
24 5 × 8 = [40]
25 5 × 9 = [45]

5의 단을 연습하며 빈칸을 채워 보세요.

01 5 × 3 = [15]
02 5 × 6 = [30]
03 5 × 5 = [25]
04 5 × 8 = [40]
05 5 × 4 = [20]
06 5 × 1 = [5]
07 5 × 9 = [45]
08 5 × 2 = [10]
09 5 × 7 = [35]
10 5 × 6 = [30]
11 5 × 8 = [40]
12 5 × 9 = [45]
13 5 × [2] = 10
14 5 × [5] = 25
15 5 × [1] = 5
16 5 × [4] = 20
17 5 × [9] = 45
18 5 × [7] = 35
19 5 × [6] = 30
20 5 × [8] = 40
21 5 × [5] = 25
22 5 × [9] = 45
23 5 × [3] = 15
24 5 × [7] = 35

p.032~033

원리가 쏙쏙 · 적용이 척척 · 풀이가 술술 · **실력이 쑥쑥**

곱셈식의 빈칸에 알맞은 수를 따라 도착 지점까지 선으로 연결해 보세요.

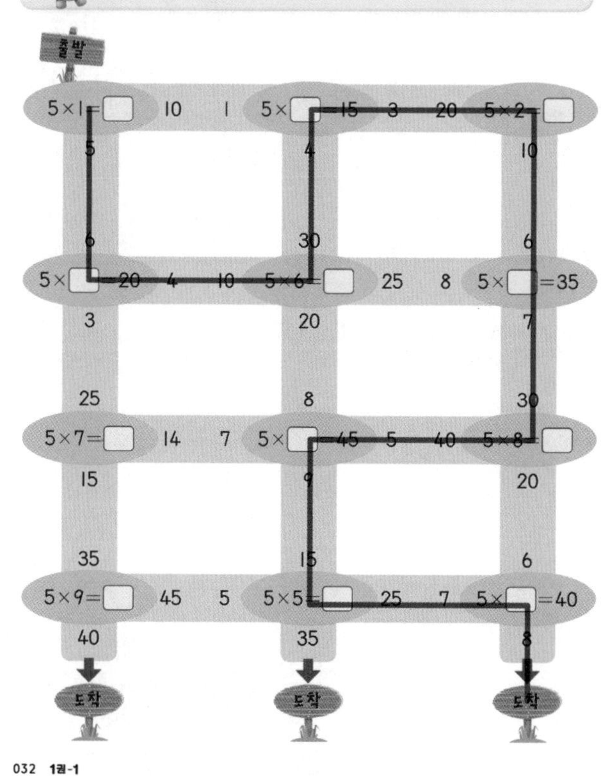

빈칸에 들어갈 수 있는 수를 주어진 수 카드 중에서 모두 찾아 ○ 해 보세요.

01 (4) 1 (5) 3 — 5 × □ > 15
02 6 4 (7) (9) — 5 × □ > 30
03 (7) (5) (3) 8 — 5 × □ < 37
04 (3) 4 5 (1) — 5 × □ < 19
05 4 (5) 3 2 — 5 × □ > 5+5+5+5
06 (5) (6) 8 (7) — 5×□ < 5+5+5+5+5+5+5+5
07 (9) 5 (7) 4 — 5 × □ > 5의 5배
08 8 7 (6) 9 — 5 × □ < 5의 7배

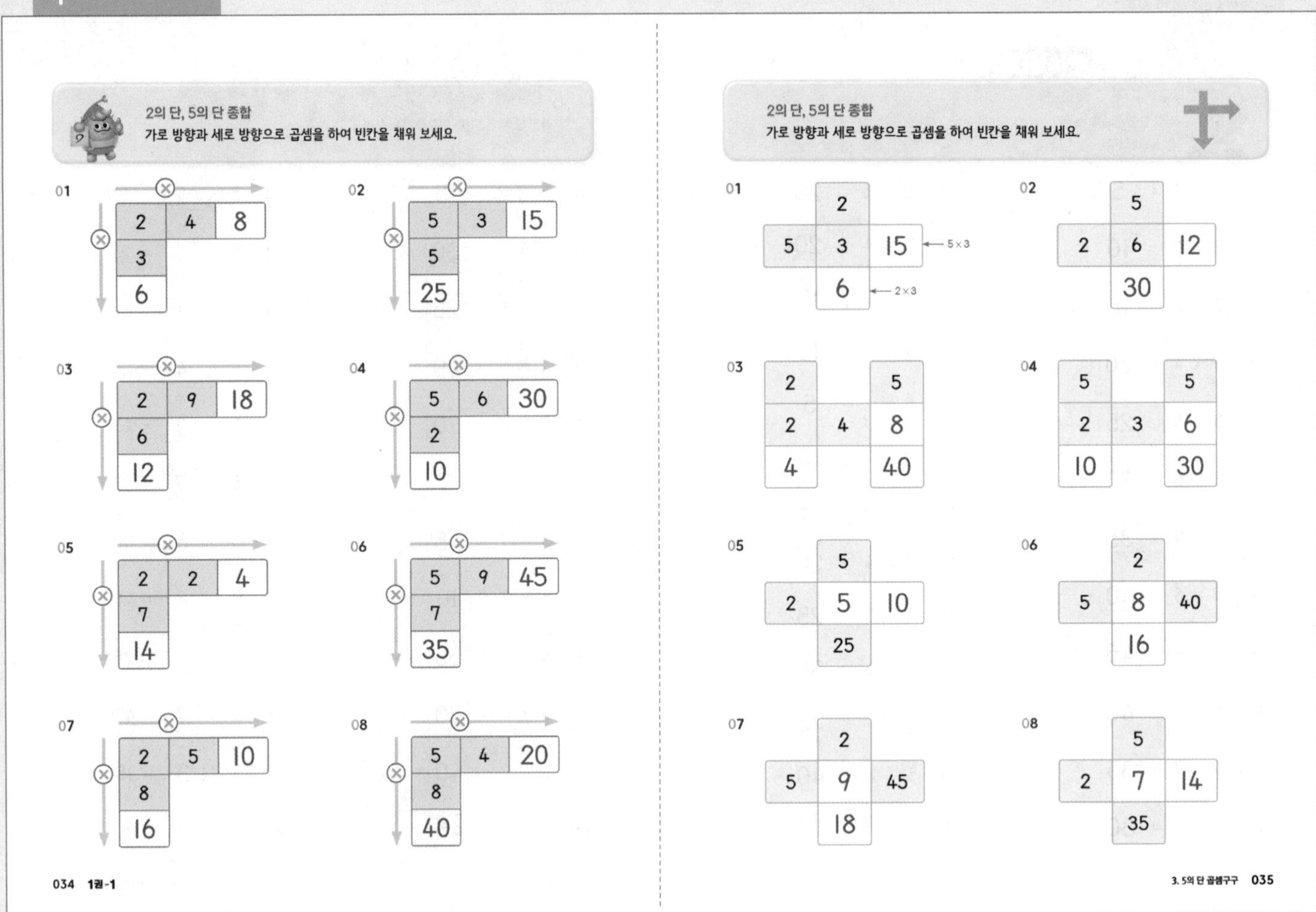
2의 단, 5의 단 종합
가로 방향과 세로 방향으로 곱셈을 하여 빈칸을 채워 보세요.
01
2 4 8
3
6
02
5 3 15
5
25
03
2 9 18
6
12
04
5 6 30
2
10
05
2 2 4
7
14
06
5 9 45
7
35
07
2 5 10
8
16
08
5 4 20
8
40
034 1권-1
2의 단, 5의 단 종합
가로 방향과 세로 방향으로 곱셈을 하여 빈칸을 채워 보세요.
01
2
5 3 15
6
5×3
2×3
02
5
2 6 12
30
03
2 5
2 4 8
4 40
04
5 5
2 3 6
10 30
05
5
2 5 10
25
06
2
5 8 40
16
07
2
5 9 45
18
08
5
2 7 14
35
3. 5의 단 곱셈구구 035

1 곱셈구구 (1)

p.037

여러 가지 방법으로 주어진 것을 3의 단 곱셈구구로 나타내 보세요.

01

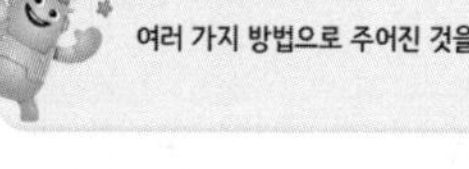

3 × 3 = 9

3 × 5 = 15

02

3의 2배 ➡ 3 × 2 = 6

3의 3배 ➡ 3 × 3 = 9

3의 6배 ➡ 3 × 6 = 18

3의 8배 ➡ 3 × 8 = 24

03

3+3+3+3 ➡ 3 × 4 = 12

3+3+3+3+3 ➡ 3 × 5 = 15

3+3+3+3+3+3+3 ➡ 3 × 7 = 21

3+3+3+3+3+3+3+3+3 ➡ 3 × 9 = 27

p.038~039

원리가 쑥쑥 적용이 척척 풀이가 술술 실력이 쑥쑥

수직선을 보고 3의 단 곱셈식을 완성해 보세요.

0 3 6
3×2=6
3씩 2번 뛰어 세면, 3을 2번 더한 것과 같으므로 3 곱하기 2로 나타낼 수 있어요.

01

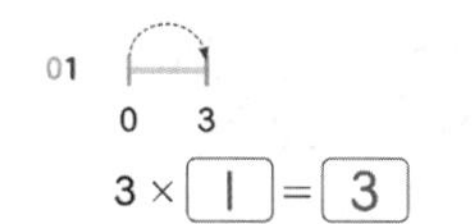

0 3

3 × 1 = 3

02

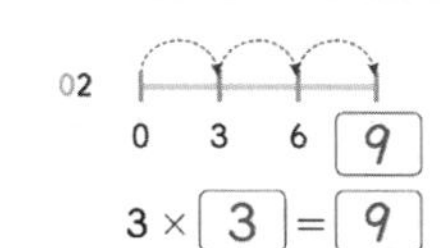

0 3 6 9

3 × 3 = 9

03

0 3 6 12

3 × 4 = 12

04

0 3 6 15

3 × 5 = 15

05

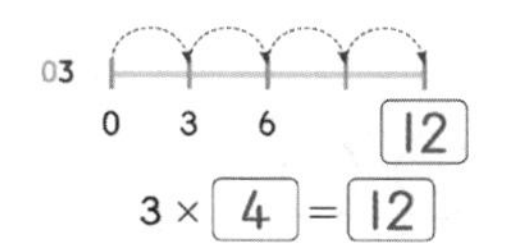

0 3 6 21

3 × 7 = 21

06

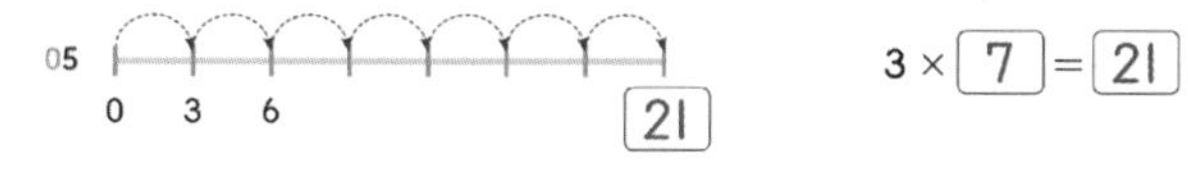

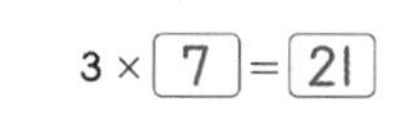

0 3 6 18

3 × 6 = 18

07

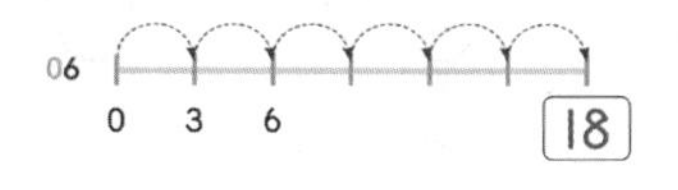

0 3 6 24

3 × 8 = 24

08

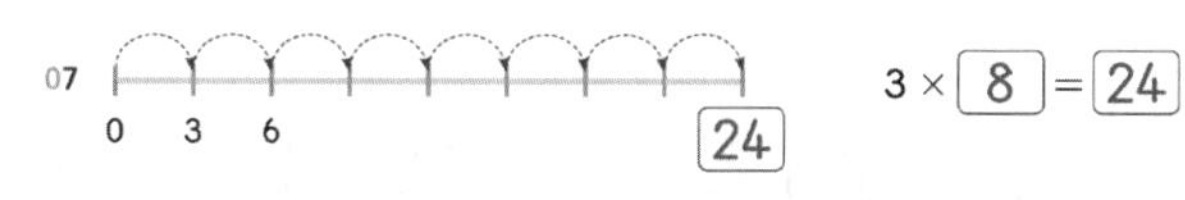

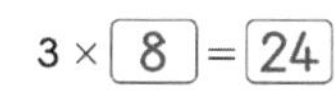

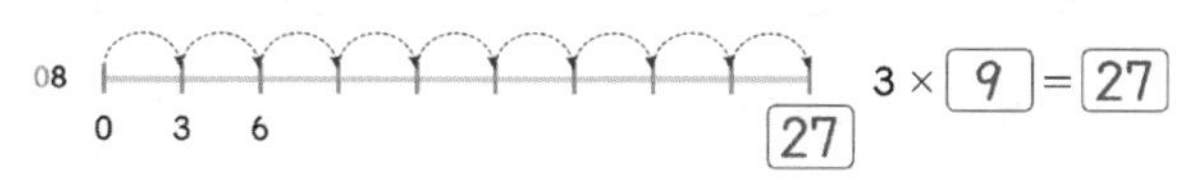

0 3 6 27

3 × 9 = 27

3의 단 곱셈구구를 이용하여 사각형의 수를 구해 보세요.

01

사각형이 3개씩 2줄으로 쌓여 있으므로 3 곱하기 2와 같아요.

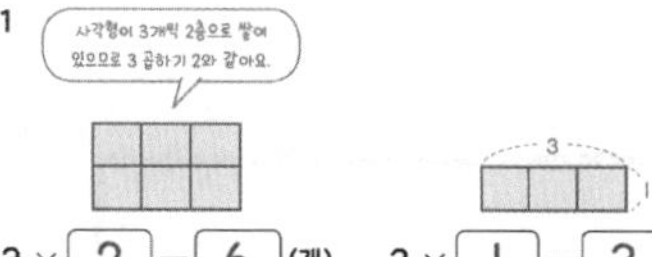

3 × 2 = 6 (개)　3 × 1 = 3 (개)　3 × 3 = 9 (개)

02

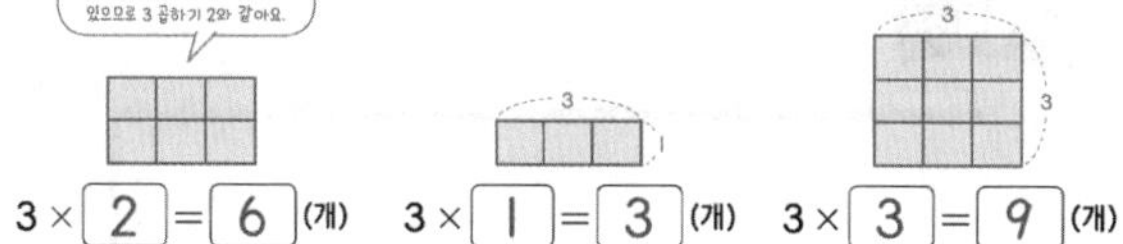

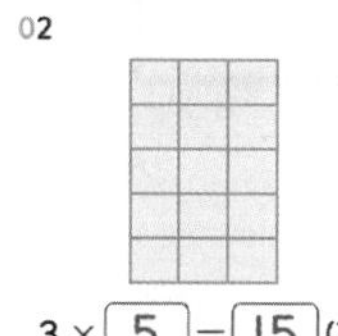

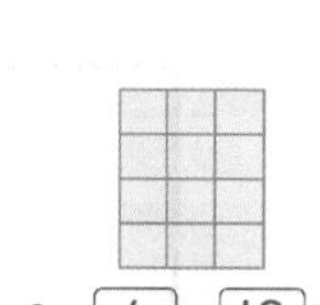

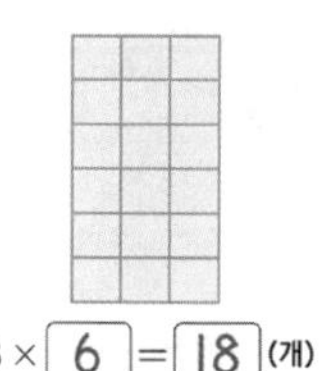

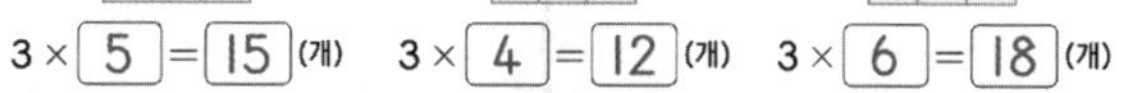

3 × 5 = 15 (개)　3 × 4 = 12 (개)　3 × 6 = 18 (개)

03

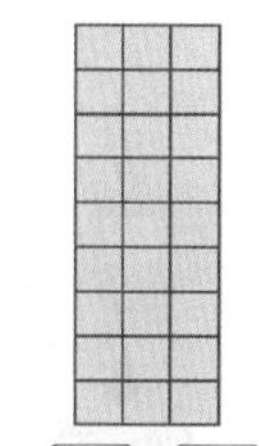

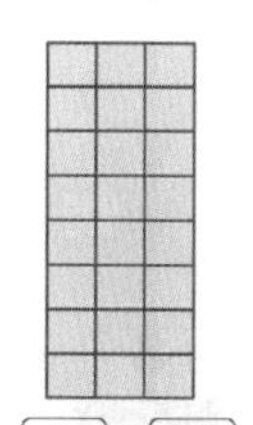

3 × 7 = 21 (개)　3 × 9 = 27 (개)　3 × 8 = 24 (개)

p.040~041

원리가 쑥쑥 적용이 척척 **풀이가 술술** 실력이 쑥쑥

3의 단을 연습해 보세요.

01	$3 \times 1 =$ 3	13	$3 \times 5 =$ 15
02	$3 \times 2 =$ 6	14	$3 \times 4 =$ 12
03	$3 \times 3 =$ 9	15	$3 \times 3 =$ 9
04	$3 \times 4 =$ 12	16	$3 \times 2 =$ 6
05	$3 \times 5 =$ 15	17	$3 \times 1 =$ 3
06	$3 \times 6 =$ 18	18	$3 \times 2 =$ 6
07	$3 \times 7 =$ 21	19	$3 \times 3 =$ 9
08	$3 \times 8 =$ 24	20	$3 \times 4 =$ 12
09	$3 \times 9 =$ 27	21	$3 \times 5 =$ 15
10	$3 \times 8 =$ 24	22	$3 \times 6 =$ 18
11	$3 \times 7 =$ 21	23	$3 \times 7 =$ 21
12	$3 \times 6 =$ 18	24	$3 \times 8 =$ 24
		25	$3 \times 9 =$ 27

3의 단을 연습하며 빈칸을 채워 보세요.

01	$3 \times 3 =$ 9	13	$3 \times$ 3 $= 9$
02	$3 \times 1 =$ 3	14	$3 \times$ 5 $= 15$
03	$3 \times 4 =$ 12	15	$3 \times$ 2 $= 6$
04	$3 \times 8 =$ 24	16	$3 \times$ 6 $= 18$
05	$3 \times 7 =$ 21	17	$3 \times$ 9 $= 27$
06	$3 \times 6 =$ 18	18	$3 \times$ 1 $= 3$
07	$3 \times 9 =$ 27	19	$3 \times$ 8 $= 24$
08	$3 \times 2 =$ 6	20	$3 \times$ 4 $= 12$
09	$3 \times 6 =$ 18	21	$3 \times$ 5 $= 15$
10	$3 \times 5 =$ 15	22	$3 \times$ 9 $= 27$
11	$3 \times 8 =$ 24	23	$3 \times$ 8 $= 24$
12	$3 \times 9 =$ 27	24	$3 \times$ 7 $= 21$

p.042~043

원리가 쑥쑥 적용이 척척 풀이가 술술 **실력이 쑥쑥**

곱셈식의 빈칸에 알맞은 수를 따라 도착 지점까지 선으로 연결해 보세요.

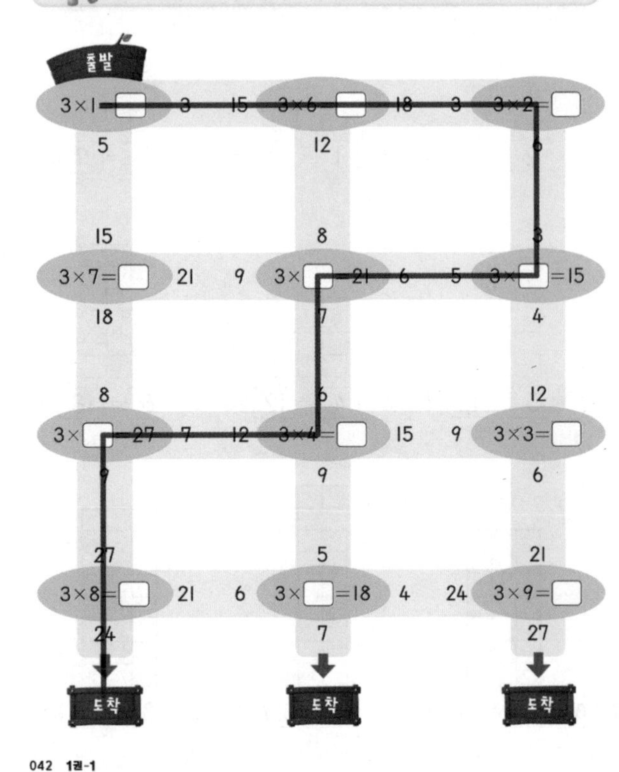

빈칸에 들어갈 수 있는 수를 주어진 수 카드 중에서 모두 찾아 ○ 해 보세요.

01 7 5 6 ④
$3 \times \square < 15$

02 ⑤ 4 ⑦ 3
$3 \times \square > 12$

03 ⑧ 7 ⑨ 6
$3 \times \square > 23$

04 ③ ⑤ 6 7
$3 \times \square < 17$

05 6 ⑦ ⑧ ⑨
$3 \times \square > 3+3+3+3+3+3$

06 ② 4 6 ①
$3 \times \square < 3+3+3+3$

07 ⑦ 8 ⑥ 9
$3 \times \square <$ 3의 8배

08 ⑧ ⑤ 4 ⑥
$3 \times \square >$ 3의 4배

p.045

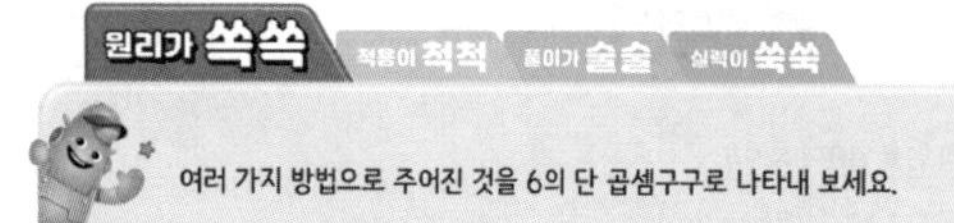

여러 가지 방법으로 주어진 것을 6의 단 곱셈구구로 나타내 보세요.

01

6 × [2] = [12]

6 × [3] = [18]

02

6의 5배 ➡ 6 × [5] = [30]

6의 2배 ➡ 6 × [2] = [12]

6의 7배 ➡ 6 × [7] = [42]

6의 9배 ➡ 6 × [9] = [54]

03

6+6+6+6 ➡ 6 × [4] = [24]

6+6+6 ➡ 6 × [3] = [18]

6+6+6+6+6+6 ➡ 6 × [6] = [36]

6+6+6+6+6+6+6+6 ➡ 6 × [8] = [48]

p.046~047

원리가 쏙쏙 적용이 척척 풀이가 술술 실력이 쑥쑥

수직선을 보고 6의 단 곱셈식을 완성해 보세요.

6씩 1번 뛰어 세면, 6을 1번 더한 것과 같으므로 6 곱하기 1로 나타낼 수 있어요.
6 × 1 = 6

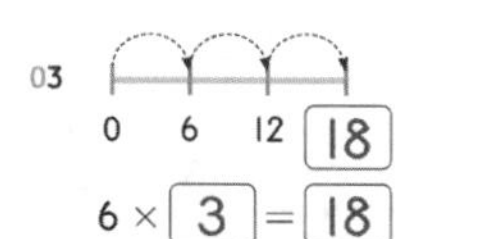

01 0 6 12

6 × [2] = [12]

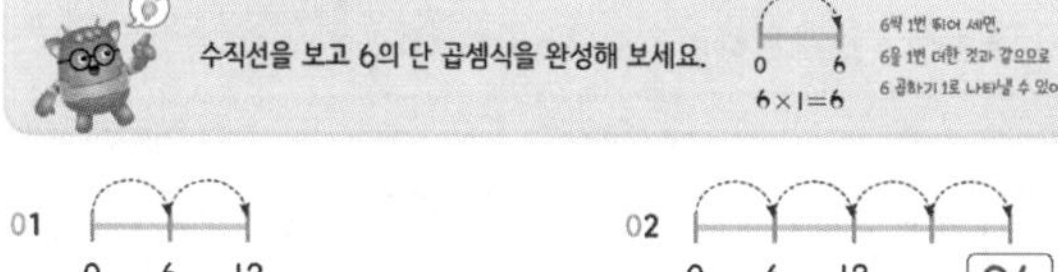

02 0 6 12 [24]

6 × [4] = [24]

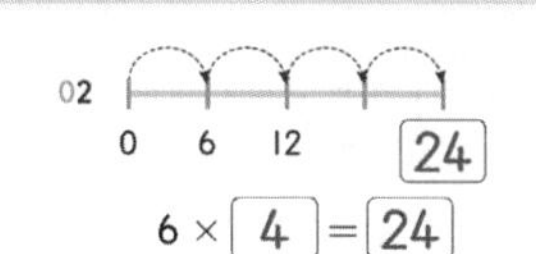

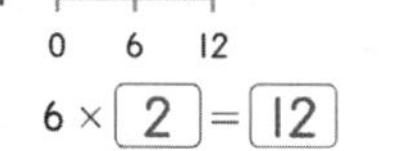

03 0 6 12 [18]

6 × [3] = [18]

04 0 6 12 [30]

6 × [5] = [30]

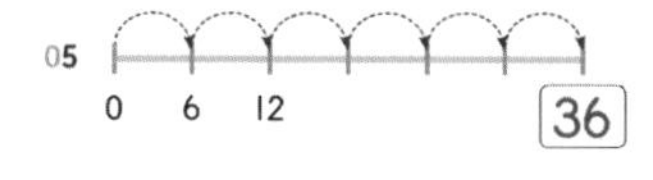

05 0 6 12 [36]

6 × [6] = [36]

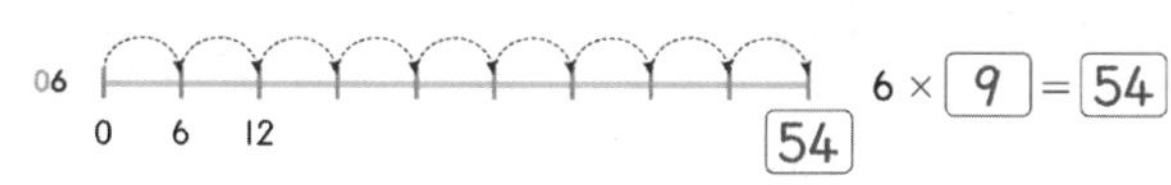

06 0 6 12 [54]

6 × [9] = [54]

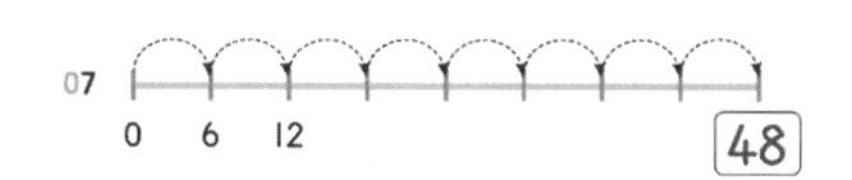

07 0 6 12 [48]

6 × [8] = [48]

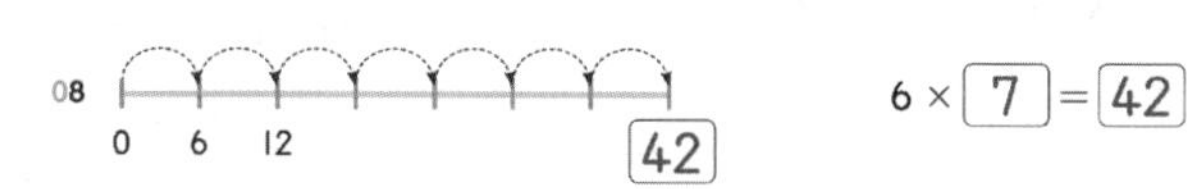

08 0 6 12 [42]

6 × [7] = [42]

6의 단 곱셈구구를 이용하여 사각형의 수를 구해 보세요.

01

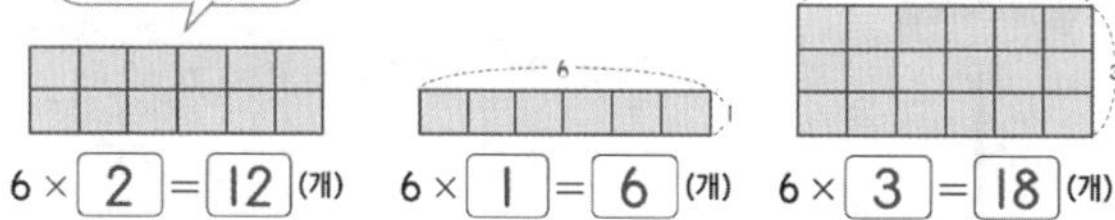

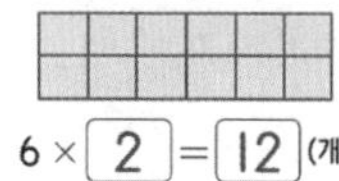

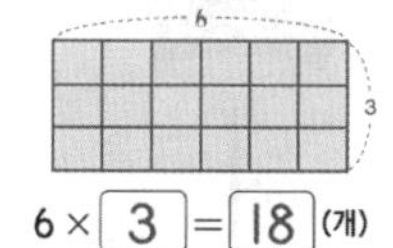

6 × [2] = [12] (개) 6 × [1] = [6] (개) 6 × [3] = [18] (개)

02

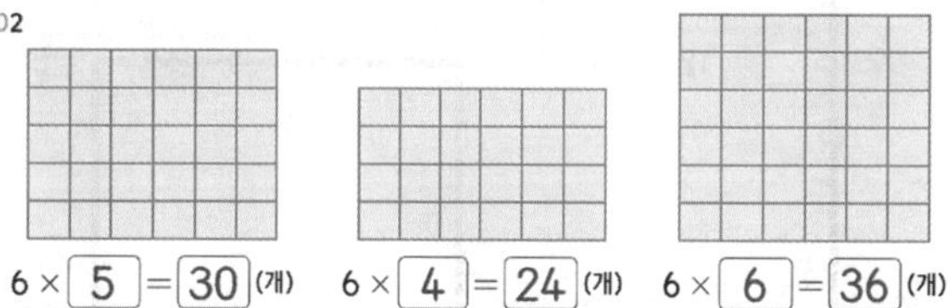

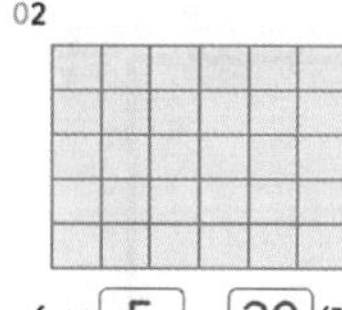

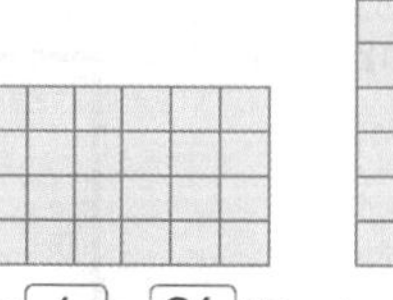

6 × [5] = [30] (개) 6 × [4] = [24] (개) 6 × [6] = [36] (개)

03

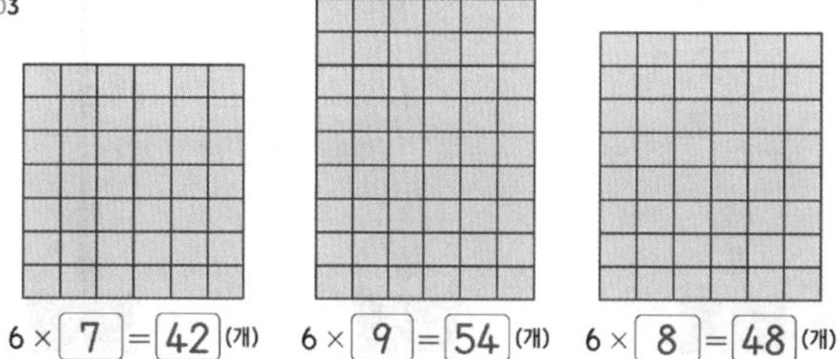

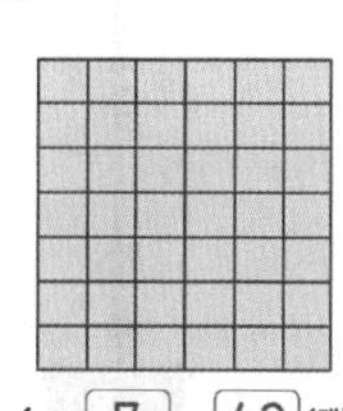

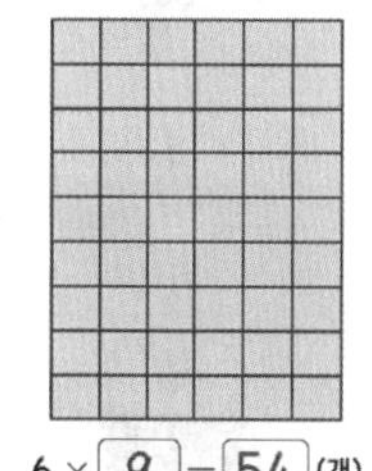

6 × [7] = [42] (개) 6 × [9] = [54] (개) 6 × [8] = [48] (개)

p.048~049

원리가 쏙쏙 | 적용이 척척 | 풀이가 술술 | 실력이 쑥쑥

6의 단을 연습해 보세요.

01	6 × 1 = 6	13	6 × 5 = 30
02	6 × 2 = 12	14	6 × 4 = 24
03	6 × 3 = 18	15	6 × 3 = 18
04	6 × 4 = 24	16	6 × 2 = 12
05	6 × 5 = 30	17	6 × 1 = 6
06	6 × 6 = 36	18	6 × 2 = 12
07	6 × 7 = 42	19	6 × 3 = 18
08	6 × 8 = 48	20	6 × 4 = 24
09	6 × 9 = 54	21	6 × 5 = 30
10	6 × 8 = 48	22	6 × 6 = 36
11	6 × 7 = 42	23	6 × 7 = 42
12	6 × 6 = 36	24	6 × 8 = 48
		25	6 × 9 = 54

6의 단을 연습하며 빈칸을 채워 보세요.

01	6 × 3 = 18	13	6 × 2 = 12
02	6 × 1 = 6	14	6 × 4 = 24
03	6 × 5 = 30	15	6 × 5 = 30
04	6 × 2 = 12	16	6 × 3 = 18
05	6 × 8 = 48	17	6 × 8 = 48
06	6 × 9 = 54	18	6 × 6 = 36
07	6 × 7 = 42	19	6 × 9 = 54
08	6 × 6 = 36	20	6 × 7 = 42
09	6 × 4 = 24	21	6 × 8 = 48
10	6 × 8 = 48	22	6 × 4 = 24
11	6 × 7 = 42	23	6 × 9 = 54
12	6 × 9 = 54	24	6 × 5 = 30

p.050~051

원리가 쏙쏙 | 적용이 척척 | 풀이가 술술 | 실력이 쑥쑥

곱셈식의 빈칸에 알맞은 수를 따라 도착 지점까지 선으로 연결해 보세요.

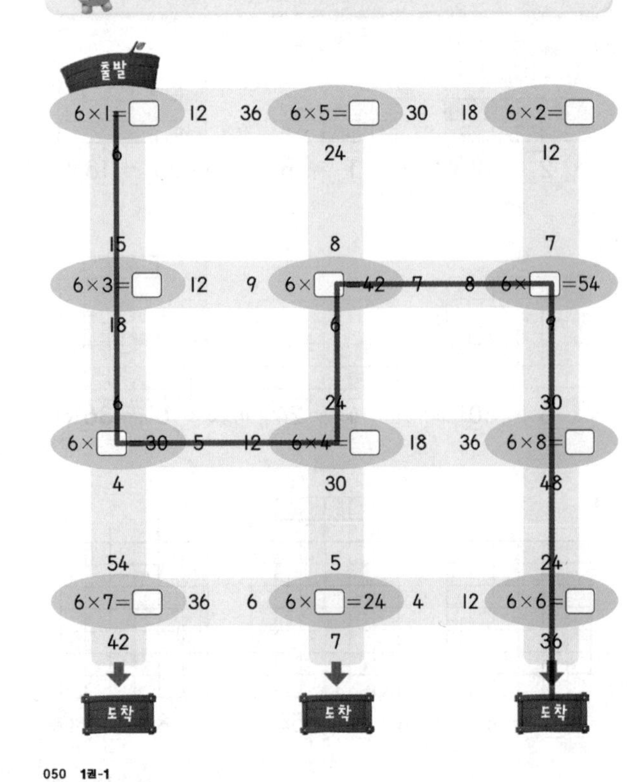

빈칸에 들어갈 수 있는 수를 주어진 수 카드 중에서 모두 찾아 ○ 해 보세요.

01 (2) (3) 4 5

6 × □ < 24

02 (6) 5 (7) 4

6 × □ > 30

03 (3) 4 5 (1)

6 × □ < 19

04 7 (5) 6 8

6 × □ < 35

05 (3) 5 (2) 6

6×□ < 6+6+6+6+6

06 8 4 (9) 7

6×□ > 6+6+6+6+6+6+6+6

07 (7) 6 (9) 5

6 × □ > 6의 6배

08 (7) (6) 8 (2)

6 × □ < 6의 8배

p.052~053

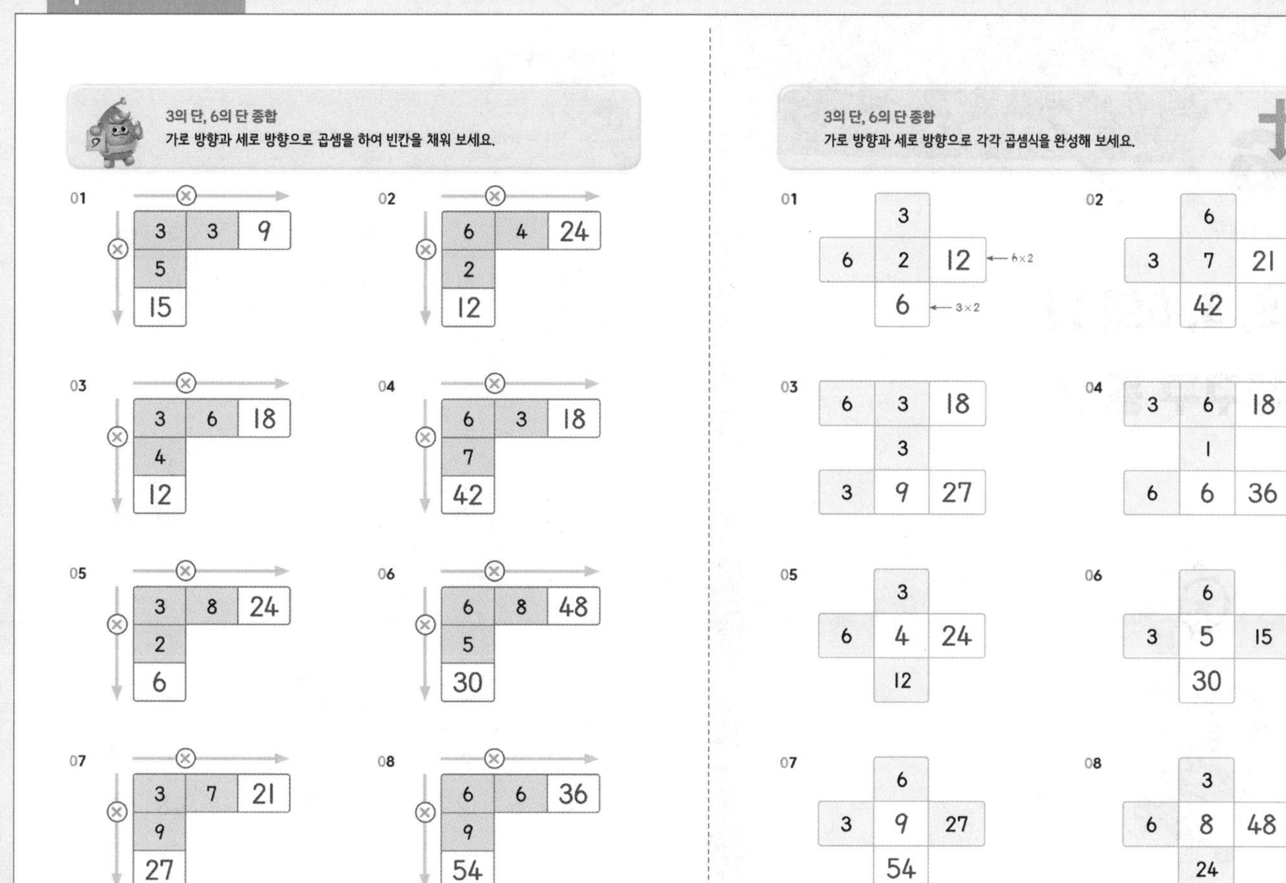
3의 단, 6의 단 종합

가로 방향과 세로 방향으로 곱셈을 하여 빈칸을 채워 보세요.

01
3 3 9
5
15

02
6 4 24
2
12

03
3 6 18
4
12

04
6 3 18
7
42

05
3 8 24
2
6

06
6 8 48
5
30

07
3 7 21
9
27

08
6 6 36
9
54

052 1권-1

3의 단, 6의 단 종합

가로 방향과 세로 방향으로 각각 곱셈식을 완성해 보세요.

01
3
6 2 12 ← 6×2
6 ← 3×2

02
6
3 7 21
42

03
6 3 18
3
3 9 27

04
3 6 18
1
6 6 36

05
3
6 4 24
12

06
6
3 5 15
30

07
6
3 9 27
54

08
3
6 8 48
24

5. 6의 단 곱셈구구 053

p.055

2, 5, 3, 6의 단 곱셈구구 종합

원리가 쑥쑥 적용이 척척 풀이가 술술 실력이 쑥쑥

각 단의 곱셈구구의 특징을 생각하며 빈칸을 채워 넣으세요.

01

×	1	2	3	4	5	6	7	8	9
2	2	4	6	8	10	12	14	16	18

02

×	1	2	3	4	5	6	7	8	9
5	5	10	15	20	25	30	35	40	45

03

×	1	2	3	4	5	6	7	8	9
3	3	6	9	12	15	18	21	24	27
6	6	12	18	24	30	36	42	48	54

p.056~057

원리가 쑥쑥 적용이 척척 풀이가 술술 실력이 쑥쑥

문살 곱셈

곱해지는 수와 곱하는 수 만큼 각각 세로줄과 가로줄을 그어 두 줄이 만나는 점의 개수를 세어 곱셈을 해 보세요.

01 3 × 2 = 6

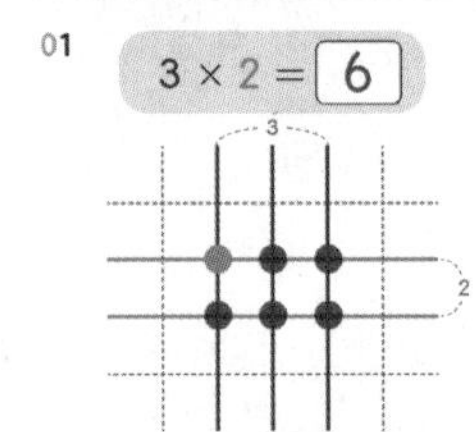

세로 줄 3개와 가로 줄 2개가 만나서 생기는 점의 개수가 곱셈의 결과가 돼요.

02 3 × 4 = 12

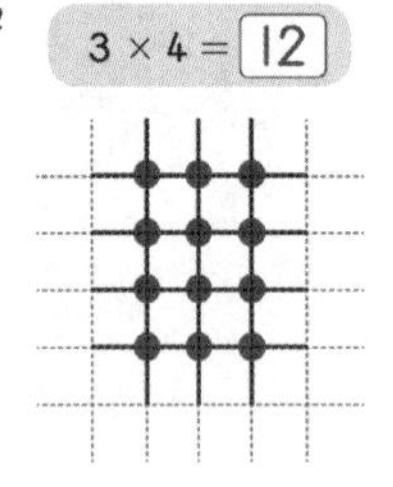

03 3 × 3 = 9

04 2 × 5 = 10

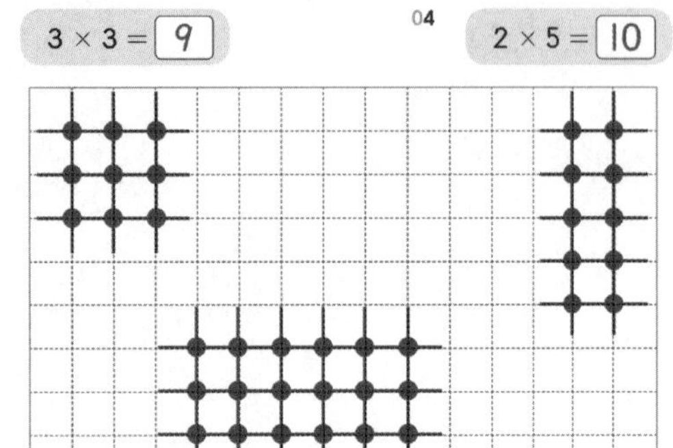

05 6 × 3 = 18

06

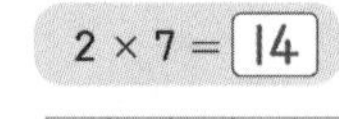

07

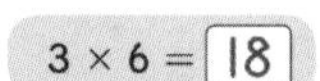

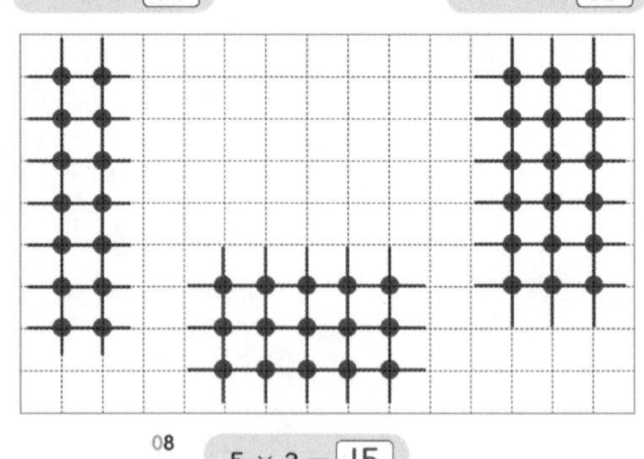

08 5 × 3 = 15

09 6 × 6 = 36

10

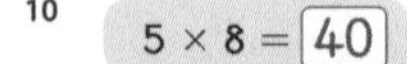

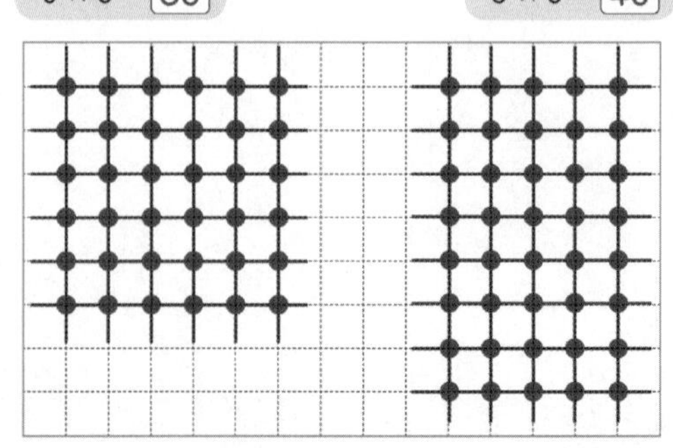

각 단의 곱셈구구의 곱을 빈칸에 채우고, 일의 자리 숫자들을 순서대로 선으로 연결해 보세요.

01

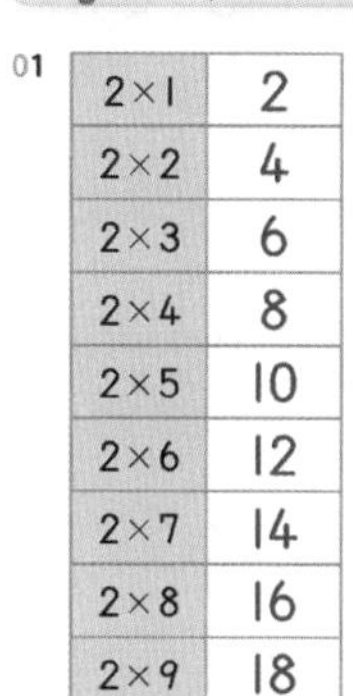

2×1	2
2×2	4
2×3	6
2×4	8
2×5	10
2×6	12
2×7	14
2×8	16
2×9	18

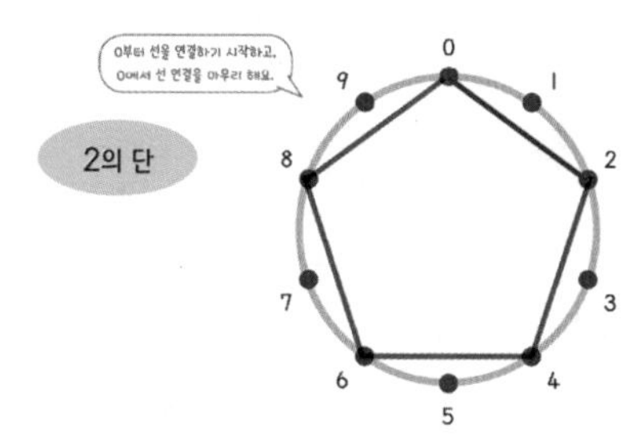

연결된 2의 단 일의 자리 숫자는 순서대로 0, 2, 4, 6, 8, 0이에요.

02

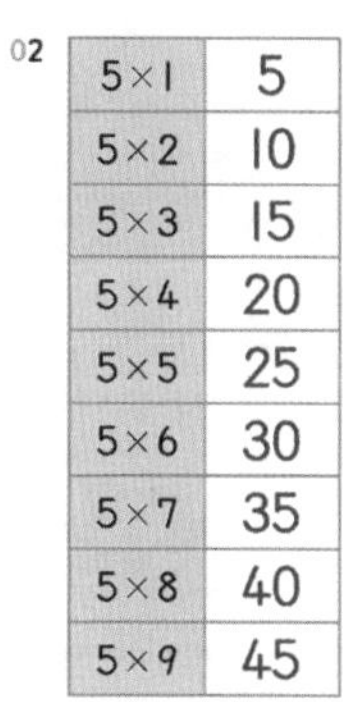

5×1	5
5×2	10
5×3	15
5×4	20
5×5	25
5×6	30
5×7	35
5×8	40
5×9	45

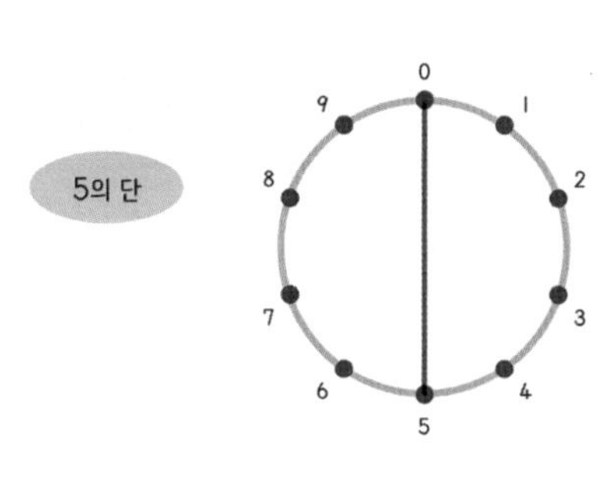

연결된 5의 단 일의 자리 숫자는 순서대로 0, 5가 반복되요.

03

3×1	3
3×2	6
3×3	9
3×4	12
3×5	15
3×6	18
3×7	21
3×8	24
3×9	27

3의 단

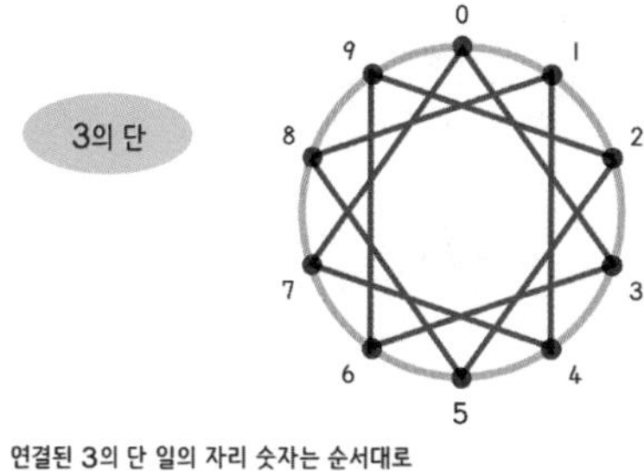

연결된 3의 단 일의 자리 숫자는 순서대로 0, 3, 6, 9, 2, 5, 8, 1, 4, 7, 0이에요.

04

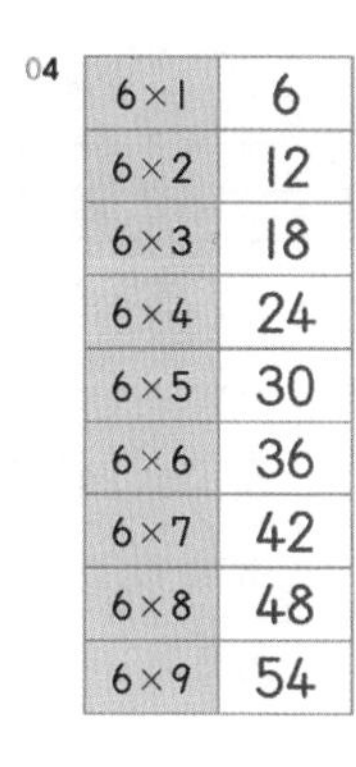

6×1	6
6×2	12
6×3	18
6×4	24
6×5	30
6×6	36
6×7	42
6×8	48
6×9	54

6의 단

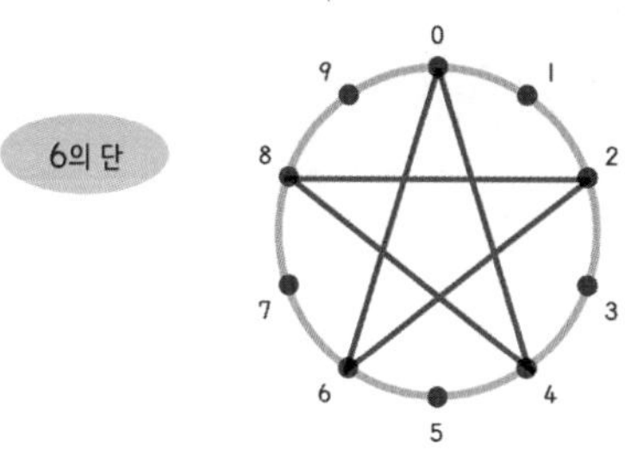

연결된 6의 단 일의 자리 숫자는 순서대로 0, 6, 2, 8, 4, 0이에요.

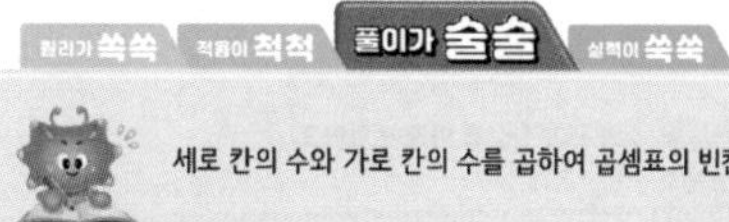

세로 칸의 수와 가로 칸의 수를 곱하여 곱셈표의 빈칸을 채워 보세요.

01

×	2	5
2	4	10
5	10	25

02

×	3	6
3	9	18
6	18	36

03

×	4	6
2	8	12
5	20	30

04

×	4	7
3	12	21
6	24	42

05

×	9	8
2	18	16
3	27	24

06

×	7	9
5	35	45
6	42	54

곱셈표의 흰색 칸에 알맞은 수를 채워 넣으세요.

01

×	1	2	3	4	5	6	7	8	9
2		4	6		10		14		18
3	3		9	12		18		24	27
5		10	15		25	30		40	
6	6		18	24	30		42		54

02

×	3	8
3	9	24
5	15	40

03

×	4	6
6	24	36
2	8	12

04

×	5	7
3	15	21
6	30	42

05

×	4	9
5	20	45
2	8	18

p.062~063

가로 방향과 세로 방향으로 곱셈을 하여 빈칸에 알맞은 수를 써넣어 보세요.

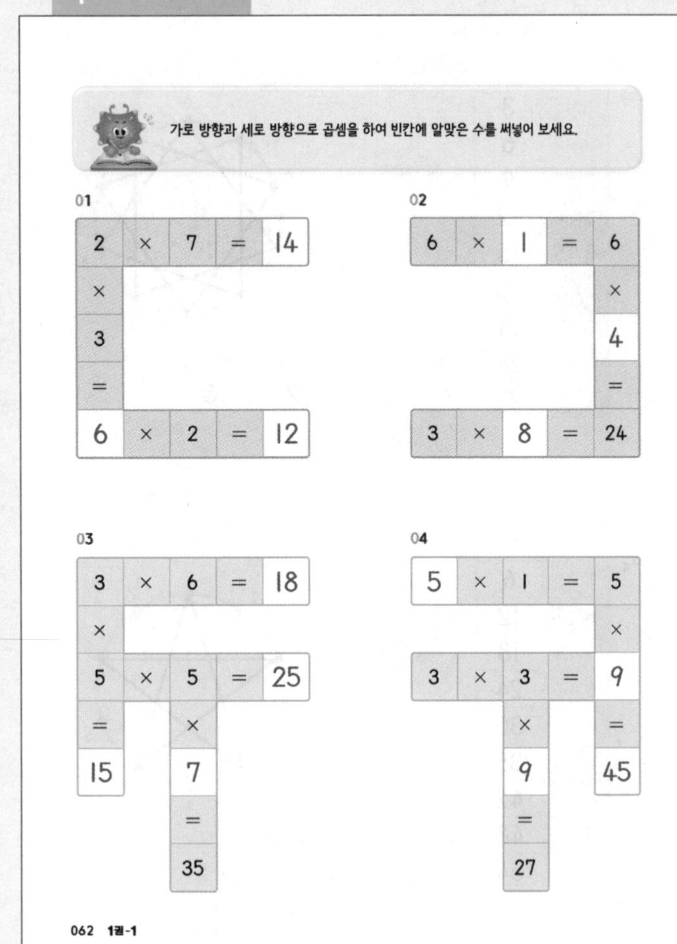

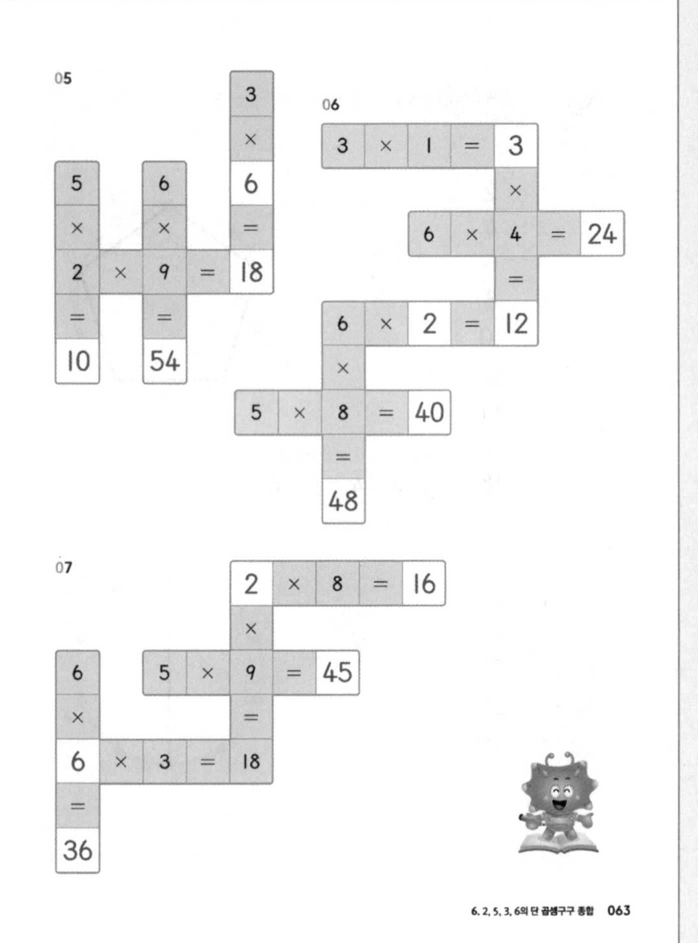

p.064~065

주어진 수 카드 중에서 두 수의 곱이 풍선에 쓰여진 수가 되도록 알맞은 수를 써넣으세요.

사다리를 타고 내려오며 만나는 두 수의 곱이 화살표 아래에 있어요. 빈칸에 알맞은 수를 써넣어 보세요.

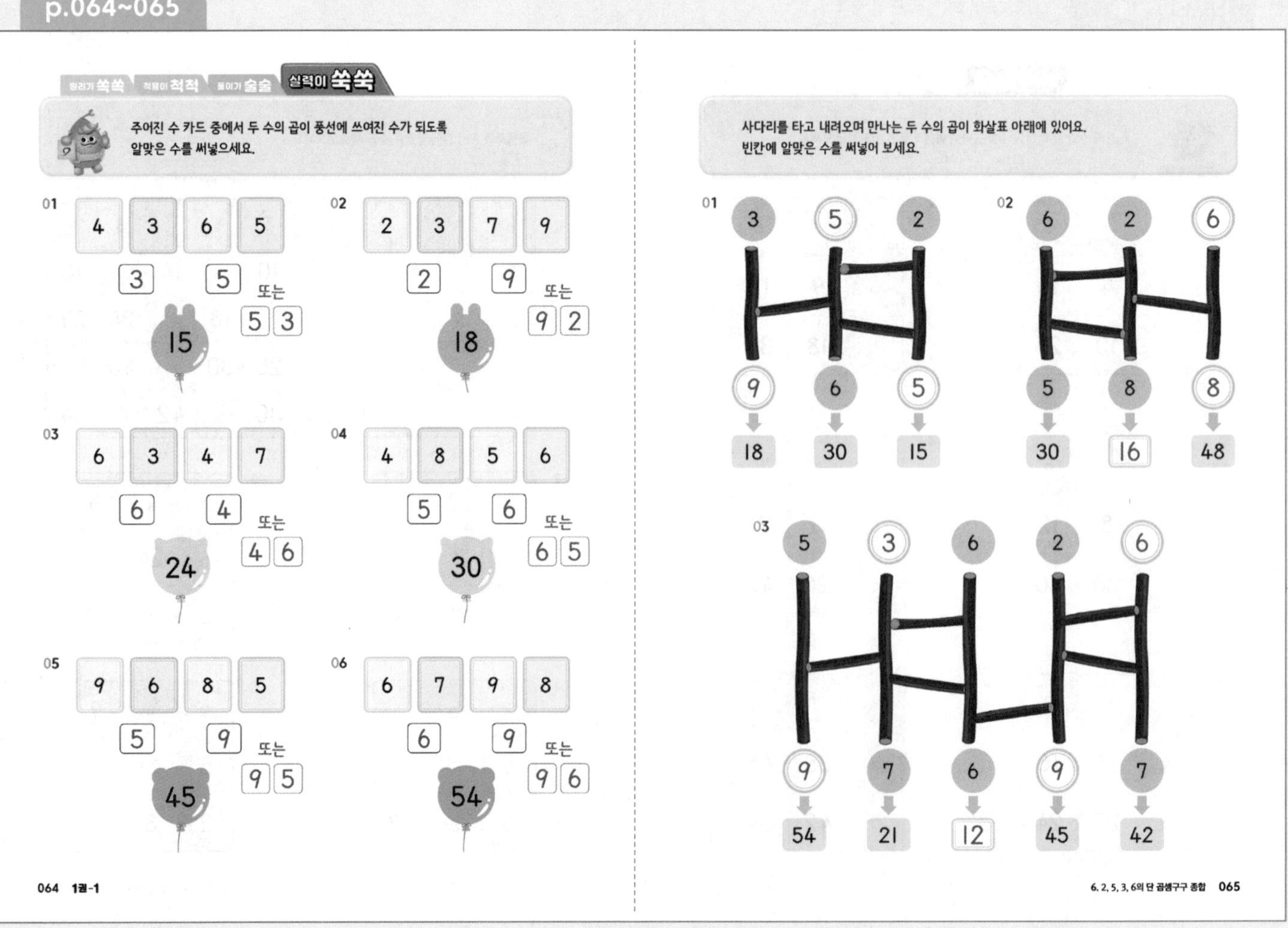

p.066~067

1~6 연산의 활용

1에서 배운 연산으로 해결해 봐요!

▶ 주어진 수 카드를 한 번씩 모두 사용하여 곱셈식을 완성해 보세요. 수

01 1 2 6 2

2 × 6 = 12
또는 6 × 2 = 12

02 5 0 4 2

5 × 4 = 20
또는 4 × 5 = 20

03 1 5 5 3

3 × 5 = 15
또는 5 × 3 = 15

04 1 9 8 2

2 × 9 = 18
또는 9 × 2 = 18

05 6 4 2 7

6 × 7 = 42
또는 7 × 6 = 42

06 5 5 4 9

5 × 9 = 45
또는 9 × 5 = 45

07 9 2 7 3

3 × 9 = 27
또는 9 × 3 = 27

08 5 9 6 4

6 × 9 = 54
또는 9 × 6 = 54

▶ 주어진 규칙에 맞게 계산하여 답을 구해 보세요. 규칙

가 ◆ 나 = 가 × (나 + 1)
⇨ 3 ◆ 2 = 3 × (2 + 1) = 3 × 3 = 9

01 3 ◆ 6 = 21

02 2 ◆ 7 = 16

03 6 ◆ 4 = 30

04 5 ◆ 8 = 45

가 ♥ 나 = (가 + 1) × (나 + 1)
⇨ 2 ♥ 4 = (2 + 1) × (4 + 1) = 3 × 5 = 15

05 1 ♥ 8 = 18

06 6 ♥ 5 = 42

07 2 ♥ 4 = 15

08 5 ♥ 8 = 54

p.068

▶ 이야기들 속에 주어진 조건을 생각하며 식을 세우고 답을 구해 보세요. 문장제

01 한 봉지에 5개씩 들어 있는 사탕이 6봉지 있습니다. 사탕은 모두 몇 개입니까?

식 5×6=30 또는 6×5=30 답 30 개

02 지수의 나이는 6세이고, 삼촌의 나이는 지수의 나이의 4배입니다. 삼촌의 나이는 몇 세입니까?

식 6×4=24 또는 4×6=24 답 24 세

03 민지는 매일 하루에 3시간씩 모두 27시간 동안 책을 읽었습니다. 민지는 며칠 동안 책을 읽었습니까?

식 3×□=27 또는 □×3=27 답 9 일

04 긴 의자 9개에 모두 54명이 앉아있습니다. 한 의자에 모두 같은 인원이 앉아 있을 때, 의자 1개에 앉아 있는 사람은 몇 명입니까?

식 9×□=54 또는 □×9=54 답 6 명

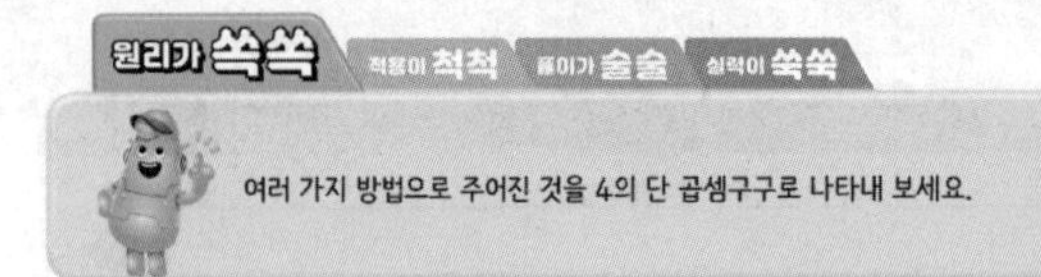

여러 가지 방법으로 주어진 것을 4의 단 곱셈구구로 나타내 보세요.

01

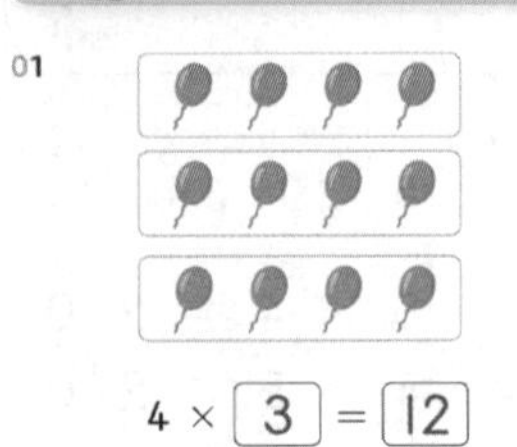

$4 \times [3] = [12]$

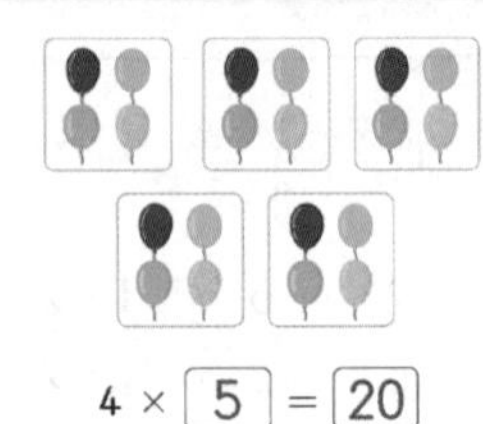

$4 \times [5] = [20]$

02 4의 2배 ➡ $4 \times [2] = [8]$

4의 6배 ➡ $4 \times [6] = [24]$

4의 7배 ➡ $4 \times [7] = [28]$

03 4+4+4+4 ➡ $4 \times [4] = [16]$

4+4+4+4+4+4+4+4 ➡ $4 \times [8] = [32]$

4+4+4+4+4+4+4+4+4 ➡ $4 \times [9] = [36]$

원리가 쏙쏙 적용이 척척 풀이가 술술 실력이 쑥쑥

수직선을 보고 4의 단 곱셈식을 완성해 보세요.

0 4 8
4×2=8

01 0 4
$4 \times [1] = [4]$

02 0 4 8 [12]
$4 \times [3] = [12]$

03 0 4 8 [16]
$4 \times [4] = [16]$

04 0 4 8 [20]
$4 \times [5] = [20]$

05 0 4 8 [24]
$4 \times [6] = [24]$

06 0 4 8 [32]
$4 \times [8] = [32]$

07 0 4 8 [28]
$4 \times [7] = [28]$

08 0 4 8 [36]
$4 \times [9] = [36]$

4의 단 곱셈구구를 이용하여 공의 수를 구해 보세요.

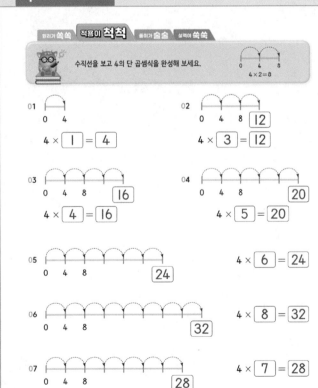

01 공이 4개씩 2줄로 놓여 있으므로 4 곱하기 2와 같아요.

$4 \times [2] = [8]$(개) $4 \times [1] = [4]$(개) $4 \times [3] = [12]$(개)

02

$4 \times [4] = [16]$(개) $4 \times [6] = [24]$(개) $4 \times [5] = [20]$(개)

03

$4 \times [7] = [28]$(개) $4 \times [9] = [36]$(개) $4 \times [8] = [32]$(개)

p.076~077

원리가 쏙쏙 · 적용이 척척 · 풀이가 술술 · 실력이 쑥쑥

4의 단을 연습해 보세요.

01	4 × 1 = [4]	13	4 × 5 = [20]
02	4 × 2 = [8]	14	4 × 4 = [16]
03	4 × 3 = [12]	15	4 × 3 = [12]
04	4 × 4 = [16]	16	4 × 2 = [8]
05	4 × 5 = [20]	17	4 × 1 = [4]
06	4 × 6 = [24]	18	4 × 2 = [8]
07	4 × 7 = [28]	19	4 × 3 = [12]
08	4 × 8 = [32]	20	4 × 4 = [16]
09	4 × 9 = [36]	21	4 × 5 = [20]
10	4 × 8 = [32]	22	4 × 6 = [24]
11	4 × 7 = [28]	23	4 × 7 = [28]
12	4 × 6 = [24]	24	4 × 8 = [32]
		25	4 × 9 = [36]

4의 단을 연습하며 빈칸을 채워 보세요.

01	4 × 1 = [4]	12	4 × [3] = 12
02	4 × 3 = [12]	13	4 × [6] = 24
03	4 × 2 = [8]	14	4 × [1] = 4
04	4 × 5 = [20]	15	4 × [5] = 20
05	4 × 8 = [32]	16	4 × [4] = 16
06	4 × 4 = [16]	17	4 × [7] = 28
07	4 × 9 = [36]	18	4 × [8] = 32
08	4 × 5 = [20]	19	4 × [2] = 8
09	4 × 6 = [24]	20	4 × [9] = 36
10	4 × 7 = [28]	21	4 × [6] = 24
11	4 × 9 = [36]	22	4 × [8] = 32

p.078~079

원리가 쏙쏙 · 적용이 척척 · 풀이가 술술 · 실력이 쑥쑥

미로를 따라 곱셈을 하며 도착 지점까지 선을 그어 보세요.

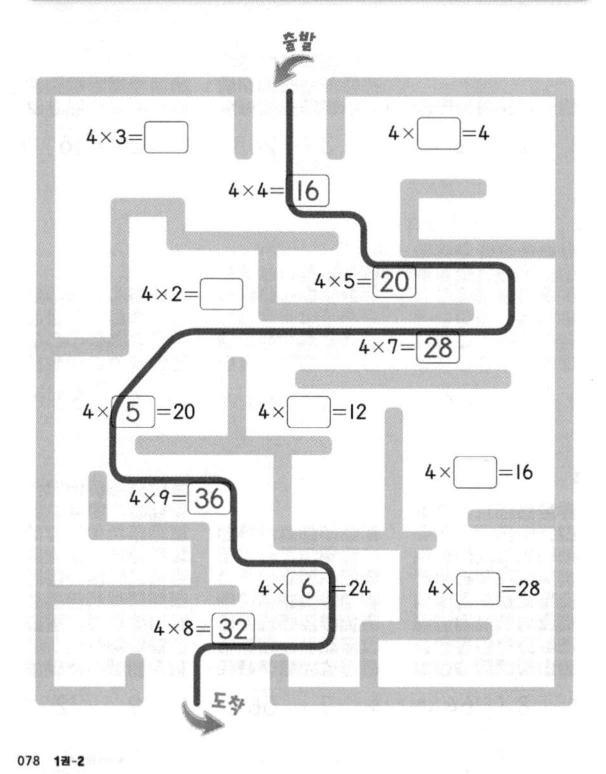

빈칸에 들어갈 수 있는 수를 주어진 수 카드 중에서 모두 찾아 ○ 해 보세요.

01 5, 7, (2), (4) — 4 × [ ] < 20

02 (8), 6, (9), 7 — 4 × [ ] > 28

03 3, (4), (6), 2 — 4 × [ ] > 13

04 (5), 6, (4), (3) — 4 × [ ] < 22

05 (8), (5), (6), 4 — 4 × [ ] > 4+4+4+4

06 6, (9), 7, (8) — 4 × [ ] > 4+4+4+4+4+4+4

07 9, (6), (8), (7) — 4 × [ ] < 4의 9배

08 6, (7), (8), 5 — 4 × [ ] > 4의 6배

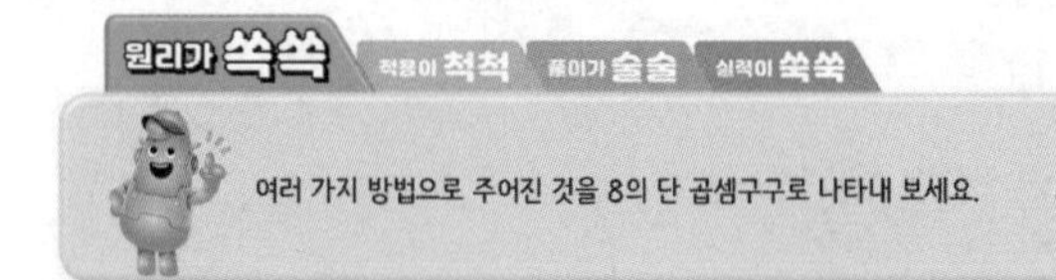

8의 단 곱셈구구

여러 가지 방법으로 주어진 것을 8의 단 곱셈구구로 나타내 보세요.

01

$8 \times \boxed{3} = \boxed{24}$ $8 \times \boxed{5} = \boxed{40}$

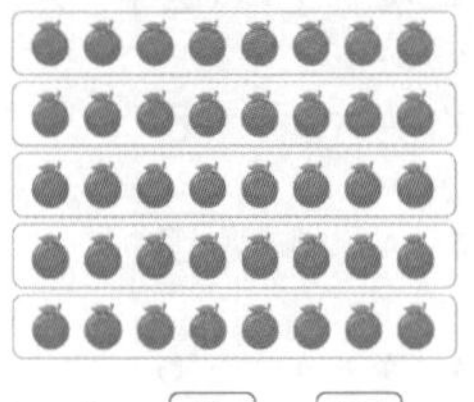

02 8의 4배 ➡ $8 \times \boxed{4} = \boxed{32}$

8의 2배 ➡ $8 \times \boxed{2} = \boxed{16}$

8의 6배 ➡ $8 \times \boxed{6} = \boxed{48}$

03 8+8+8+8+8+8+8+8 ➡ $8 \times \boxed{8} = \boxed{64}$

8+8+8+8+8+8+8 ➡ $8 \times \boxed{7} = \boxed{56}$

8+8+8+8+8+8+8+8+8 ➡ $8 \times \boxed{9} = \boxed{72}$

p.082~083

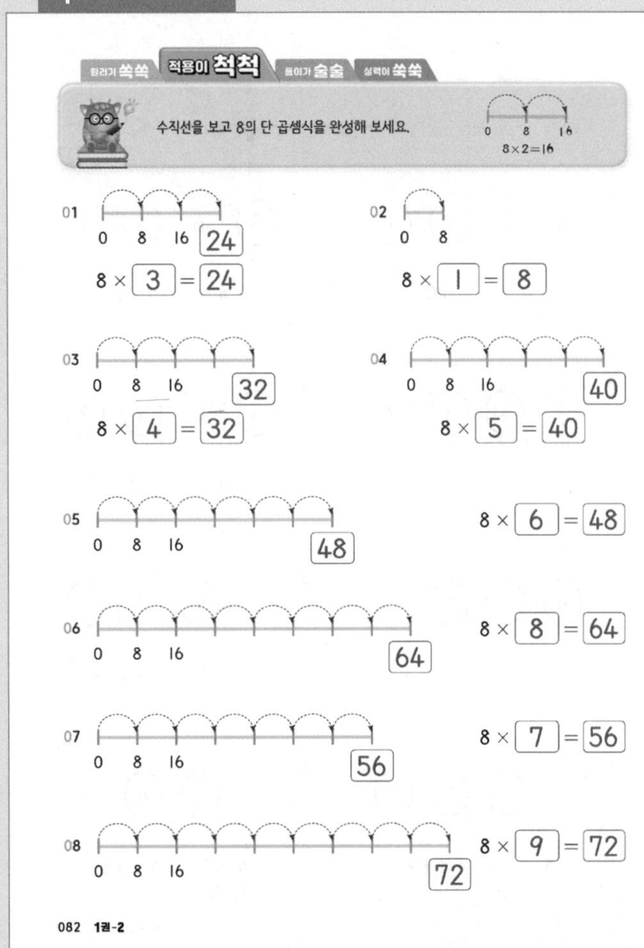

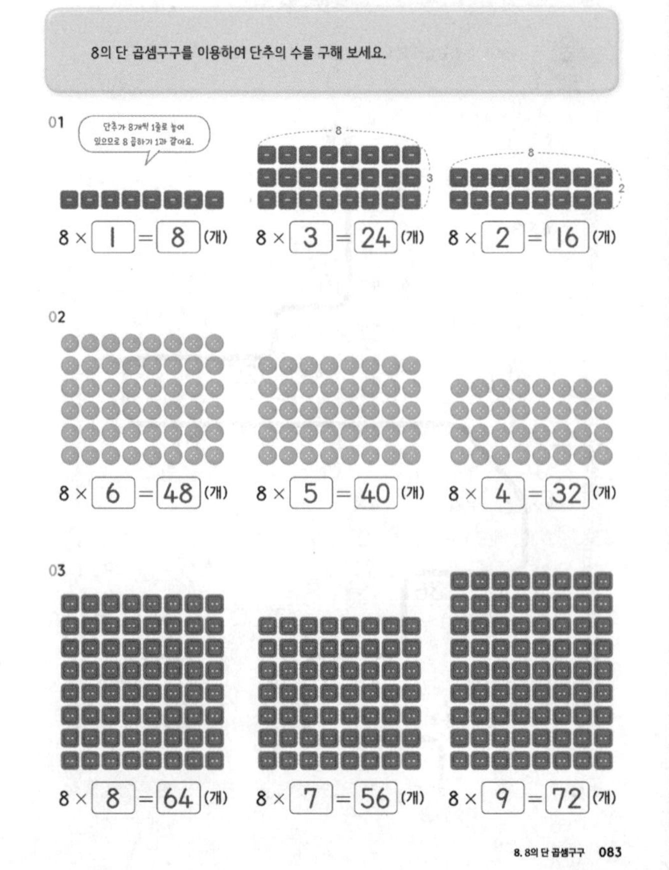

수직선을 보고 8의 단 곱셈식을 완성해 보세요. $8 \times 2 = 16$

01 0 8 16 $\boxed{24}$
$8 \times \boxed{3} = \boxed{24}$

02 0 8
$8 \times \boxed{1} = \boxed{8}$

03 0 8 16 $\boxed{32}$
$8 \times \boxed{4} = \boxed{32}$

04 0 8 16 $\boxed{40}$
$8 \times \boxed{5} = \boxed{40}$

05 0 8 16 $\boxed{48}$ $8 \times \boxed{6} = \boxed{48}$

06 0 8 16 $\boxed{64}$ $8 \times \boxed{8} = \boxed{64}$

07 0 8 16 $\boxed{56}$ $8 \times \boxed{7} = \boxed{56}$

08 0 8 16 $\boxed{72}$ $8 \times \boxed{9} = \boxed{72}$

8의 단 곱셈구구를 이용하여 단추의 수를 구해 보세요.

01

$8 \times \boxed{1} = \boxed{8}$ (개) $8 \times \boxed{3} = \boxed{24}$ (개) $8 \times \boxed{2} = \boxed{16}$ (개)

02

$8 \times \boxed{6} = \boxed{48}$ (개) $8 \times \boxed{5} = \boxed{40}$ (개) $8 \times \boxed{4} = \boxed{32}$ (개)

03

$8 \times \boxed{8} = \boxed{64}$ (개) $8 \times \boxed{7} = \boxed{56}$ (개) $8 \times \boxed{9} = \boxed{72}$ (개)

p.084~085

원리가 쑥쑥 | 적용이 척척 | 풀이가 술술 | 실력이 쑥쑥

8의 단을 연습해 보세요.

번호	식	번호	식
01	8 × 1 = [8]	13	8 × 5 = [40]
02	8 × 2 = [16]	14	8 × 4 = [32]
03	8 × 3 = [24]	15	8 × 3 = [24]
04	8 × 4 = [32]	16	8 × 2 = [16]
05	8 × 5 = [40]	17	8 × 1 = [8]
06	8 × 6 = [48]	18	8 × 2 = [16]
07	8 × 7 = [56]	19	8 × 3 = [24]
08	8 × 8 = [64]	20	8 × 4 = [32]
09	8 × 9 = [72]	21	8 × 5 = [40]
10	8 × 8 = [64]	22	8 × 6 = [48]
11	8 × 7 = [56]	23	8 × 7 = [56]
12	8 × 6 = [48]	24	8 × 8 = [64]
		25	8 × 9 = [72]

8의 단을 연습하며 빈칸을 채워 보세요.

번호	식	번호	식
01	8 × 1 = [8]	12	8 × [2] = 16
02	8 × 5 = [40]	13	8 × [3] = 24
03	8 × 3 = [24]	14	8 × [1] = 8
04	8 × 4 = [32]	15	8 × [7] = 56
05	8 × 2 = [16]	16	8 × [4] = 32
06	8 × 8 = [64]	17	8 × [9] = 72
07	8 × 9 = [72]	18	8 × [8] = 64
08	8 × 5 = [40]	19	8 × [5] = 40
09	8 × 7 = [56]	20	8 × [7] = 56
10	8 × 6 = [48]	21	8 × [6] = 48
11	8 × 9 = [72]	22	8 × [8] = 64

p.086~087

원리가 쑥쑥 | 적용이 척척 | 풀이가 술술 | 실력이 쑥쑥

미로를 따라 곱셈을 하며 딸기가 있는 도착 지점까지 선을 그어 보세요.

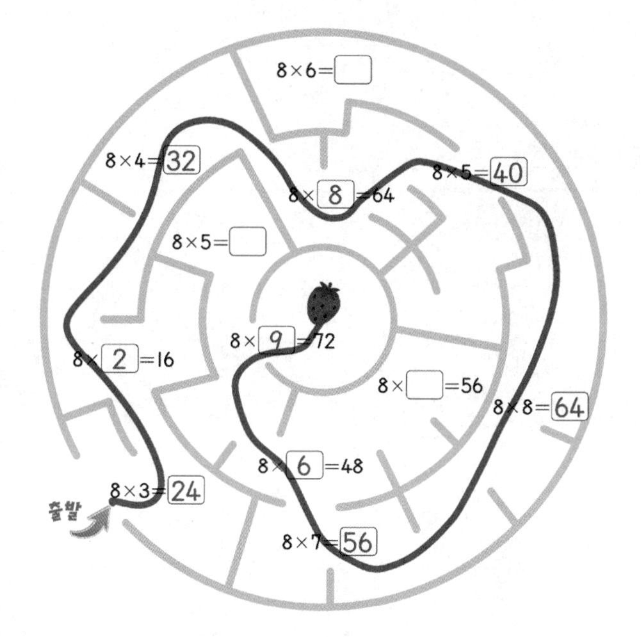

빈칸에 들어갈 수 있는 수를 주어진 수 카드 중에서 모두 찾아 ○ 해 보세요.

01 
(2) 3 (1) 4
8 × □ < 24

02 6 5 (7) (8)
8 × □ > 48

03 (2) 5 (4) (3)
8 × □ < 39

04 7 (9) 6 4
8 × □ > 58

05 (6) 3 (5) 4
8 × □ > 8+8+8+8

06 9 8 7 (6)
8 × □ < 8+8+8+8+8+8+8

07 2 (3) 1 (4)
8 × □ > 8의 2배

08 9 (4) (8) (6)
8 × □ < 8의 9배

p.088~089

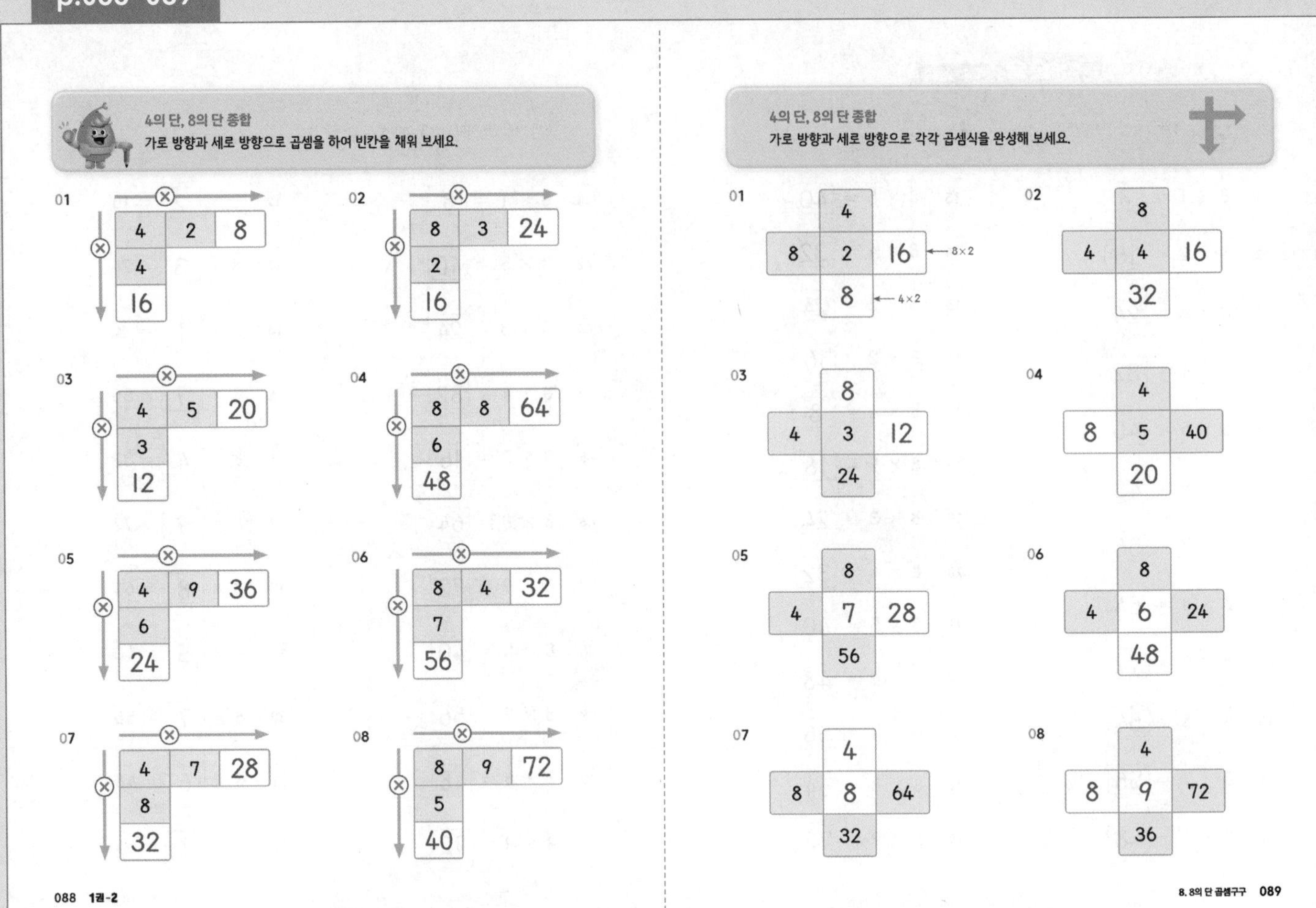

4의 단, 8의 단 종합
가로 방향과 세로 방향으로 곱셈을 하여 빈칸을 채워 보세요.
01
4 2 8
4
16
02
8 3 24
2
16
03
4 5 20
3
12
04
8 8 64
6
48
05
4 9 36
6
24
06
8 4 32
7
56
07
4 7 28
8
32
08
8 9 72
5
40
088 1권-2
4의 단, 8의 단 종합
가로 방향과 세로 방향으로 각각 곱셈식을 완성해 보세요.
01
4
8 2 16
8
8×2
4×2
02
8
4 4 16
32
03
8
4 3 12
24
04
4
8 5 40
20
05
8
4 7 28
56
06
8
4 6 24
48
07
4
8 8 64
32
08
4
8 9 72
36
8. 8의 단 곱셈구구 089

p.091

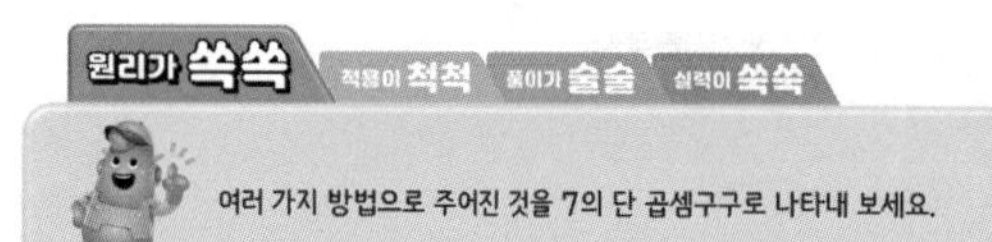

여러 가지 방법으로 주어진 것을 7의 단 곱셈구구로 나타내 보세요.

01

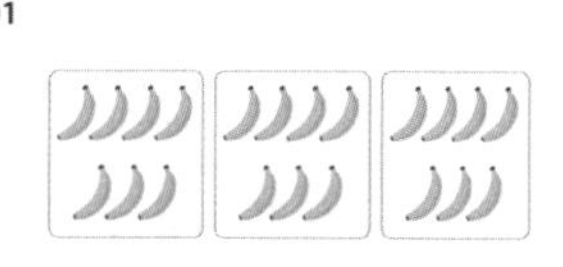
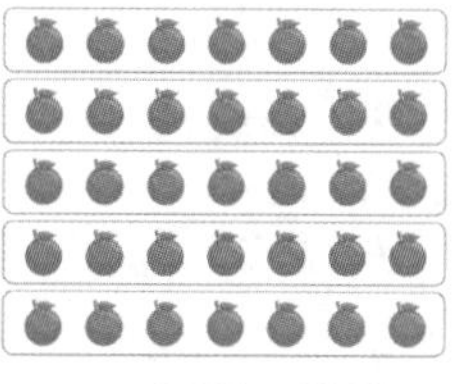

7 × [3] = [21]　　7 × [5] = [35]

02 7의 2배 ➡ 7 × [2] = [14]

7의 4배 ➡ 7 × [4] = [28]

7의 8배 ➡ 7 × [8] = [56]

03 7+7+7+7+7+7 ➡ 7 × [6] = [42]

7+7+7+7+7+7+7 ➡ 7 × [7] = [49]

7+7+7+7+7+7+7+7+7 ➡ 7 × [9] = [63]

p.092~093

원리가 쏙쏙 적용이 척척 풀이가 술술 실력이 쑥쑥

수직선을 보고 7의 단 곱셈식을 완성해 보세요. (0 7 14, 7×2=14)

01  7 × [1] = [7]

02 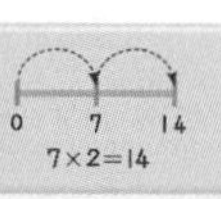 [21] 7 × [3] = [21]

03 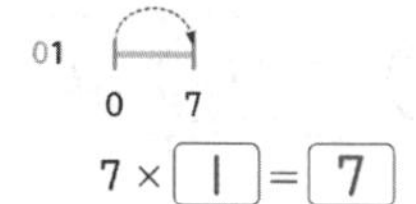 [28] 7 × [4] = [28]

04 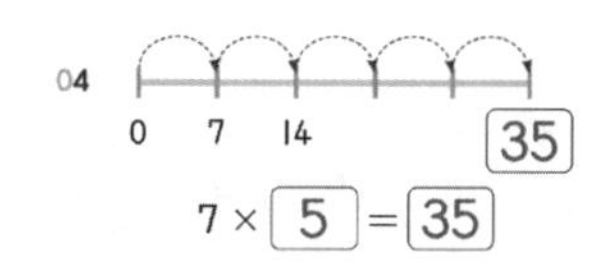 [35] 7 × [5] = [35]

05 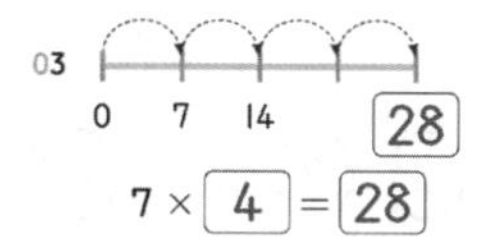 [49] 7 × [7] = [49]

06 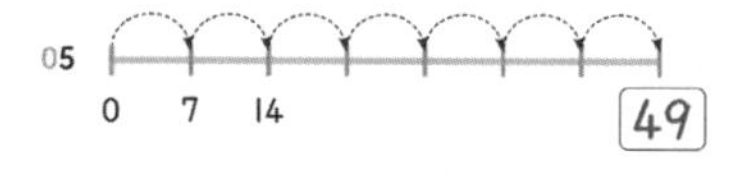 [42] 7 × [6] = [42]

07 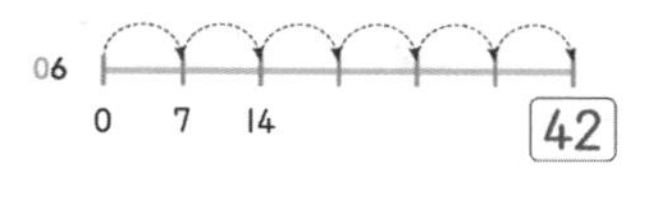 [56] 7 × [8] = [56]

08 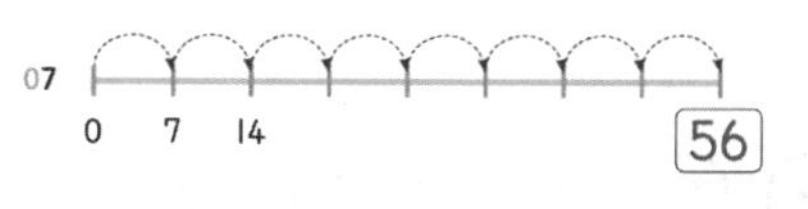 [63] 7 × [9] = [63]

7의 단 곱셈구구를 이용하여 별의 수를 구해 보세요.

01 별이 7개씩 2줄로 놓여 있으므로 7 곱하기 2와 같아요.

7 × [2] = [14] (개)　7 × [3] = [21] (개)　7 × [1] = [7] (개)

02

7 × [5] = [35] (개)　7 × [4] = [28] (개)　7 × [6] = [42] (개)

03

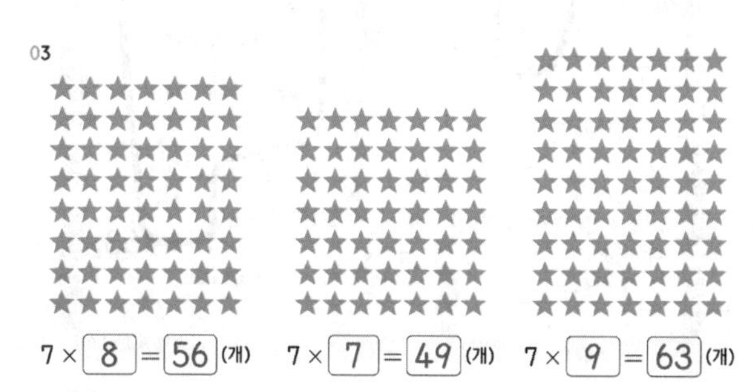

7 × [8] = [56] (개)　7 × [7] = [49] (개)　7 × [9] = [63] (개)

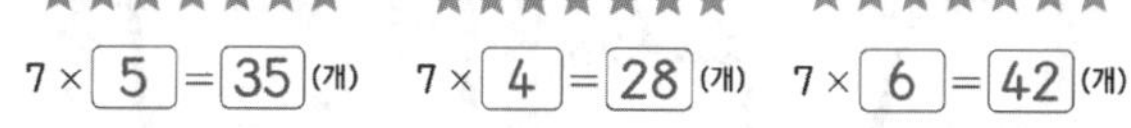
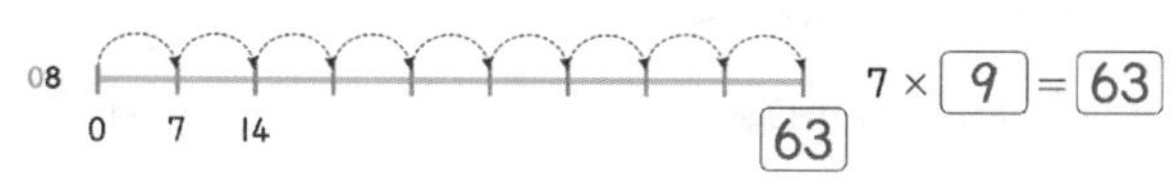

p.094~095

원리가 쑥쑥 | 적용이 척척 | 풀이가 술술 | 실력이 쑥쑥

7의 단을 연습해 보세요.

01 7 × 1 = 7
02 7 × 2 = 14
03 7 × 3 = 21
04 7 × 4 = 28
05 7 × 5 = 35
06 7 × 6 = 42
07 7 × 7 = 49
08 7 × 8 = 56
09 7 × 9 = 63
10 7 × 8 = 56
11 7 × 7 = 49
12 7 × 6 = 42
13 7 × 5 = 35
14 7 × 4 = 28
15 7 × 3 = 21
16 7 × 2 = 14
17 7 × 1 = 7
18 7 × 2 = 14
19 7 × 3 = 21
20 7 × 4 = 28
21 7 × 5 = 35
22 7 × 6 = 42
23 7 × 7 = 49
24 7 × 8 = 56
25 7 × 9 = 63

7의 단을 연습하며 빈칸을 채워 보세요.

01 7 × 2 = 14
02 7 × 4 = 28
03 7 × 1 = 7
04 7 × 5 = 35
05 7 × 3 = 21
06 7 × 7 = 49
07 7 × 9 = 63
08 7 × 6 = 42
09 7 × 8 = 56
10 7 × 7 = 49
11 7 × 9 = 63
12 7 × 4 = 28
13 7 × 1 = 7
14 7 × 5 = 35
15 7 × 3 = 21
16 7 × 6 = 42
17 7 × 9 = 63
18 7 × 2 = 14
19 7 × 4 = 28
20 7 × 7 = 49
21 7 × 8 = 56
22 7 × 6 = 42

p.096~097

원리가 쑥쑥 | 적용이 척척 | 풀이가 술술 | 실력이 쑥쑥

미로를 따라 곱셈을 하며 도착 지점까지 선을 그어 보세요.

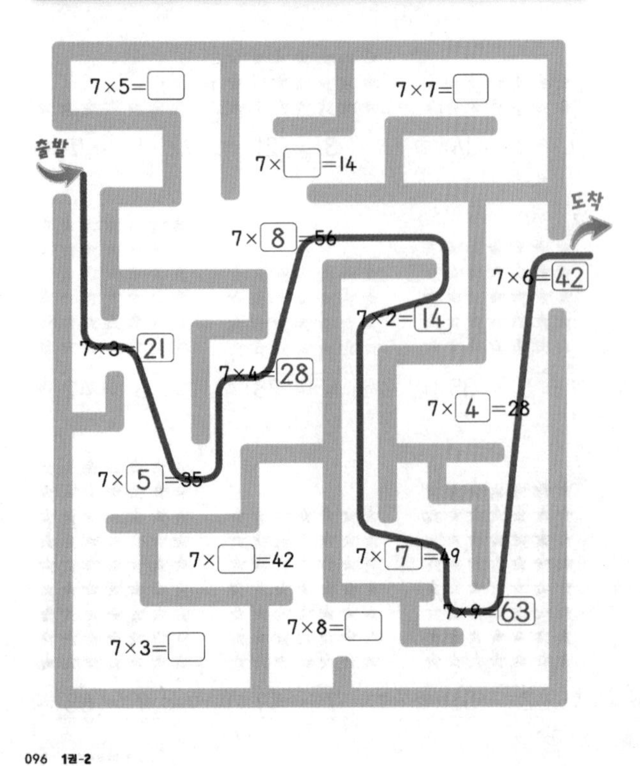

빈칸에 들어갈 수 있는 수를 주어진 수 카드 중에서 모두 찾아 ○ 해 보세요.

01 3, (5), 2, (4) — 7 × □ > 21
02 (6), 7, (4), 9 — 7 × □ < 49
03 6, 2, 4, (1) — 7 × □ < 13
04 (6), (7), 5, (8) — 7 × □ > 37
05 4, (6), (8), 2 — 7 × □ > 7+7+7+7
06 (7), 8, (6), 9 — 7×□ < 7+7+7+7+7+7+7+7
07 (9), 6, (8), (7) — 7 × □ > 7의 6배
08 7, (6), 8, 9 — 7 × □ < 7의 7배

p.099

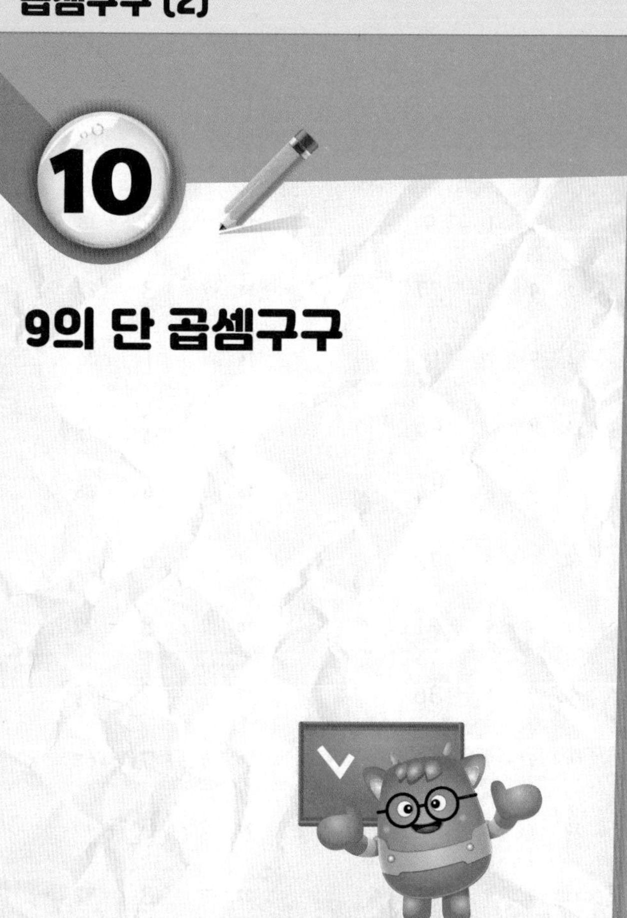

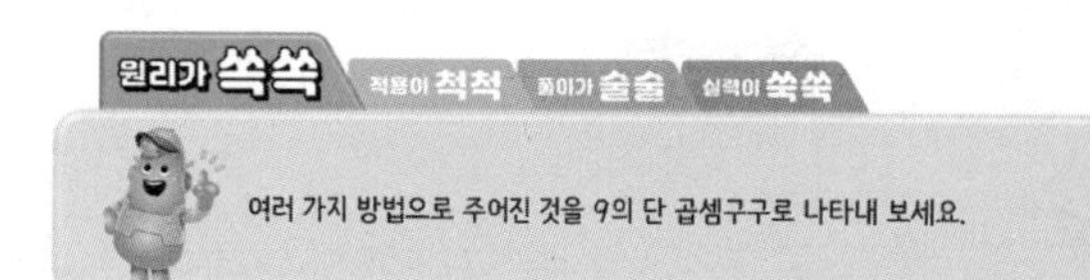

원리가 쏙쏙 적용이 척척 풀이가 술술 실력이 쑥쑥
여러 가지 방법으로 주어진 것을 9의 단 곱셈구구로 나타내 보세요.

01

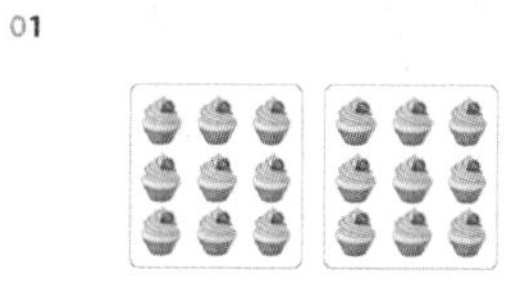

9 × 2 = 18

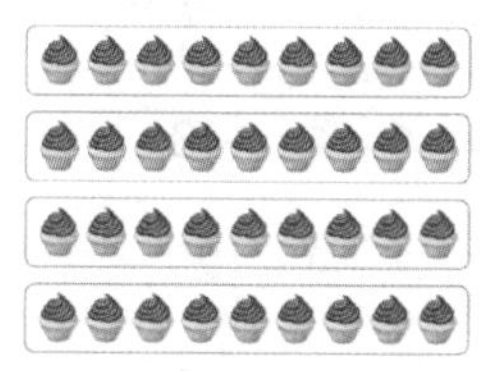

9 × 4 = 36

02
- 9의 3배 ➡ 9 × 3 = 27
- 9의 5배 ➡ 9 × 5 = 45
- 9의 7배 ➡ 9 × 7 = 63

03
- 9+9+9+9+9+9 ➡ 9 × 6 = 54
- 9+9+9+9+9+9+9+9 ➡ 9 × 8 = 72
- 9+9+9+9+9+9+9+9+9 ➡ 9 × 9 = 81

p.100~101

원리가 쏙쏙 적용이 척척 풀이가 술술 실력이 쑥쑥

수직선을 보고 9의 단 곱셈식을 완성해 보세요.

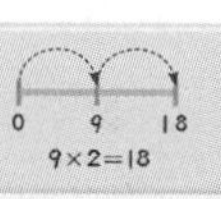

01

9 × 1 = 9

02

9 × 3 = 27

03

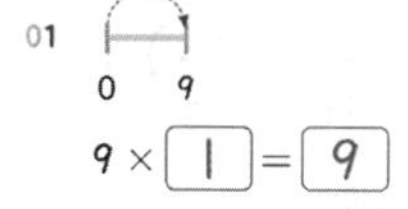

9 × 5 = 45

04

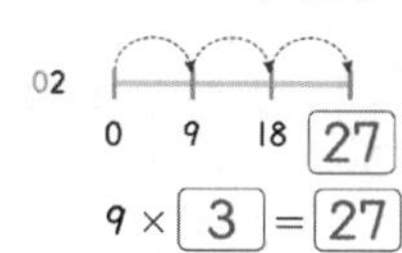

9 × 4 = 36

05

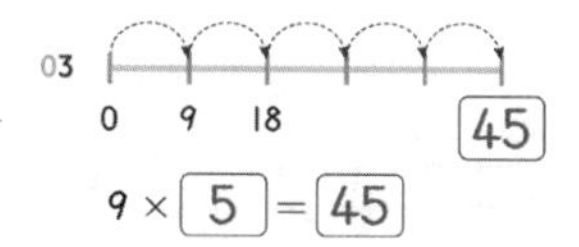

9 × 7 = 63

06

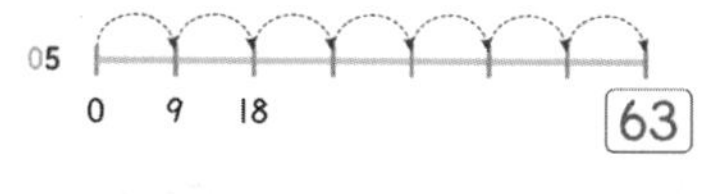

9 × 6 = 54

07

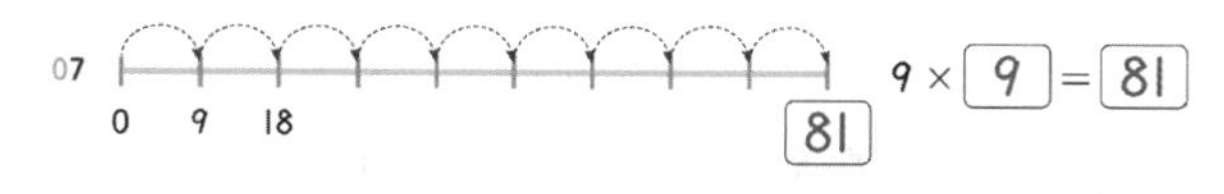

9 × 9 = 81

08

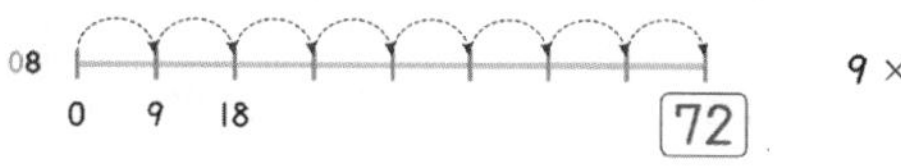

9 × 8 = 72

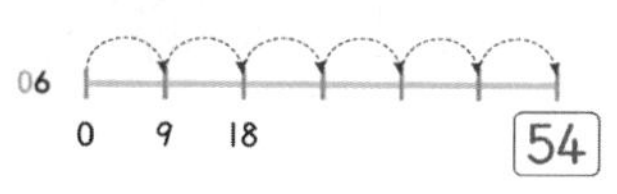

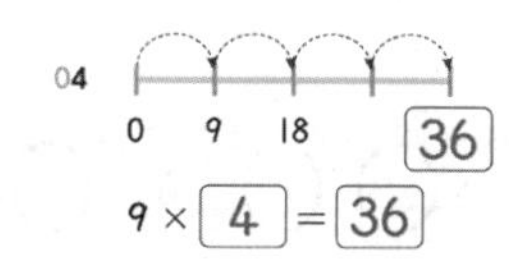

9의 단 곱셈구구를 이용하여 선물 상자의 수를 구해 보세요.

01

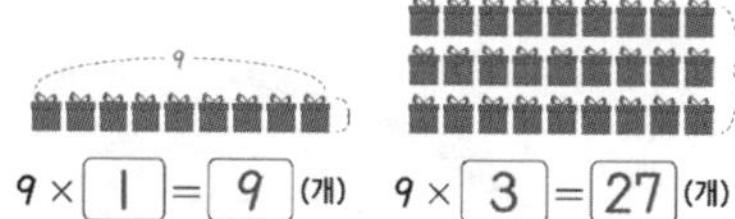

9 × 2 = 18 (개)　9 × 1 = 9 (개)

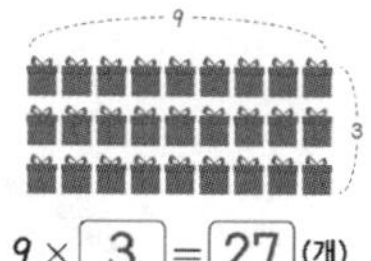

9 × 3 = 27 (개)

02

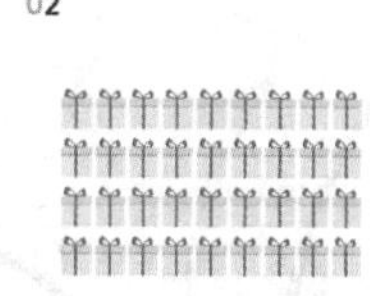

9 × 4 = 36 (개)

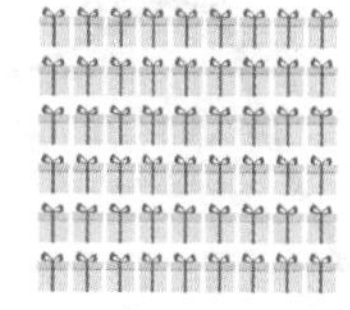

9 × 6 = 54 (개)

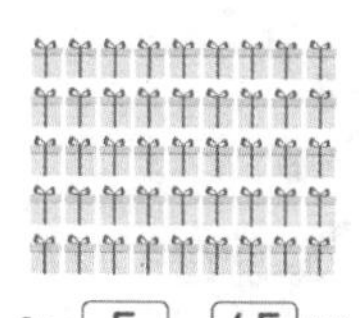

9 × 5 = 45 (개)

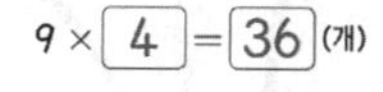

03

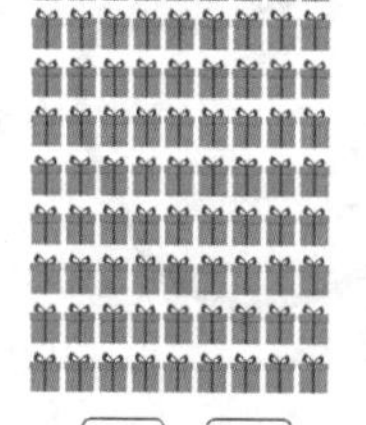

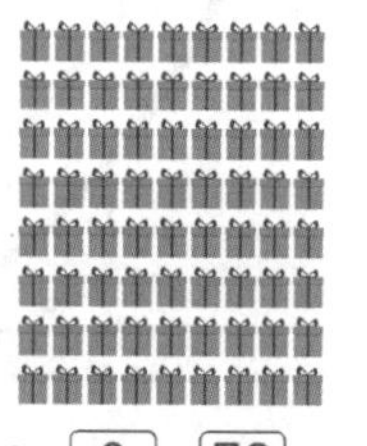

9 × 7 = 63 (개)　9 × 9 = 81 (개)　9 × 8 = 72 (개)

p.102~103

원리가 쑥쑥 | 적용이 척척 | **풀이가 술술** | 실력이 쑥쑥

9의 단을 연습해 보세요.

01	9 × 1 = [9]	13	9 × 5 = [45]
02	9 × 2 = [18]	14	9 × 4 = [36]
03	9 × 3 = [27]	15	9 × 3 = [27]
04	9 × 4 = [36]	16	9 × 2 = [18]
05	9 × 5 = [45]	17	9 × 1 = [9]
06	9 × 6 = [54]	18	9 × 2 = [18]
07	9 × 7 = [63]	19	9 × 3 = [27]
08	9 × 8 = [72]	20	9 × 4 = [36]
09	9 × 9 = [81]	21	9 × 5 = [45]
10	9 × 8 = [72]	22	9 × 6 = [54]
11	9 × 7 = [63]	23	9 × 7 = [63]
12	9 × 6 = [54]	24	9 × 8 = [72]
		25	9 × 9 = [81]

9의 단을 연습하며 빈칸을 채워 보세요.

01	9 × 1 = [9]	12	9 × [2] = 18
02	9 × 3 = [27]	13	9 × [3] = 27
03	9 × 2 = [18]	14	9 × [1] = 9
04	9 × 5 = [45]	15	9 × [7] = 63
05	9 × 6 = [54]	16	9 × [4] = 36
06	9 × 8 = [72]	17	9 × [6] = 54
07	9 × 9 = [81]	18	9 × [8] = 72
08	9 × 4 = [36]	19	9 × [9] = 81
09	9 × 7 = [63]	20	9 × [7] = 63
10	9 × 5 = [45]	21	9 × [5] = 45
11	9 × 9 = [81]	22	9 × [8] = 72

p.104~105

원리가 쑥쑥 | 적용이 척척 | 풀이가 술술 | **실력이 쑥쑥**

미로를 따라 곱셈을 하며 도착 지점까지 선을 그어 보세요.

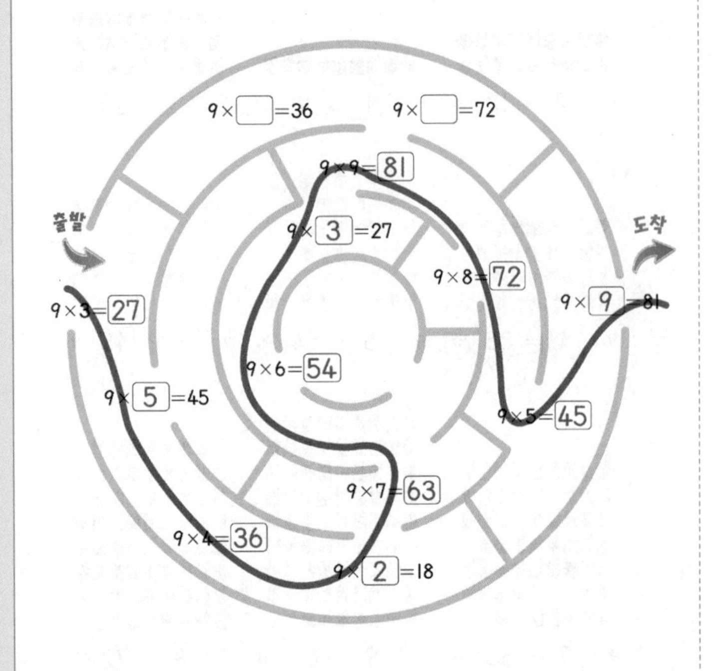

빈칸에 들어갈 수 있는 수를 주어진 수 카드 중에서 모두 찾아 ○ 해 보세요.

01 ① 2 3 4
9 × □ < 18

02 5 4 ③ ②
9 × □ < 36

03 ③ ⑤ 6 ④
9 × □ < 54

04 8 ⑨ 7 6
9 × □ > 72

05 2 ⑤ 3 ⑦
9 × □ > 9+9+9

06 ② ④ ③ 5
9 × □ < 9+9+9+9+9

07 ⑨ 6 ⑦ 5
9 × □ > 9의 6배

08 7 ⑥ 8 9
9 × □ < 9의 7배

p.106~107

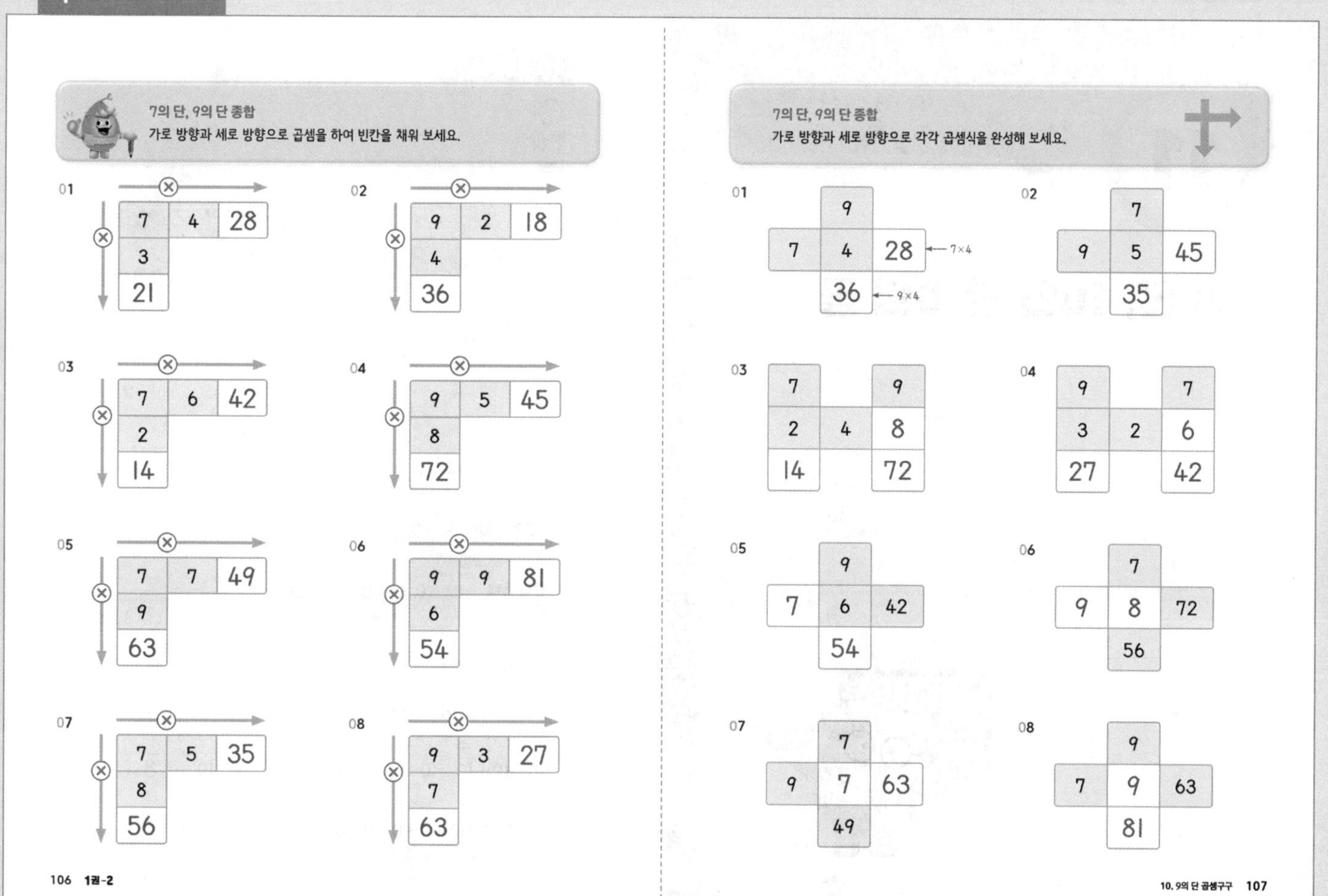

7의 단, 9의 단 종합
가로 방향과 세로 방향으로 곱셈을 하여 빈칸을 채워 보세요.
01 7 4 28 3 21
02 9 2 18 4 36
03 7 6 42 2 14
04 9 5 45 8 72
05 7 7 49 9 63
06 9 9 81 6 54
07 7 5 35 8 56
08 9 3 27 7 63
106 1권-2
7의 단, 9의 단 종합
가로 방향과 세로 방향으로 각각 곱셈식을 완성해 보세요.
01 9 7 4 28 36 7×4 9×4
02 7 9 5 45 35
03 7 9 2 4 8 14 72
04 9 7 3 2 6 27 42
05 9 7 6 42 54
06 7 9 8 72 56
07 7 9 7 63 49
08 9 7 9 63 81
10. 9의 단 곱셈구구 107

p.109

1의 단, 10의 단, 0의 곱

원리가 쏙쏙 적용이 척척 풀이가 술술 실력이 쑥쑥

여러 가지 방법으로 주어진 것을 1의 단, 10의 단, 0의 곱으로 나타내 보세요.

01

$1 \times 5 = 5$

$10 \times 4 = 40$

02 1의 4배 ➡ $1 \times 4 = 4$

10의 7배 ➡ $10 \times 7 = 70$

0의 6배 ➡ $0 \times 6 = 0$

03 $1+1+1+1+1+1+1$ ➡ $1 \times 7 = 7$

$10+10+10+10+10+10+10+10$ ➡ $10 \times 8 = 80$

$0+0+0+0+0+0+0+0+0$ ➡ $0 \times 9 = 0$

p.110~111

원리가 쏙쏙 적용이 척척 풀이가 술술 실력이 쑥쑥

수직선을 보고 1의 단 곱셈식을 완성해 보세요.

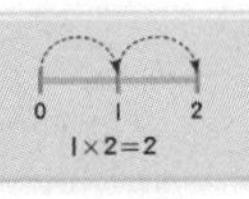

01 $1 \times 1 = 1$

02 $1 \times 3 = 3$

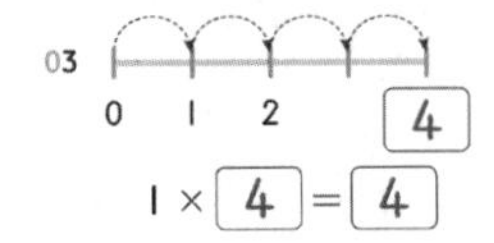

03 $1 \times 4 = 4$

04 $1 \times 5 = 5$

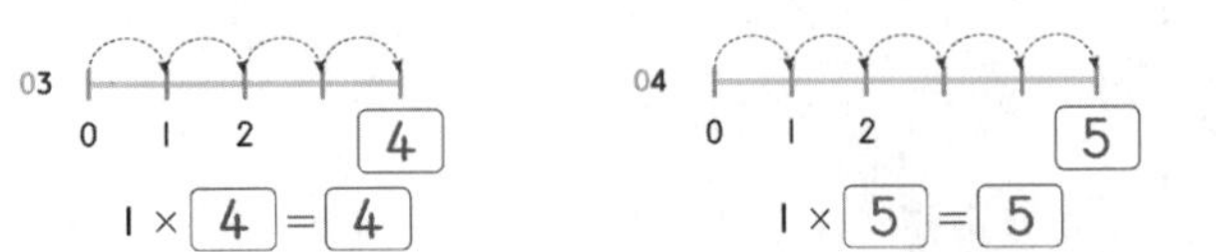

05 $1 \times 6 = 6$

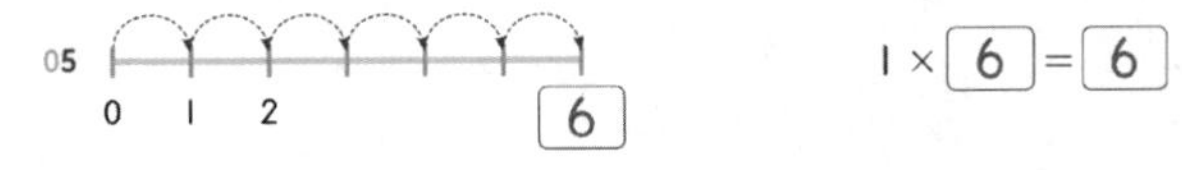

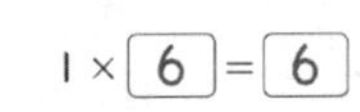

06 $1 \times 8 = 8$

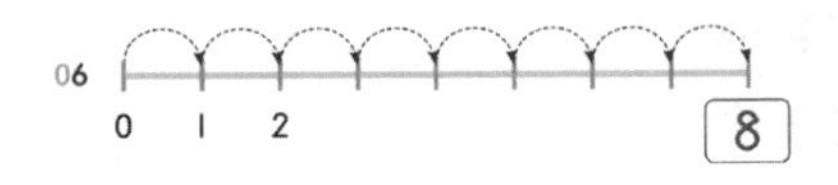

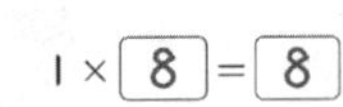

07 $1 \times 7 = 7$

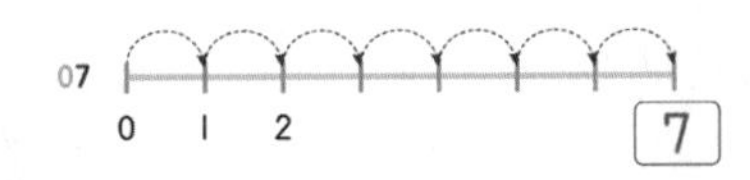

08 $1 \times 9 = 9$

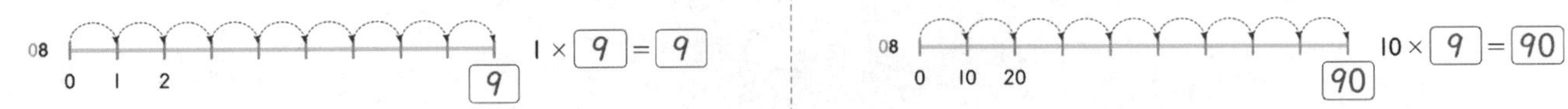

수직선을 보고 10의 단 곱셈식을 완성해 보세요.

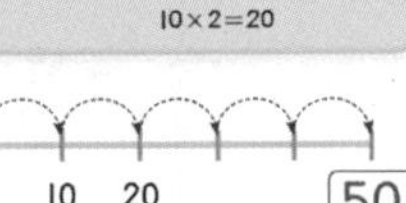

01 $10 \times 1 = 10$

02 $10 \times 5 = 50$

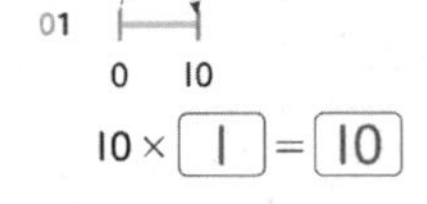

03 $10 \times 4 = 40$

04 $10 \times 3 = 30$

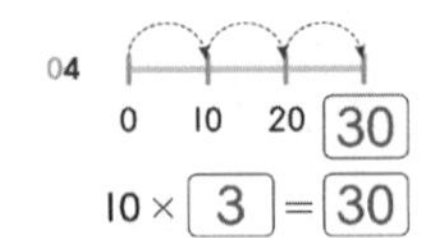

05 $10 \times 6 = 60$

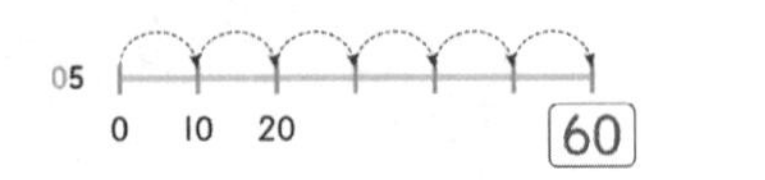

06 $10 \times 8 = 80$

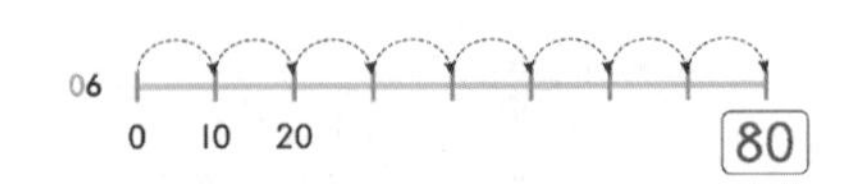

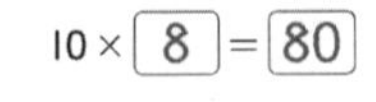

07 $10 \times 7 = 70$

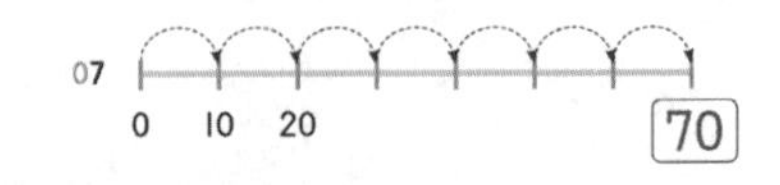

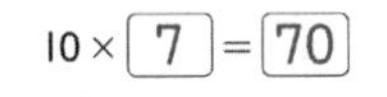

08 $10 \times 9 = 90$

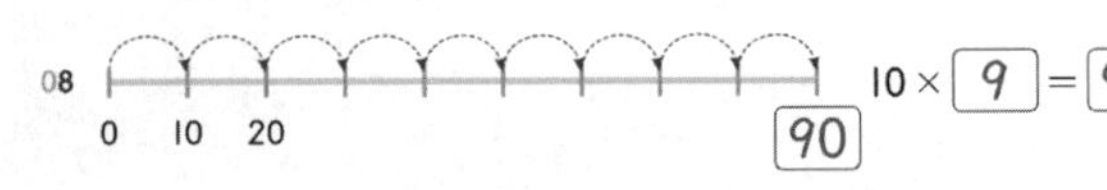

p.112~113

원리가 쏙쏙 | 적용이 척척 | **풀이가 술술** | 실력이 쑥쑥

I의 단, 10의 단, 0의 곱을 연습해 보세요.

01 I × I = [I]
I × 2 = [2]
I × 3 = [3]

02 10 × I = [10]
10 × 2 = [20]
10 × 3 = [30]

03 I × 4 = [4]
I × 5 = [5]
I × 6 = [6]

04 10 × 4 = [40]
10 × 5 = [50]
10 × 6 = [60]

05 I × 7 = [7]
10 × 7 = [70]
0 × I = [0]

06 0 × 4 = [0]
I × 8 = [8]
0 × 3 = [0]

07 10 × 8 = [80]
0 × 8 = [0]
I × 9 = [9]

08 0 × 6 = [0]
10 × 9 = [90]
0 × 9 = [0]

I의 단, 10의 단, 0의 곱을 연습하며 빈칸을 채워 보세요.

01 4 × [0] = 0
I × [0] = 0
6 × [0] = 0

02 3 × [I] = 3
6 × [I] = 6
5 × [I] = 5

03 4 × [I] = 4
I × [I] = I
8 × [I] = 8

04 10 × [I] = 10
10 × [4] = 40
10 × [7] = 70

05 [0] × 3 = 0
[0] × 7 = 0
[0] × 9 = 0

06 [3] × 10 = 30
[5] × 10 = 50
[9] × 10 = 90

07 [0] × 2 = 0
[6] × 10 = 60
[0] × 5 = 0

08 [8] × 10 = 80
[0] × 8 = 0
[2] × 10 = 20

p.114~115

원리가 쏙쏙 | 적용이 척척 | 풀이가 술술 | **실력이 쑥쑥**

곱셈 상자를 이용하여 곱셈을 하고, □ 안에 알맞은 수를 써넣으세요.

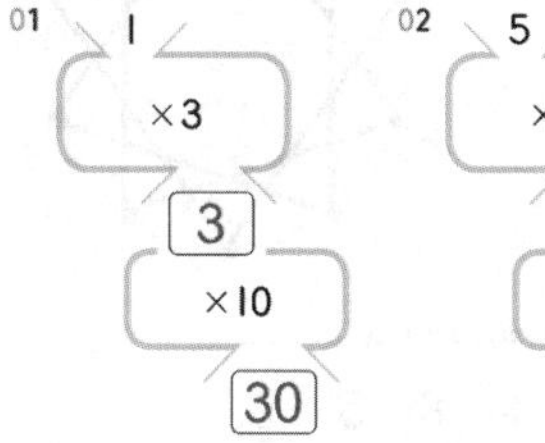

01 I → ×3 → [3] → ×10 → [30]

02 5 → ×10 → [50] → ×0 → [0]

03 6 → ×I → [6] → ×10 → [60]

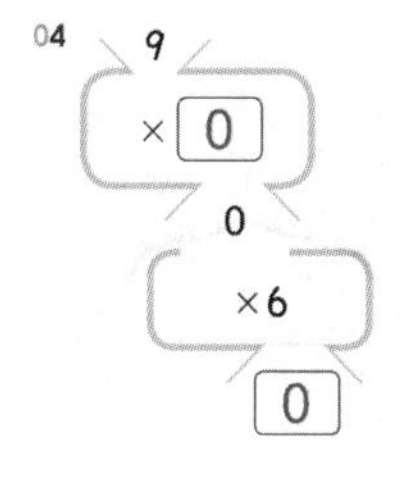

04 9 → ×[0] → 0 → ×6 → [0]

05 10 → ×[5] → 50 → ×[I] → 50

06 8 → ×I → [8] → ×[10] → 80

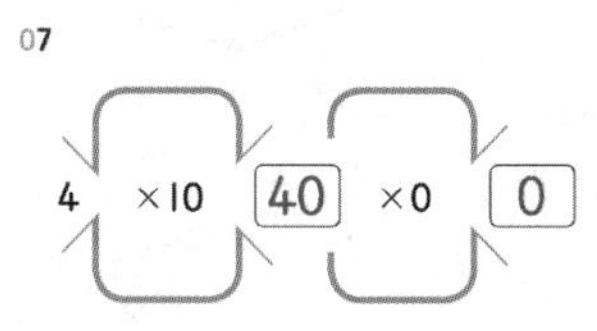

07 4 → ×10 → [40] → ×0 → [0]

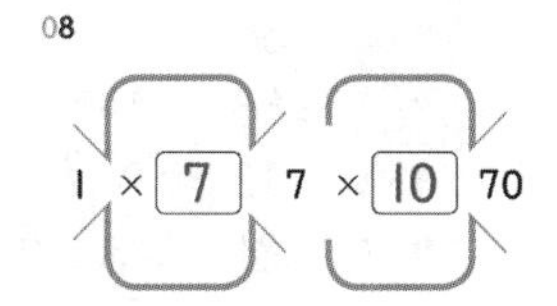

08 I → ×[7] → 7 → ×[10] → 70

빈칸에 들어갈 수 있는 수를 주어진 수 카드 중에서 모두 찾아 ○ 해 보세요.

01 8, 7, (6), (5)
I × □ < 7

02 6, 5, (4), (3)
10 × □ < 50

03 (6), (4), 3, (7)
10 × □ > 37

04 I, (0), 2, 3
I × □ < I

05 I, (2), 0, (3)
10 × □ > 9+9

06 (2), (4), (3), (7)
0 × □ < I+I+I

07 (5), 6, (4), 7
7 × □ < 10의 4배

08 8, (9), 7, 6
10 × □ > 9의 9배

p.117

원리가 쏙쏙 적용이 척척 풀이가 술술 실력이 쑥쑥

각 단의 곱셈구구의 특징을 생각하며 빈칸을 채워 넣으세요.

01

×	1	2	3	4	5	6	7	8	9
4	4	8	12	16	20	24	28	32	36
8	8	16	24	32	40	48	56	64	72

02

×	1	2	3	4	5	6	7	8	9
7	7	14	21	28	35	42	49	56	63

03

×	1	2	3	4	5	6	7	8	9
9	9	18	27	36	45	54	63	72	81

p.118~119

원리가 쏙쏙 적용이 척척 풀이가 술술 실력이 쑥쑥

각 단의 곱셈구구의 곱을 빈칸에 채우고, 일의 자리 숫자들을 순서대로 선으로 연결해 보세요.

01

4×1	4
4×2	8
4×3	12
4×4	16
4×5	20
4×6	24
4×7	28
4×8	32
4×9	36

4의 단

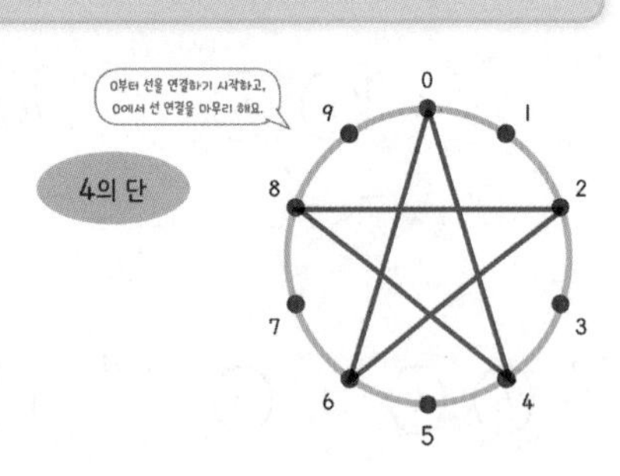

연결된 4의 단 일의 자리 숫자는 순서대로 0, 4, 8, 2, 6, 0이에요.

02

8×1	8
8×2	16
8×3	24
8×4	32
8×5	40
8×6	48
8×7	56
8×8	64
8×9	72

8의 단

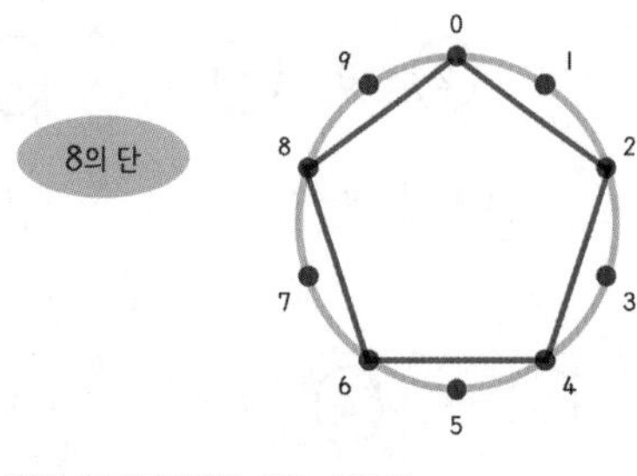

연결된 8의 단 일의 자리 숫자는 순서대로 0, 8, 6, 4, 2, 0이에요.

03

7×1	7
7×2	14
7×3	21
7×4	28
7×5	35
7×6	42
7×7	49
7×8	56
7×9	63

7의 단

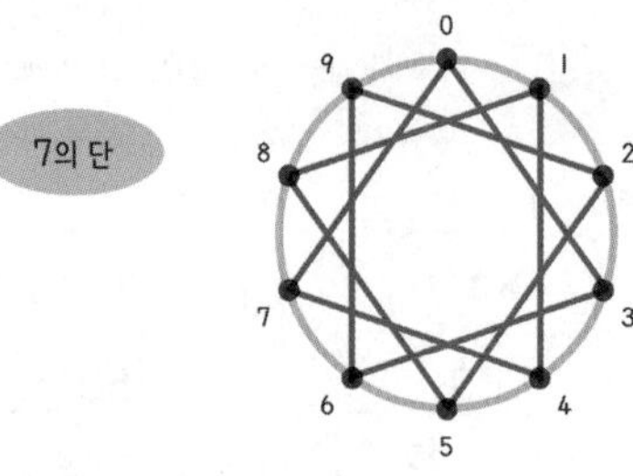

연결된 7의 단 일의 자리 숫자는 순서대로 0, 7, 4, 1, 8, 5, 2, 9, 6, 3, 0이에요.

04

9×1	9
9×2	18
9×3	27
9×4	36
9×5	45
9×6	54
9×7	63
9×8	72
9×9	81

9의 단

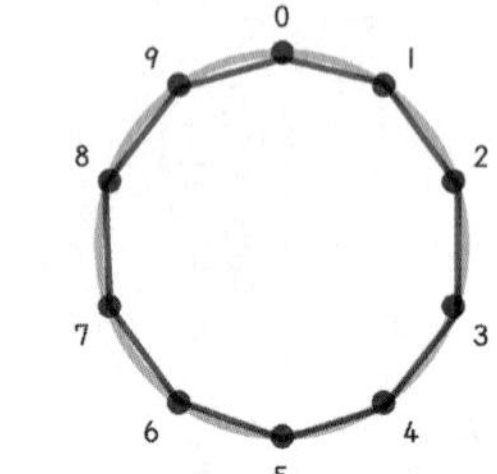

연결된 9의 단 일의 자리 숫자는 순서대로 0, 9, 8, 7, 6, 5, 4, 3, 2, 1, 0이에요.

p.120~121

곱셈을 하여 빈칸을 채워 보세요.

01 4 × 6 = 24
6 × 4 = 24

02 3 × 8 = 24
8 × 3 = 24

03 3 × 4 = 12
6 × 8 = 48

04 2 × 9 = 18
4 × 9 = 36

05 4 × 7 = 28
8 × 7 = 56

06 5 × 6 = 30
3 × 10 = 30

07 3 × 3 = 9
9 × 9 = 81

08 1 × 9 = 9
0 × 9 = 0

09 6 × 7 = 42
3 × 7 = 21

10 4 × 4 = 16
2 × 8 = 16

11 4 × 4 = 16
6 × 6 = 36

12 7 × 7 = 49
9 × 9 = 81

곱이 같은 것을 찾아 선으로 연결해 보세요.

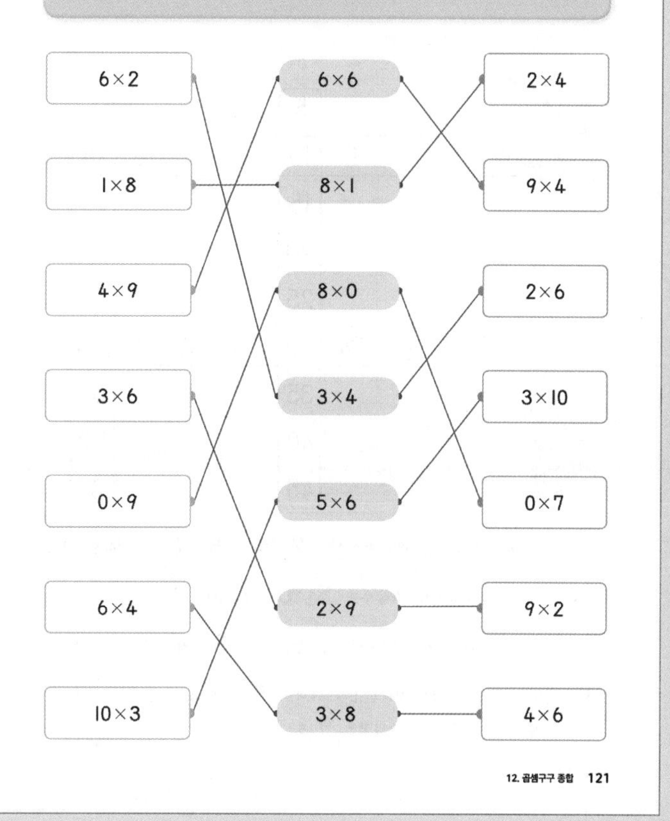

p.122~123

세로 칸의 수와 가로 칸의 수를 곱하여 곱셈표의 빈칸을 채워 보세요.

01

×	3	6
4	12	24
8	24	48

02

×	4	9
7	28	63
9	36	81

03

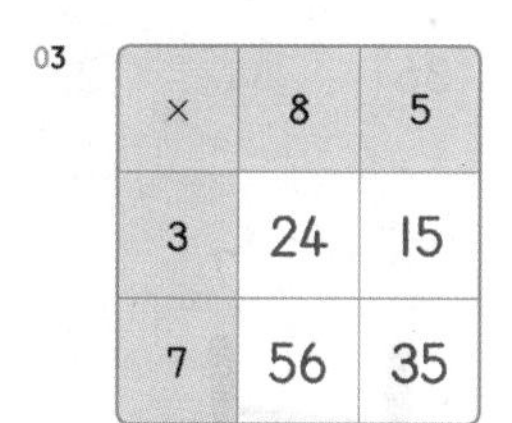

×	8	5
3	24	15
7	56	35

04

×	2	8
9	18	72
8	16	64

05

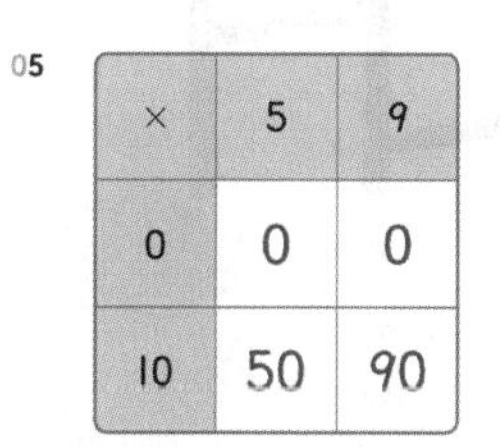

×	5	9
0	0	0
10	50	90

06

×	6	8
10	60	80
0	0	0

곱셈구구표의 표시된 부분에 알맞은 수를 써넣고, 물음에 답해 보세요.

×	1	2	3	4	5	6	7	8	9
1				4				8	
2				8				16	
3	3	6	9	12	15	18	21	24	27
4				16				32	
5				20				40	
6				24				48	
7	7	14	21	28	35	42	49	56	63
8				32				64	
9				36				72	

01 ▭에 들어가는 수는 오른쪽으로 한 칸씩 움직이면 3 씩 커져요.

02 ▭에 들어가는 수는 오른쪽으로 한 칸씩 움직이면 7 씩 커져요.

03 ▯에 들어가는 수는 아래쪽으로 한 칸씩 움직이면 4 씩 커져요.

04 ▯에 들어가는 수는 아래쪽으로 한 칸씩 움직이면 8 씩 커져요.

p.124~125

곱셈구구표의 표시된 부분에 알맞은 수를 써넣고, 물음에 답해 보세요.

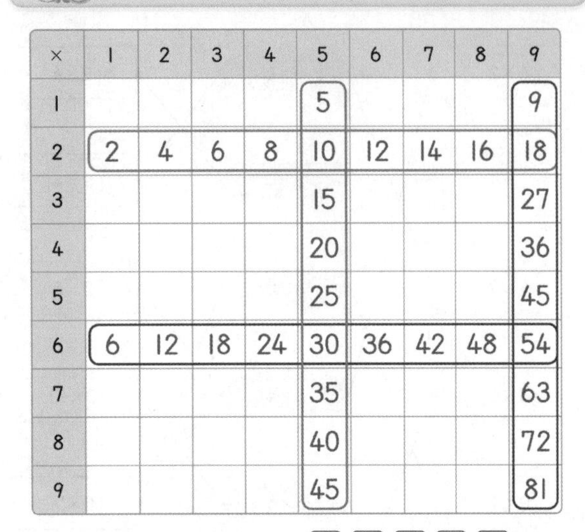

×	1	2	3	4	5	6	7	8	9
1					5				9
2	2	4	6	8	10	12	14	16	18
3					15				27
4					20				36
5					25				45
6	6	12	18	24	30	36	42	48	54
7					35				63
8					40				72
9					45				81

01 ▭ 에 들어가는 수들은 일의 자리 수가 2, 4, 6, 8, 0 이 반복돼요.

02 ▯ 에 들어가는 수들은 일의 자리 수가 5, 0 이 반복돼요.

03 ▭ 에 들어가는 수들은 일의 자리 수가 6, 2, 8, 4, 0 이 반복돼요.

04 ▯ 에 들어가는 수는 아래쪽으로 한 칸씩 움직이면 9 씩 커지고, 십의 자리 수와 일의 자리 수의 합은 9 예요.

곱셈구구표에서 점선을 따라 접었을 때 만나는 두 수는 서로 같아요.
대각선의 규칙을 알아보아요.

×	1	2	3	4	5	6	7	8	9
1									
2					♥10	12			
3				12		◆		★	
4			12						
5		♥							
6		12	◆18						
7								♠63	
8			★24						
9							♠		

01 점선을 따라 접었을 때, ♥, ★, ♠, ◆와 만나는 수가 있는 칸에 알맞은 수를 써넣으세요.

02 두 수의 곱이 12가 되는 칸을 모두 찾아 수를 써넣으세요.

03 대각선 ■칸에 들어가는 수는 왼쪽 위부터 순서대로
1, 4, 9, 16, 25, 36, 49, 64, 81 이고,
이 수들은 곱하는 두 수가 모두 (같습니다).

p.126~127

주어진 수 카드 중에서 두 수의 곱이 풍선에 쓰여진 수가 되도록 알맞은 수를 써넣으세요.

01 3 7 5 4

7 4 또는 4 7

28

02 9 3 2 1

1 9 또는 9 1

9

03

9 6 4 8

6 8 또는 8 6

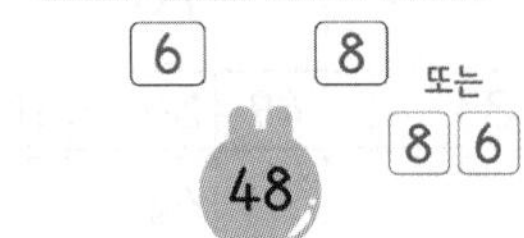

48

04

8 7 9 10

8 10 또는 10 8

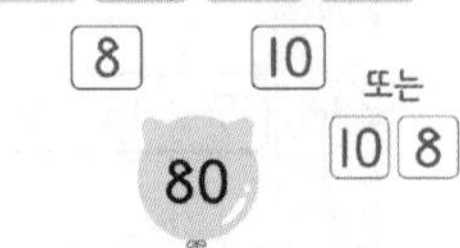

80

05

9 8 7 6

9 7 또는 7 9

63

06

4 7 6 8

8 7 또는 7 8

56

사다리를 타고 내려오며 만나는 두 수의 곱이 화살표 아래에 있어요.
빈칸에 알맞은 수를 써넣어 보세요.

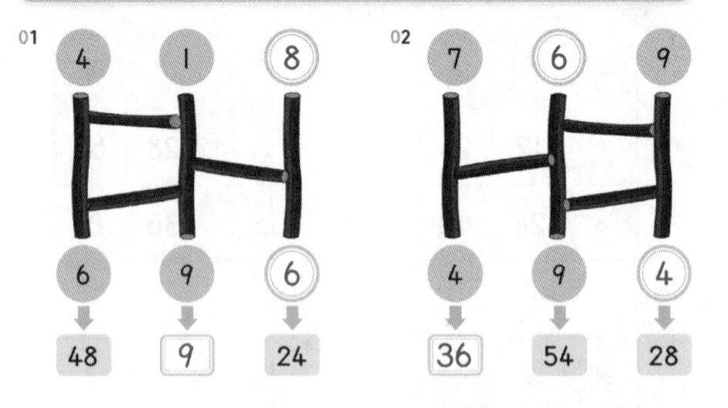

01 4 1 8 → 6 9 6 → 48 9 24

02 7 6 9 → 4 9 4 → 36 54 28

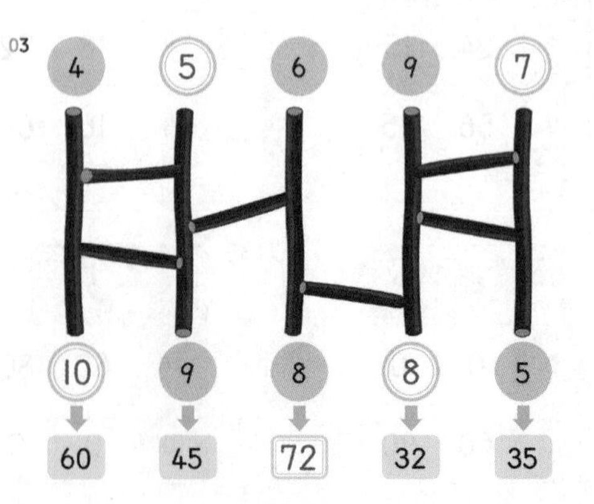

03 4 5 6 9 7 → 10 9 8 8 5 → 60 45 72 32 35

p.128~129

7~12 연산의 활용
2에서 배운 연산으로 해결해 봐요!

▶ 주어진 수 카드를 한 번씩 모두 사용하여 곱셈식을 완성해 보세요. 수

01 2 4 4 6
4 × 6 = 24
또는 6 × 4 = 24

02 1 2 6 8
8 × 2 = 16
또는 2 × 8 = 16

03 0 10 6 6
10 × 6 = 60
또는 6 × 10 = 60

04 7 5 5 3
7 × 5 = 35
또는 5 × 7 = 35

05 6 9 3 4
9 × 4 = 36
또는 4 × 9 = 36

06 8 4 6 8
6 × 8 = 48
또는 8 × 6 = 48

07 6 5 7 8
8 × 7 = 56
또는 7 × 8 = 56

08 9 2 7 8
9 × 8 = 72
또는 8 × 9 = 72

▶ 주어진 규칙에 맞게 계산하여 답을 구해 보세요. 규칙

가 ◆ 나 = 가 × (나 − 2)
⇨ 4 ◆ 7 = 4 × (7 − 2) = 4 × 5 = 20

01 4 ◆ 6 = 16
02 7 ◆ 9 = 49
03 8 ◆ 8 = 48
04 9 ◆ 9 = 63

가 ♥ 나 = (가 − 3) × (나 + 2)
⇨ 4 ♥ 6 = (4 − 3) × (6 + 2) = 1 × 8 = 8

05 6 ♥ 8 = 30
06 3 ♥ 7 = 0
07 8 ♥ 7 = 45
08 9 ♥ 5 = 42

p.130

▶ 이야기들 속에 주어진 조건을 생각하며 식을 세우고 답을 구해 보세요. 문장제

01 강당에 학생들이 4명씩 7줄로 서 있습니다. 강당에 있는 학생은 모두 몇 명입니까?

식 4×7=28 또는 7×4=28 답 28 명

02 이서는 생일 파티에 온 친구들에게 줄 선물로 한 봉지에 사탕을 8개씩 넣어서 모두 5봉지를 만들었습니다. 사탕은 모두 몇 개 넣었습니까?

식 8×5=40 또는 5×8=40 답 40 개

03 화단에 있는 화분에 9송이씩 꽃을 심어서 모두 72송이를 심었습니다. 화단에 있는 화분은 모두 몇 개입니까?

식 9×□=72 또는 □×9=72 답 8 개

04 선우는 매일 똑같은 개수로 턱걸이를 일주일 동안 하였더니 모두 56개를 했습니다. 선우는 하루에 턱걸이를 몇 개씩 했습니까?

식 □×7=56 또는 7×□=56 답 8 개

MEMO

MEMO

MEMO

아이가 좋아하는 4단계 초등연산

곱셈구구

1